I0001717

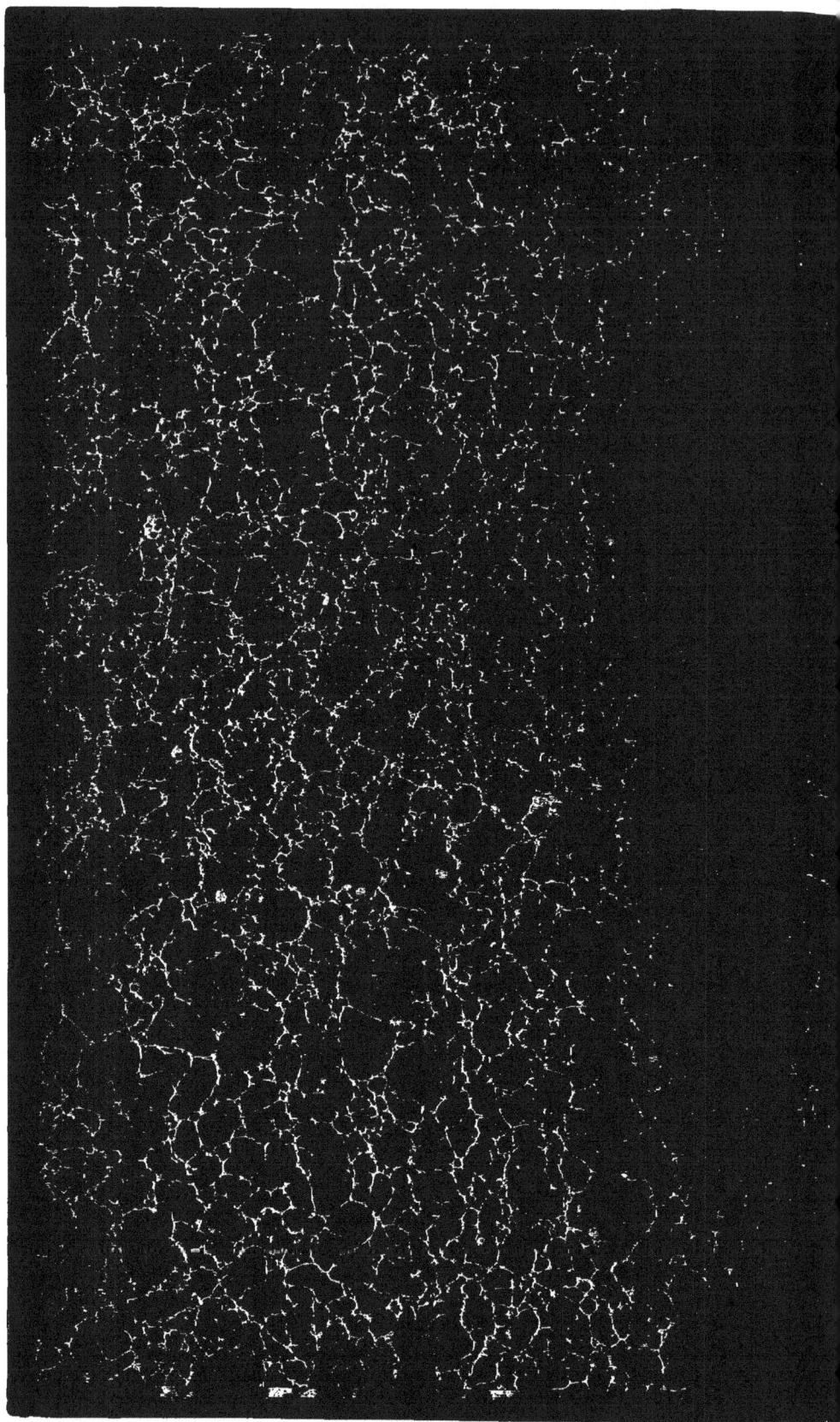

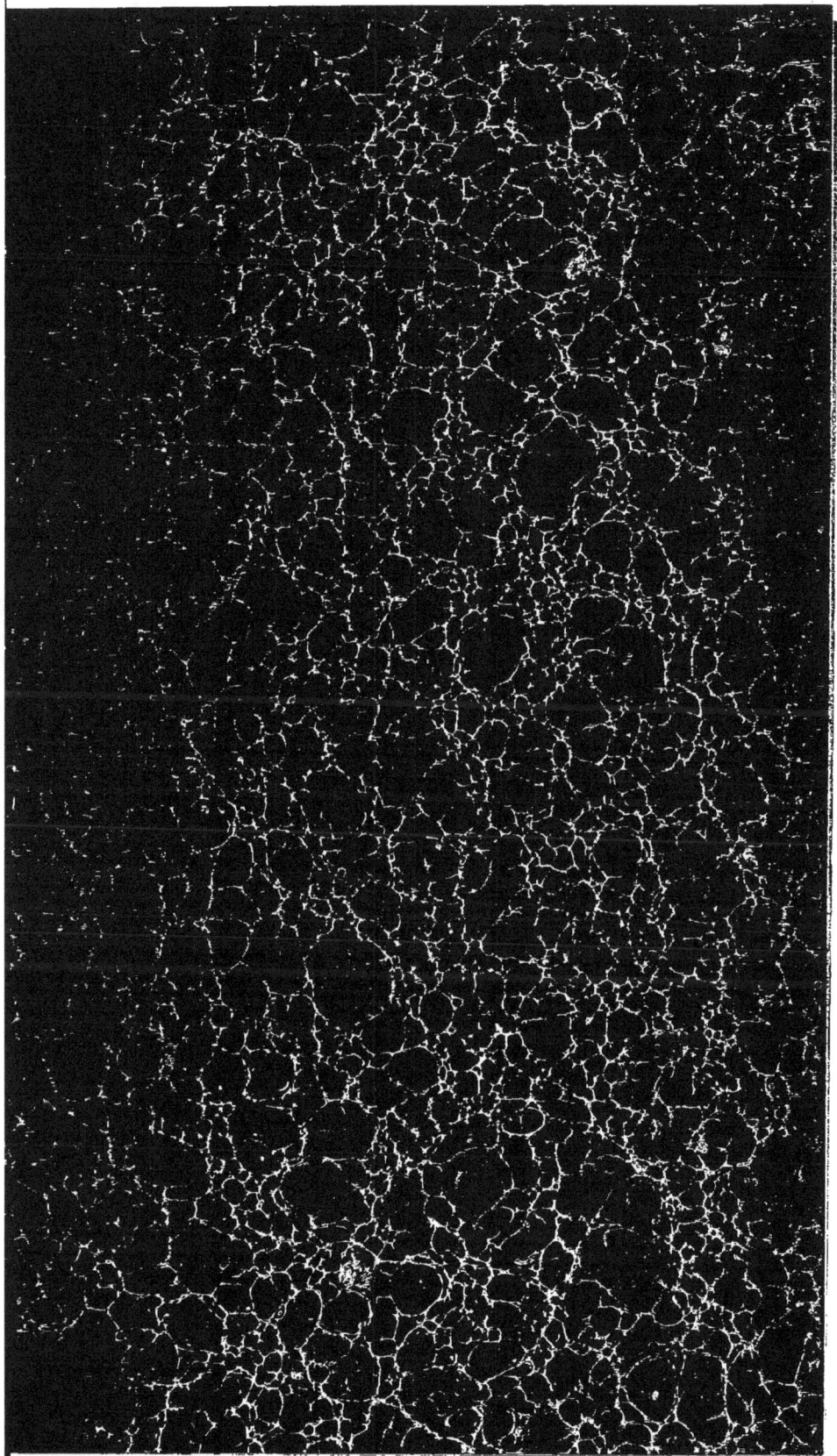

V

30169

# GÉOMÉTRIE

## ÉLÉMENTAIRE

*Tout exemplaire non revêtu de notre griffe sera réputé contrefait.*

*1, C. Weroby, E. Magdelin & cie*

A LA MÊME LIBRAIRIE :

———

**Leçons nouvelles d'arithmétique**, par M. Ch. BRIOT, professeur de mathématiques au lycée Bonaparte, à Paris, répétiteur à l'Ecole polytechnique. 1 vol. in-8. Prix br.   4 fr.

*Ouvrage autorisé par l'Université.*

**Éléments d'arithmétique**, suivis de la THÉORIE DES LOGA- RITHMES ; par M. E. LIONNET, professeur de mathématiques au lycée Louis-le-Grand, examinateur suppléant d'admission à l'Ecole navale. 2e édition. 1 vol. in-8°. Prix br.   4 fr.

*Ouvrage autorisé par l'Université.*

**Complément des éléments d'arithmétique**, par E. LIONNET, etc. 1 vol. in-8°. Prix br.   2 fr. 50

*Ouvrage autorisé par l'Université.*

**Éléments de géométrie**, par M. E. LIONNET, 3e édition. 1 vol. in-8°. — Figures gravées sur cuivre et intercalées dans le texte. Prix br.   5 fr.

*Ouvrage autorisé par l'Université.*

**Leçons nouvelles de géométrie analytique**, précé- dées des *Éléments de la Trigonométrie ;* par MM. Ch. BRIOT et BOU- QUET, professeur à la Faculté des sciences de Lyon. 1 vol. in-8°. Prix br.   7 fr. 50

*Ouvrage autorisé par l'Université.*

**Éléments de géométrie descriptive**, à l'usage des candi- dats aux écoles du gouvernement, par MM. GERONO et CASSANAC, professeurs à Paris. 2 vol. in-8°, dont un de planches gravées sur acier. Prix. br.   6 fr.

**Leçons nouvelles de trigonométrie**, par MM. CH. BRIOT et BOUQUET, *nouvelle édition.* 1 v. in-8°, fig. intercalées dans le texte. Prix. br.   2 fr. 50

———

Paris.— Imprimerie Bonaventure et Ducessois, 55, quai des Grands-Augustins.

# LEÇONS NOUVELLES

## DE

# GÉOMÉTRIE

## ÉLÉMENTAIRE

## PAR M. A. AMIOT

PROFESSEUR DE MATHÉMATIQUES AU LYCÉE BONAPARTE
A PARIS.

BIBLIOTHÈQUE NATIONALE
R.F.

PARIS

DEZOBRY ET E. MAGDELEINE, LIBRAIRES-ÉDITEURS

RUE DES MAÇONS-SORBONNE, 1.

—

1850

# TABLE DES MATIÈRES.

## GÉOMÉTRIE.

### Préliminaires.

### GÉOMÉTRIE PLANE.

#### LIVRE I.

*La Ligne droite et la Ligne brisée.*

#### LIVRE II.

*De la Circonférence du Cercle.*

# ERRATA.

Page 3, ligne 7, au lieu de *de l'Espace*, lisez : *dans l'Espace*.

Page 4, ligne *dernière*, au lieu de *nutilité*, lisez : *inutilité*.

Page 52, ligne *dernière*, au lieu de $\frac{1}{4}$, lisez : $\frac{1}{2}$.

Page 53, ligne 12, au lieu de *demi-somme*, lisez : *demi-différence*.

Page 76, ligne 6, au lieu de *à* F, lisez : *à* E.

Page 85, ligne 8 en remontant, au lieu de $+$DE, lisez : $+$DC.

Page 89, ligne 3, au lieu de AD, lisez : EF.

Page 91, ligne 7, au lieu de MC, lisez : MB.

Page 95, ligne 2, au lieu de AD$\times$DE, lisez : AD$\times$AE.

Page 98, ligne *avant-dernière*, au lieu de C, lisez : O.

Page 100, ligne 16, au lieu de *point*, lisez : *points*.

Page 119, ligne 18, au lieu de *à* C, lisez : *à* AC.

Page 152, lignes 16 à 23, au lieu de P, lisez : *p*.

Page 152, ligne 21, au lieu de CK $\because$ CF $\therefore$, lisez : CF $\because$ CG $\therefore$.

Page 155, ligne 3 en remontant, au lieu de $r'^2 = ra$, lisez : $r'^2 = ra'$.

Page 171, *ibidem*, au lieu de B *et équivalent*, lisez : A *et équivalent*.

Page 184, ligne 11, au lieu de *peuvent*, lisez : *ne peuvent*.

Page 205, ligne 4, au lieu de 4 *angles*, lisez : 4 *droits*.

Page 214, ligne 9, au lieu de *ffet*, lisez : *effet*.

Page 215, ligne 12, au lieu de *aces*, lisez : *faces*.

Page 243, ligne 9 en remontant, au lieu de *correspondants*, lisez : *correspondant*.

Page 281, ligne 1, au lieu de SFMN, lisez : EFMN.

Page 281, ligne 2, au lieu de N, lisez : E.

# LEÇONS NOUVELLES

DE

# GÉOMÉTRIE

## PRÉLIMINAIRES.

**1**—Tout corps a une forme et une grandeur déterminées. Sa grandeur, c'est-à-dire l'*étendue du lieu* qu'il occupe dans l'Espace, a reçu le nom de *volume*. Quant à sa forme, elle dépend de la *surface* qui le limite, c'est-à-dire du lieu qui le sépare de l'espace environnant.

Lorsque la surface d'un corps est formée de plusieurs parties distinctes, deux faces contiguës ont des limites communes, que l'on appelle *lignes*. Ainsi la ligne est le lieu de l'intersection de deux surfaces.

Si deux lignes, tracées sur la même surface, se rencontrent, on donne le nom de *point* au lieu de leur intersection.

Nous considérerons les volumes, les surfaces et les lignes, indépendamment des corps dont ils déterminent les formes, et nous leur donnerons le nom commun de *figures*.

Deux figures sont *égales* lorsqu'en les superposant on peut les faire coïncider ; si elles ont la même étendue, sans avoir la même forme, elles ne sont qu'*équivalentes*.

**2**—Parmi les différentes lignes qu'on peut tracer d'un

point à un autre, *on admet qu'il n'en existe qu'une, plus courte que toutes les autres.*

On distingue deux espèces de lignes : la ligne *droite* et la ligne *courbe.*

La *droite* est telle qu'une partie quelconque de cette ligne représente la plus courte distance de ses deux points extrêmes.

Il résulte de cette définition et de l'axiôme précédent, que 1° *d'un point à un autre on ne peut tracer qu'une ligne droite;* 2° *si on applique deux points d'une droite sur une autre droite, ces deux lignes doivent coïncider dans toute leur étendue,* parce que les points que l'on prend sur la première droite peuvent être indéfiniment éloignés l'un de l'autre.

Pour désigner un point, on se sert d'une lettre quelconque. On nomme une ligne droite en énonçant deux points quelconques de cette ligne. Ainsi la droite AB est celle qui passe par les points A et B.

On dit qu'une ligne est *brisée*, lorsqu'elle est formée de portions de droites.

Toute ligne qui n'est pas droite, ni brisée, a reçu le nom de *courbe.*

**3**—On distingue deux espèces de surfaces : la surface *plane* ou le *plan* et la surface *courbe.*

Le *plan* est tel que la droite, qui passe par deux points quelconques de cette surface, coïncide avec elle dans toute son étendue.

On démontrera plus loin que deux plans coïncident : 1° Lorsqu'ils ont trois points communs, non en ligne droite; 2° Lorsqu'ils ont une droite et un point extérieur à cette droite, communs l'un à l'autre; 3° Lorsqu'ils ont deux droites qui se rencontrent, communes.

On appelle surface *polyédrale* celle qui est formée par la réunion de portions de surfaces planes.

Toute surface qui n'est pas plane, ni polyédrale, a reçu le nom de surface *courbe*.

**4**—Le but de la *Géométrie* est d'étudier les propriétés des figures et de mesurer leur étendue. Aussi on la définit la science de l'étendue.

Nous la diviserons en deux parties : la *Géométrie plane* et la *Géométrie de l'Espace*. Dans la première, nous traiterons des propriétés des figures planes, c'est-à-dire dont les éléments sont dans un même plan ; dans la seconde, nous étudierons les propriétés des figures dont les éléments sont disposés d'une manière quelconque dans l'espace.

**5**—Lorsqu'on trace deux lignes droites sur un plan, ces lignes, prolongées indéfiniment, se rencontrent ou ne se rencontrent pas. On dit, dans le premier cas, qu'elles forment un *angle ;* dans le second, qu'elles sont *parallèles.*

L'*angle* est la portion indéfinie du plan, comprise entre les deux droites qui se coupent et qui sont terminées à leur point d'intersection. Ces lignes sont les *côtés* de l'angle, et le point où elles se rencontrent en est le *sommet.* La grandeur d'un angle ne dépend que de l'écartement de ses côtés.

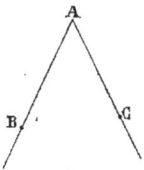

On désigne un angle par son sommet, s'il est seul en ce point. Dans le cas contraire, on marque un point sur chaque côté et l'on énonce le sommet entre ces deux points. Ainsi l'angle BAC a son sommet au point A et ses côtés passent par les points B, C.

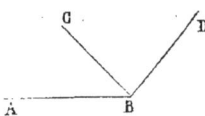

Deux angles ABC, CBD sont adjacents, lorsqu'ils ont un sommet B et un côté BC, communs, et qu'ils sont juxta-posés.

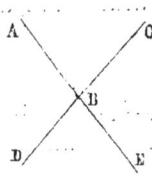

On dit que deux angles ABC, DBE sont opposés au sommet, lorsque les côtés de l'un
sont les prolongements des côtés de l'autre.

**6**—Toute proposition renferme deux parties, savoir : une *hypothèse* faite sur un su-
jet et une *conclusion*, qui est la conséquence de cette hypothèse. Le raisonnement que l'on fait, pour déduire la
conclusion de l'hypothèse, lorsque leur dépendance n'est
pas évidente, est appelé la *démonstration* de la proposition.

Si, dans l'énoncé d'une proposition, on ajoute une néga-
tion à l'hypothèse et à la conclusion, on forme la *proposition
contraire*.

On appelle *réciproque* d'une proposition une autre proposition, dont l'hypothèse et la conclusion sont la conclusion
et l'hypothèse de la première.

Soit la proposition : « Si deux angles sont droits, ils sont
égaux. » Elle a pour contraire : « Si deux angles ne sont pas
droits, ils ne sont pas égaux. » Et sa réciproque est : « Si
deux angles sont égaux, ils sont droits. »

La proposition contraire et la réciproque d'une proposition ne sont pas toujours vraies, parce que la conclusion
d'une proposition convient quelquefois à un plus grand
nombre de cas que l'hypothèse. Nous en avons un exemple
dans la proposition précédente, car deux angles peuvent
être égaux, sans être droits.

Une proposition, la contraire et leurs réciproques ont
entre elles une dépendance telle que, lorsque les deux premières sont démontrées vraies, les deux autres sont évidentes. Aussi en m'appuyant sur ce fait général, qu'on peut
appeler la *loi des réciproques*, je n'énoncerai que les réciproques les plus importantes et je ne démontrerai que celles
dont j'aurai omis les propositions contraires, à cause de
leur inutilité.

# GÉOMÉTRIE PLANE.

## LIVRE I.

### LA LIGNE DROITE ET LA LIGNE BRISÉE.

## CHAPITRE I.

### De la commune mesure de deux Lignes et de leur rapport.

**1**—Lorsqu'une grandeur est contenue un nombre exact de fois dans plusieurs grandeurs de même espèce, on dit qu'elle est leur commune mesure.

Cherchons la plus grande commune mesure de deux lignes droites A et B. Pour cela, portons la plus petite B, sur la plus grande A ; si la ligne B est contenue, par exemple, quatre fois exactement dans A, elle sera la plus grande commune mesure cherchée.

Au contraire, si A contient quatre fois B avec un reste R, on démontrera, par un raisonnement identique à celui que l'on fait en arithmétique pour trouver le plus grand commun diviseur de deux nombres, que les communes mesures de A et B sont les mêmes que celles de B et R, et réciproquement; de sorte que la plus grande commune mesure de A et B est la même que celle de B et R.

Pour trouver celle-ci, on portera R sur B; et si R' est le reste, les communes mesures de B et R seront les mêmes que celles de R et R'. On continuera ainsi jusqu'à ce qu'on arrive à un reste contenu un nombre exact de fois dans le précédent; le dernier resté sera la plus grande commune mesure de A et B.

Pour déterminer combien de fois cette commune mesure est contenue dans A et B, supposons qu'on ait trouvé

$$A = 4 B + R$$
$$B = 3 R + R'$$
$$R = 2 R' + R''$$
$$R' = 3 R''$$

Nous aurons successivement ·

$$R = 6 R'' + R'' = 7 R''$$
$$B = 21 R'' + 3 R'' = 24 R''$$
$$A = 96 R'' + 7 R'' = 103 R''$$

Nous remarquerons que les multiplicateurs 24 et 103 doivent être premiers entre eux, car s'ils avaient un diviseur commun, par exemple 3, les deux lignes A et B auraient 3 R'' pour commune mesure; ce qui est impossible, puisque R'' est leur plus grande commune mesure.

On conclut de ces valeurs de A et de B que leur rapport

$$\frac{A}{B} = \frac{103}{24}.$$

**2**—Il peut arriver qu'en cherchant la plus grande commune mesure de deux lignes, on ne trouve aucun resté contenu exactement dans le reste précédent. Dans ce cas, les lignes n'ont pas de commune mesure et l'on dit qu'elles sont incommensurables entre elles.

Le procédé précédent conduirait à deux limites du rapport de ces lignes; mais il est préférable de diviser l'une des lignes, B par exemple, en un certain nombre de parties égales et de chercher le plus grand multiple de cette fraction de B contenu dans A. Supposons B divisé en

10 parties égales et A plus grand que 15, mais moindre que 16 de ces parties, nous aurons ·

$$A > \frac{15\,B}{10}$$

$$A < \frac{16\,B}{10}$$

donc le rapport de $\frac{A}{B}$ est compris entre $\frac{15}{10}$ et $\frac{16}{10}$.

**3**—On appelle *unité* la grandeur prise pour servir de terme de comparaison à toutes les grandeurs de même espèce.

*Mesurer* une grandeur c'est la comparer à son unité, c'est-à-dire c'est chercher combien d'unités et de parties de l'unité elle contient. Le nombre entier ou fractionnaire que l'on trouve exprime le rapport de cette grandeur à l'unité.

L'unité linéaire est la dix-millionième partie du quart de la circonférence de la terre. Elle a reçu le nom de *mètre*. On l'a subdivisée en parties de dix en dix fois plus petites, qui sont : le *décimètre*, dixième partie du mètre; le *centimètre*, dixième du décimètre ou centième du mètre; le *millimètre*, dixième du centimètre ou millième du mètre. On a formé aussi, au moyen du mètre, des unités de dix en dix fois plus grandes qui sont : le *décamètre* ou dix mètres; l'*hectomètre* ou cent mètres; le *kilomètre* ou mille mètres; le *myriamètre* ou dix mille mètres

Pour mesurer une ligne droite plus grande que le mètre, on porte le mètre sur cette ligne, et s'il y est contenu, par exemple, 7 fois exactement, on dit que la longueur de cette droite est de 7 mètres. Si cette droite ne contient pas exactement le mètre, elle se compose d'un certain nombre de mètres, tel que 7, et d'un reste moindre que le mètre. On cherche ensuite combien de fois ce reste contient le décimètre; s'il est égal à 5 décimètres, augmentés d'un reste moindre que le décimètre, on mesurera ce nouveau reste au moyen du centimètre. Supposons-le égal à 56 centimètres; la longueur de la droite sera de 7 mètres 56 centimètres

Si la droite qu'on veut mesurer est moindre que le mètre, on trouvera sa mesure au moyen du décimètre, du centimètre, etc., comme dans l'exemple précédent.

Pour mesurer une ligne brisée, on évalue séparément les longueurs des droites qui la composent et on fait la somme des nombres que l'on a trouvés.

# CHAPITRE II.

## Des Angles.

---

THÉORÈME I.

*Si deux droites* AB, CD *se rencontrent, les angles* AEC, BED *opposés au sommet sont égaux.*

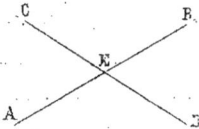

En effet, retournons le plan des deux angles adjacents BEC, BED et appliquons-le sur le plan des deux angles adjacents CEA, CEB, en faisant coïncider les points E et les droites DC, AB. Les deux angles BEC, CEB étant égaux, le côté EB du premier angle prend la direction de EC, côté du second. Donc les angles BED, AEC sont égaux.

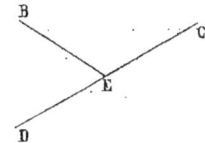

COROLLAIRE.—Si les deux droites AB, CD font deux angles adjacents égaux AEC, BEC, les quatre angles formés par ces lignes sont égaux.

Car l'angle AED est égal à BEC et l'angle BED à AEC, parce qu'ils sont opposés au sommet.

SCHOLIE.—Lorsque deux lignes droites, qui se rencontrent, forment quatre angles égaux, on dit que l'une est *perpendiculaire* sur l'autre et on donne le nom d'angle droit à chacun des quatre angles.

Au contraire, deux droites sont *obliques* l'une à l'autre

lorsqu'elles forment, en se rencontrant, des angles inégaux.

### THÉORÈME II.

*Par un point on peut tracer une perpendiculaire sur une*
*droite, mais on ne peut en tracer qu'une.*

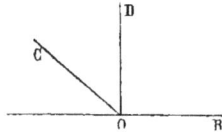

Supposons d'abord le point donné
sur la droite AB et menons par ce
point O une droite quelconque OC. Si
les deux angles adjacents AOC, BOC
sont égaux, la ligne OC est perpendiculaire sur AB. Dans
le cas contraire, et en admettant que l'angle BOC est plus
grand que AOC, faisons tourner la droite OC autour du
point O, jusqu'à ce qu'elle coïncide avec OB. Dans ce mouvement, l'angle AOC croît d'une manière continue, tandis
que BOC, d'abord plus grand que AOC, décroît jusqu'à de-
venir moindre que AOC. Donc la ligne OC passe par une
position OD, dans laquelle elle fait des angles égaux avec
AB. Donc la droite OD est la seule perpendiculaire qu'on
puisse mener par le point O sur AB.

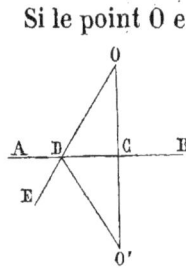

Si le point O est situé hors de AB, faisons tourner la partie supérieure du plan autour de cette
droite, jusqu'à ce qu'elle coïncide avec la
partie inférieure. Soit O′ la position que
prend le point O; la droite qui joint les
deux points O, O′ du plan, avant le rabat-
tement, est perpendiculaire sur AB, car
les angles adjacents OCB, O′CB sont égaux.

Toute autre droite OD, tracée par le point O jusqu'à la
rencontre de AB, est oblique à cette ligne; car si on joint D
à O′ et qu'on plie la figure suivant AB, la droite OD coïncide
avec O′D et les angles ODB, O′DB sont égaux. Or l'angle
O′DB est moindre que EDB; donc la droite OD forme avec
AB des angles inégaux.

COROLLAIRE.—Tous les angles droits sont égaux.

On appelle *aigu* tout angle moindre qu'un angle droit et *obtus* tout angle plus grand qu'un angle droit.

L'angle droit étant seul de son espèce, on l'a pris pour unité d'angle ; de sorte que, pour mesurer un angle, il faut chercher son rapport à l'angle droit. La comparaison directe de deux angles étant peu commode, on verra plus loin comment on l'a remplacée par la comparaison de deux lignes, qui ont avec les angles une relation remarquable.

Deux angles sont *complémentaires* lorsque leur somme est égale à un angle droit ; on dit qu'ils sont *supplémentaires* s'ils valent ensemble deux angles droits.

### THÉORÈME III.

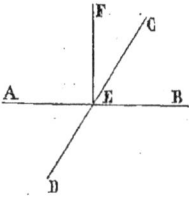

*Lorsqu'une ligne droite* AB *en rencontre une autre* CD, *la somme de deux angles adjacents* AEC, BEC, *formés par ces lignes, est égale à deux angles droits.* Traçons la droite EF perpendiculaire sur AB, nous aurons :

l'angle AEC + CEB = AEF + FEC + CEB = AEF + FEB.

Or les angles AEF, FEB sont droits, donc la somme des angles adjacents AEC, CEB est égale à deux angles droits.

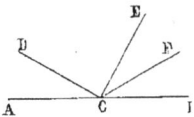

COROLLAIRE 1.—Si par un point C d'une droite AB on trace différentes droites d'un même côté de AB, la somme des angles adjacents consécutifs est égale à deux droits ; car on a :

ACD + DCE + ECF + FCB = ACF + FCB = 2 droits.

COROLLAIRE 2.— Si par un point A d'un plan on trace, sur cette surface, des droites dans différents sens, la somme

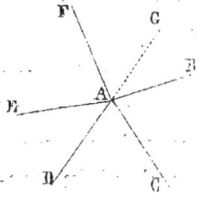

des angles adjacents consécutifs qu'elles forment est égale à 4 angles droits.

Je prolonge DA au-delà du sommet A et je remplace l'angle FAB par les deux angles FAG, GAB dont il est la somme. Les angles adjacents consécutifs, situés de chaque côté de DG, valent ensemble deux angles droits; donc la somme de tous les angles, formés autour du point A est égale à 4 angles droits.

### THÉORÈME IV.

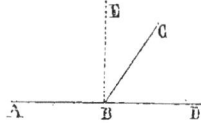

*Si deux angles adjacents* ABC, CBD *sont supplémentaires, leurs côtés non communs* AB, BD *sont sur la même droite.*

Traçons par le point B la droite BE perpendiculaire sur BA; la somme des angles ABE, EBD est égale à celle des angles ABC, CBD, c'est-à-dire à deux droits. Or l'angle ABE est droit, donc EBD l'est aussi et les deux lignes AB, BD qui sont perpendiculaires à BE, au même point B, ne forment qu'une seule droite.

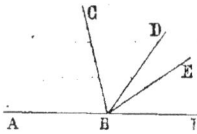

COROLLAIRE.—Si plusieurs angles ABC, CBD, DBE, EBF, adjacents deux à deux, valent ensemble deux angles droits, les côtés extrêmes AB, BF sont sur la même droite.

Car les deux angles adjacents ABE, EBF sont supplémentaires.

# CHAPITRE III.

## De la Perpendiculaire et des Obliques.

---

*Si d'un point* A, *pris hors d'une droite* EF, *on trace la perpendiculaire et différentes obliques sur* EF,

1° *La perpendiculaire est plus courte que toute oblique;*

2° *Deux obliques, également éloignées de la perpendiculaire, sont égales;*

3° *De deux obliques, inégalement distantes de la perpendiculaire, la plus éloignée est la plus grande.*

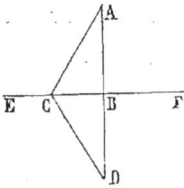

1° Soient AB la perpendiculaire et AC une oblique quelconque, menées du point A sur EF. Je prends, sur le prolongement de AB, la ligne BD égale à AB et je trace la droite CD. Les deux droites AC, CD sont égales, car si je fais tourner la figure ABC autour de EF pour l'appliquer sur DBC, la droite BA prend la direction de BD, parce que les angles ABC, DBC sont droits; et, comme BA est égale à BD, le point A coïncide avec le point D; donc CA est égale à CD.

Or la droite ABD est moindre que la ligne brisée ACD, donc AB, moitié de ABD, est aussi moindre que AC, moitié de ACD.

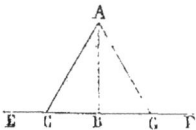

2° Prenons, sur EF, de chaque côté de la perpendiculaire AB, des longueurs égales BC, BG et traçons les obliques AC, AG qui s'écartent également de AB. Pour démontrer qu'elles sont égales, faisons

tourner ABC autour de AB jusqu'à ce que l'angle droit ABC coïncide avec ABF ; la droite BC étant égale à BG, le point C s'applique sur le point G, donc les obliques AC, AG sont égales.

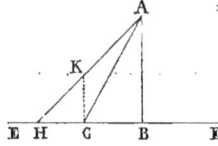

3°. Considérons les deux obliques AC, AH inégalement éloignées de la perpendiculaire AB et traçons, par le point C, la droite CK perpendiculaire sur EF. L'angle ACE étant plus grand que ACB, la droite CK est située dans l'angle ACE ; donc elle rencontre AH entre les points A et H. La ligne droite AC est moindre que AK+KC ; or la perpendiculaire KC est plus courte que l'oblique KH, donc la droite AC est, à fortiori, moindre que AK+KH.

COROLLAIRE 1.—On mesure la distance d'un point à une droite par la perpendiculaire, menée de ce point sur la droite, parce qu'elle est la plus courte ligne qu'on puisse mener du point à la droite.

COROLLAIRE 2.—Par un point pris hors d'une droite on ne peut tracer sur cette ligne que deux obliques égales.

### THÉORÈME II.

*Si, par le milieu C de la droite* AB, *on trace sur cette ligne la perpendiculaire* DE,

1° *Tout point de* DE *est également éloigné des extrémités de* AB ;

2° *Tout point extérieur à* DE *est inégalement distant des mêmes extrémités* A *et* B.

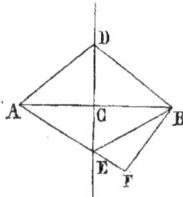

1° Puisque CA est égale à CB, les obliques DA, DB, qui joignent un point quelconque D de la perpendiculaire DE aux points A et B, sont égales. Donc tout point D de la droite DE est également éloigné de A et B.

2° Soit F un point extérieur à DE, je

trace les droites FA, FB; les points A, F étant situés de différents côtés de DE, la droite FA rencontre DE au point E, dont les distances aux points A et B sont égales. Or on a

$$FB < FE + EB$$
ou $$FB < FE + EA$$

donc le point F est inégalement distant des extrémités de AB.

SCHOLIE.—La perpendiculaire DE est le *lieu géométrique* des points qui sont, chacun, également éloignés des deux points A et B; c'est-à-dire qu'elle passe par tous ces points qui ont une propriété commune.

### THÉORÈME III.

1º *La bissectrice d'un angle a chacun de ses points également éloigné des deux côtés de cet angle.*

2º *Tout point, extérieur à la bissectrice, est inégalement distant des mêmes côtés.*

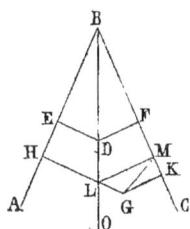

1º D'un point quelconque D de la droite BO, qui divise l'angle ABC en deux parties égales, je trace DE perpendiculaire au côté BA, et DF perpendiculaire au côté BC. Les deux droites DE, DF sont égales, car si je fais tourner l'angle ABO autour de BO et que je l'applique sur son égal CBO, le côté BA coïncide avec BC et la droite DE perpendiculaire sur AB prend la direction de DF perpendiculaire sur BC; donc les points E, F coïncident et le point D est également distant des côtés AB, BC de l'angle ABC.

2º D'un point G extérieur à BO, je trace les perpendiculaires GH sur AB et GK sur BC. La droite GH rencontre la bissectrice BO au point L, par lequel je mène LM perpendiculaire sur BC. La perpendiculaire GK est plus courte que l'oblique GM et la droite GM est moindre que GL+LM, donc on a, à fortiori,

$$GK < GL + LM$$
ou $$GK < GL + LH$$

donc le point G est inégalement distant des côtés de l'angle ABC.

SCHOLIE.—Le lieu géométrique des points également éloignés de deux droites qui se coupent est le système des bissectrices des angles formés par ces droites.

# CHAPITRE IV.

## Des Droites parallèles.

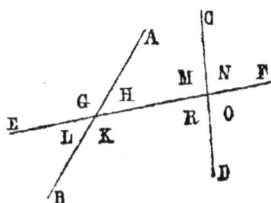

———

Lorsque deux lignes droites AB, CD sont rencontrées par une troisième EF, elles forment avec cette ligne huit angles qui, considérés deux à deux, ont reçu des noms particuliers. Pour simplifier les énoncés, je désignerai chacun de ces angles par une lettre placée entre ses côtés.

1º On appelle *correspondants* deux angles, tels que H et N, qui sont l'un à l'intérieur, l'autre à l'extérieur des droites AB, CD et du même côté de la sécante EF, sans être adjacents.

2º Deux angles H, R sont *alternes-internes* lorsque, étant compris entre les deux droites AB, CD, ils sont situés de différents côtés de la sécante, sans être adjacents.

3º Deux angles N, L sont *alternes-externes* s'ils ne sont pas compris entre AB et CD et qu'ils soient de différents côtés de la sécante, sans être adjacents.

4º Deux angles H, M sont *intérieurs* lorsqu'ils sont situés entre les lignes AB, CD et du même côté de la sécante.

5º Deux angles G, N sont *extérieurs* lorsque, étant situés du même côté de la sécante, ils ne sont pas compris entre AB et CD.

## THÉORÈME I.

*Par un point* A *on peut tracer une parallèle à une droite*
BC, *mais on ne peut en tracer qu'une.*

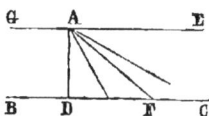

Menons, par le point A, la droite AD
perpendiculaire sur BC et la droite GE
perpendiculaire sur AD. Les deux lignes
BC, GE ne peuvent se rencontrer, sinon
on aurait tracé par le point d'intersec-
tion deux perpendiculaires sur AD; ce qui est impossible
Donc GE est parallèle à BC.

Prouvons maintenant que toutes les droites tracées
dans l'angle EAD doivent rencontrer BC. En effet, si toutes
ces lignes ne rencontrent pas BC, il peut arriver qu'aucune
de ces droites ne coupe BC ou que quelques-unes seulement
la rencontrent. Dans le premier cas, il serait impossible de
joindre par des droites le point A aux différents points de
CD, ce qui est absurde. Supposons, dans le second cas, que
la droite AF soit, parmi toutes les lignes qui rencontrent CD,
celle qui forme avec AD le plus grand angle; alors aucune
des droites tracées par le point A dans l'angle EAF ne rencontrant FC, on en conclurait encore qu'on ne peut joindre
par une droite le point A à aucun des points de FC. Donc
toutes les droites tracées par le point A dans l'angle EAD
rencontrent la ligne DC. Il en est de même de celles qu'on
peut tracer dans l'angle GAD.

Donc on ne peut mener par le point A qu'une parallèle à BC.

COROLLAIRE. — Deux droites, parallèles à une troisième,
sont parallèles entre elles.

Car si elles se rencontraient, on aurait deux parallèles,
menées par le même point à la même droite.

## THÉORÈME II.

*Si deux droites* AB, CD *font avec une sécante* GH *deux angles correspondants égaux* AEH, CFH,

1° *Les angles alternes-internes sont égaux ;*
2° *Les angles alternes-externes sont égaux ;*
3° *Les angles intérieurs sont supplémentaires ;*
4° *Les angles extérieurs sont aussi supplémentaires ;*
5° *Les droites* AB, CD *sont parallèles.*

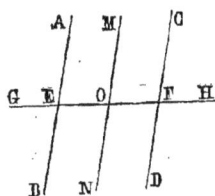

1° L'angle AEH est égal à CFH par hypothèse, l'angle EFD est aussi égal à CFH, parce qu'il lui est opposé au sommet. Donc les angles alternes-internes AEH, EFD sont égaux.

2° De même chacun des angles alternes-externes CFH, GEB est égal à AEH. Donc ils sont égaux entre eux.

3° L'angle AEH est égal, par hypothèse, à CFH qui est le supplément de CFE. Donc les deux angles intérieurs AEH, CFE sont supplémentaires.

4° Les angles extérieurs AEG, CFH valent ensemble deux droits, parce que l'angle CFH est égal à AEF, qui est le supplément de AEG.

5° Par le milieu O de la droite EF, traçons MN parallèle à AB et faisons tourner la figure NOFD autour du point O, dans son plan, jusqu'à ce que OF coïncide avec OE, qui lui est égale. Les deux angles MOE, NOF étant égaux, la droite ON prend la direction de OM. Pareillement la droite FD prend la direction de EA, à cause de l'égalité des angles OFD, OEA. Or la droite EA est parallèle à MN ; donc CD est aussi parallèle à MN et par suite à AB.

## THÉORÈME III.

*Si deux droites* AB, CD *sont parallèles, elles forment, avec une sécante quelconque* GH,

1° *Des angles correspondants égaux;*

2° *Des angles alternes-internes égaux;*

3° *Des angles alternes-externes égaux;*

4° *Des angles intérieurs supplémentaires;*

5° *Des angles extérieurs aussi supplémentaires.*

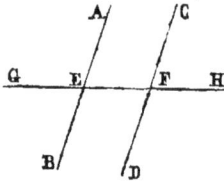

1° Les deux angles correspondants AEH, CFH sont égaux. Car si par le point E on trace une droite qui forme avec EF un angle égal à CFH, cette ligne est parallèle à CD; donc elle coïncide avec AB et l'angle AEH est égal à CFH.

2° De l'égalité des angles correspondants il résulte que 1° les angles alternes-internes sont égaux; 2° les angles alternes-externes le sont aussi; 3° les angles intérieurs sont supplémentaires; 4° les angles extérieurs le sont aussi.

SCHOLIE.—Les propositions contraires des deux propositions précédentes sont vraies. Euclide admet comme évident que deux droites se rencontrent lorsqu'elles forment avec une sécante deux angles intérieurs dont la somme est moindre que deux droits; aussi cette proposition est connue sous le nom de *Postulatum* d'Euclide.

**THÉORÈME IV.**

*Deux angles dont les côtés sont parallèles deux à deux sont égaux ou supplémentaires.*

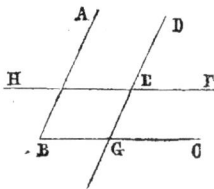

Considérons d'abord les angles ABC, DEF dont les côtés sont parallèles et dirigés dans le même sens; ces angles sont égaux. En effet, prolongeons DE jusqu'à la rencontre de BC; les angles ABC, DGC sont égaux comme correspondants; les angles DEF, DGC le sont aussi par la même raison. Donc l'angle ABC est égal à DEF.

Soient, en second lieu, les angles ABC, HEG dont les côtés sont parallèles et dirigés en sens contraire; ces angles sont égaux. Car on a l'angle ABC égal à DEF et l'angle DEF égal à HEG. Donc ABC et HEG sont égaux.

Je dis enfin que les angles ABC, DEH qui ont les côtés AB, ED parallèles et dirigés dans le même sens et les côtés BC, EH parallèles et dirigés en sens contraire, sont supplémentaires. En effet, l'angle ABC est égal à DEF, supplément de DEH. Donc ABC et DEH sont supplémentaires.

### THÉORÈME V.

*Deux angles qui ont les côtés perpendiculaires deux à deux sont égaux ou supplémentaires.*

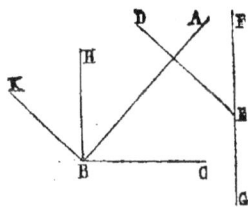

Soient ABC, DEF deux angles de même espèce dont les côtés sont perpendiculaires chacun à chacun; je dis qu'ils sont égaux. En effet, je trace BH parallèle à EF et dans le même sens, BK parallèle à ED et aussi dans le même sens; donc l'angle KBH est égal à DEF. Les angles ABK, CBH étant droits, chacun des angles KBH, ABC a pour complément ABH. Donc ces angles sont égaux; donc ABC est égal à DEF.

L'angle DEG, supplément de DEF et l'angle ABC ont aussi leurs côtés perpendiculaires; mais ils sont supplémentaires.

# CHAPITRE V.

## Des Triangles.

----

On appelle *triangle* la portion de plan comprise entre trois droites qui se rencontrent deux à deux. Les parties AB, BC, AC de ces droites comprises entre les points d'intersection sont les *côtés* du triangle. Les angles que forment ces lignes et les sommets de ces angles sont appelés les *angles* et les *sommets* du triangle.

On distingue dans un triangle six éléments : trois côtés et trois angles.—Le triangle est *équilatéral* ou *équiangle* lorsque les trois côtés ou les trois angles sont égaux. Il est *isocèle* s'il a deux côtés égaux. On l'appelle *rectangle* lorsqu'il a un angle droit. Le côté opposé à l'angle droit a reçu le nom d'*hypothénuse*.

### THÉORÈME I.

*Chaque côté d'un triangle est moindre que la somme des deux autres.*

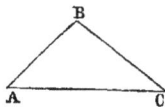

En effet, chaque côté AC est moindre que la ligne brisée AB + BC formée par les deux autres.

SCHOLIE.—Si on remarque qu'on peut écrire l'inégalité
$$AC < AB + BC$$
de la manière suivante :
$$BC > AC - AB,$$

on a cet autre énoncé du théorème précédent : *Chaque côté est plus grand que la différence des deux autres.*

### THÉORÈME II.

*Le somme des trois angles d'un triangle quelconque est égale à deux angles droits.*

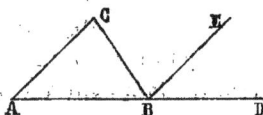

Prolongeons le côté AB du triangle ABC au-delà du sommet B et par ce point menons BE parallèle à AC. La somme des trois angles adjacents ABC, CBE, EBD, formés du même côté de AD sur cette droite, est égale à deux angles droits. Si nous remplaçons, dans cette égalité, l'angle CBE par ACB qui lui est égal, parce qu'ils sont alternes-internes, et l'angle EBD par CAB qui lui est égal, parce qu'ils sont correspondants, il en résulte que

$$ABC + ACB + CAB = 2 \text{ droits.}$$

COROLLAIRE I.—L'angle CBD, formé par le côté BC et le prolongement BD du côté AB, est appelé *extérieur*. Il est égal à la somme des deux angles intérieurs CAB, ACB qui ne lui sont pas adjacents.

COROLLAIRE II.—Un triangle ne peut avoir qu'un angle droit ou qu'un angle obtus ; les deux autres angles sont aigus.—Les deux angles aigus d'un triangle rectangle sont complémentaires.

COROLLAIRE III.—Chaque angle d'un triangle équiangle est égal aux deux tiers d'un angle droit.

COROLLAIRE IV.—Si deux angles d'un triangle sont respectivement égaux à deux angles d'un autre triangle, le troisième angle de l'un est aussi égal au troisième de l'autre.

### THÉORÈME III.

*Deux triangles* ABC, DEF *sont égaux lorsqu'ils ont un angle
égal compris entre deux côtés égaux chacun à chacun.*

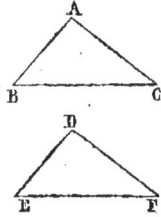

Soient le côté AB=DE, le côté AC=DF et
l'angle A=D. Je dis que ces triangles sont
égaux. En effet, appliquons le triangle DEF
sur ABC et plaçons le point D sur A, le
point E sur B; l'angle D étant égal à A, le
côté DF prend la direction de AC et, comme
ils ont la même longueur, leurs extrémités
F, C coïncident. Donc les côtés EF, BC
coïncident aussi et les deux triangles DEF, ABC sont égaux.

COROLLAIRE.—De l'égalité des triangles ABC, DEF on
conclut que le côté EF est égal à BC, que l'angle E est égal
à B et l'angle F à C.

### THÉORÈME IV.

*Deux triangles* ABC, DEF *sont égaux, s'ils ont un côté égal
adjacent à deux angles égaux chacun à chacun.*

Je suppose le côté EF=BC, l'angle E=B, l'angle F=C
et je dis que ces triangles sont égaux.

J'applique le triangle DEF sur ABC et je place le point E
sur B, le point F sur C. Les deux angles E, B étant égaux, le
côté ED prend la direction de BA; de même le côté FD prend
la direction de CA, à cause de l'égalité des angles F et C; donc
le point D, commun aux deux droites ED, FD, coïncide avec
l'intersection A des deux lignes BA, CA, et les deux triangles ABC, DEF sont égaux.

COROLLAIRE I.—On déduit de cette démonstration l'égalité
des angles D, A, celle des côtés DE, AB, et enfin celle des
côtés FD, AC.

COROLLAIRE II.— *Deux triangles rectangles sont égaux s'ils ont l'hypothénuse égale et un angle aigu égal chacun à chacun.*

Car les deux autres angles aigus de ces triangles sont aussi égaux, comme compléments d'angles égaux. Donc les triangles ont un côté égal adjacent à deux angles égaux chacun à chacun; donc ils sont égaux.

### THÉORÈME V.

*Deux triangles sont égaux s'ils ont les trois côtés égaux chacun à chacun.*

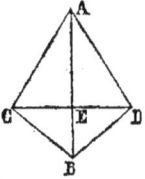

Soient ABC, ABD deux triangles ayant le côté AB commun, le côté AC égal à AD et le côté BC égal à BD ; je dis qu'ils sont égaux.

En effet chacun des points A, B est également distant de C et de D ; donc la droite AB est perpendiculaire au milieu de CD. Si j'applique le triangle DAB sur CAB, en le faisant tourner autour de AB, la droite ED prend la direction de EC et leurs extrémités D, C coïncident parce que ces lignes sont perpendiculaires à AB et égales entre elles. Donc le côté DB coïncide avec CB et le côté DA avec CA ; donc les triangles sont égaux.

COROLLAIRE I.—De l'égalité des deux triangles résulte celle des angles opposés aux côtés égaux.

COROLLAIRE II.—*Deux triangles rectangles sont égaux s'ils ont l'hypothénuse égale et un autre côté égal chacun à chacun.*

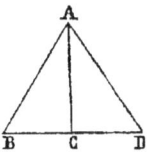

Soient ABC, ADC deux triangles rectangles ayant le côté commun AC et les hypothénuses AB, AD égales. Les angles ACB, ACD étant droits, la ligne BCD est droite et les deux obliques égales AB, AD s'écartent également de la perpendiculaire AC. Donc le côté BC est égal à DC et les deux triangles ont trois côtés égaux chacun à chacun.

SCHOLIE.—Deux triangles qui ont les angles égaux chacun à chacun ne sont pas nécessairement égaux ; car si on trace une parallèle à l'un des côtés d'un triangle, on en forme un autre dont les angles sont égaux à ceux du premier, sans que ces triangles soient égaux entre eux.

### THÉORÈME VI.

*Si deux triangles ont un angle inégal compris entre deux côtés égaux, le côté opposé au plus grand des deux angles est plus grand que celui qui est opposé à l'autre angle.*

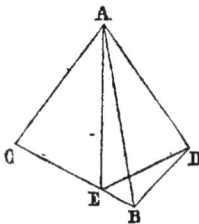

Soient les deux triangles ABC, ABD qui ont le côté AB commun, le côté AC égal à AD et l'angle BAC plus grand que BAD, je dis que le côté BC est plus grand que BD. Je divise l'angle CAD en deux parties égales par la droite AE. Cette ligne, située dans l'angle CAB qui est plus grand que BAD, rencontre le côté BC au point E, que je joins à D par la droite DE. Les deux triangles CAE, DAE ayant un angle égal compris entre deux côtés égaux, sont égaux et $CE = DE$. Or on a $BD < BE + ED$ ou $BD < BE + EC$ ; donc BD est moindre que BC.

COROLLAIRE.—Si deux triangles ont un côté inégal et les deux autres égaux chacun à chacun, l'angle opposé au plus grand côté est plus grand que l'angle opposé à l'autre côté.

Cette réciproque est une conséquence évidente des deux propositions précédentes.

### THÉORÈME VII.

*Si un triangle ABC a deux angles égaux, ABC, ACB, les côtés AC, AB opposés à ces angles sont égaux.*

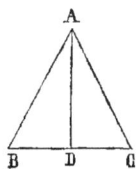

Divisez l'angle BAC en deux parties égales par la droite AD. L'angle BAD étant égal à CAD et l'angle ABD à ACD par hypothèse, le troisième angle ADB du triangle ABD est égal au troisième angle ADC du triangle ACD ; donc ces triangles, qui ont un côté commun AD adjacent à deux angles égaux, sont égaux et l'on a le côté AB égal à AC.

Corollaire.—La bissectrice AD de l'angle BAC divise en deux parties égales le côté opposé BC et lui est perpendiculaire.

Scholie.—Un triangle équiangle est équilatéral.

## THÉORÈME VIII.

*Si un triangle* ABC *a deux angles inégaux* BAC, BCA, *le côté* BC, *opposé au plus grand angle* BAC, *est plus grand que le côté* AB, *opposé à l'autre angle.*

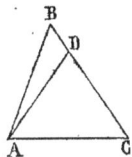

Tracez, par le point A, dans l'angle BAC, la droite AD, de telle sorte que l'angle DAC soit égal à BCA. Le triangle ADC ayant deux angles égaux, les côtés DA, DC, opposés à ces angles, sont égaux. Or on a, dans le triangle ABD, le côté $AB < AD + BD$ ; donc AB est aussi moindre que $CD + BD$ ou BC.

Scholie.—Les réciproques des deux propositions précédentes sont évidentes. Ainsi : 1° *dans un triangle qui a deux côtés égaux, les angles opposés sont égaux.—Un triangle équilatéral est équiangle.—Dans tout triangle, de deux côtés inégaux le plus grand est opposé au plus grand angle.*

# CHAPITRE VI.

## Des Polygones.

————

On appelle *polygone* une portion de plan terminée par des lignes droites. Ces lignes sont les *côtés* de cette figure, et leur ensemble forme le contour ou le *périmètre* du polygone.

Les *angles* et les *sommets* d'un polygone sont les angles formés par ses côtés et les sommets de ses angles.

Un polygone est *régulier* lorsqu'il a ses côtés égaux et ses angles égaux.

Le polygone de trois côtés est le *triangle*. Celui de quatre s'appelle *quadrilatère;* celui de cinq, *pentagone;* celui de six, *hexagone;* etc.

Un polygone est *convexe,* lorsqu'il est tout entier d'un même côté des droites, indéfiniment prolongées, qui le terminent. Dans le cas contraire, on dit qu'il est *concave.*

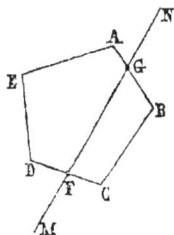

Le périmètre d'un polygone convexe ABCDE ne peut être rencontré en plus de deux points par une ligne droite **MN**. Soient G et F les points dans lesquels **MN** traverse les deux côtés AB, CD ; je dis qu'elle ne peut rencontrer le périmètre en d'autres points. En effet, les deux points G, F sont d'un même côté de chacune des droites DE, AE, etc. Donc la ligne GF ne rencontre aucune de ces droites.

On donne le nom de *diagonale* à la droite qui joint deux sommets non consécutifs d'un polygone.

On distingue parmi les quadrilatères : le *trapèze*, dont deux côtés sont parallèles ; le *parallélogramme*, dont les côtés opposés sont parallèles ; le *losange*, qui a les côtés égaux et les angles inégaux ; le *rectangle*, dont les angles sont égaux et les côtés inégaux ; enfin le *carré*, qui a les côtés égaux et les angles égaux.

## THÉORÈME I.

*La somme des angles intérieurs d'un polygone convexe est égale à autant de fois deux angles droits qu'il y a d'unités dans le nombre des côtés, diminué de deux.*

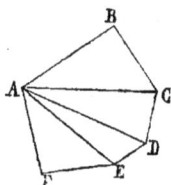

Traçons, dans le polygone ABCD, etc., par le sommet A, les diagonales AC, AD, etc. ; nous décomposons le polygone en autant de triangles qu'il a de côtés, moins deux. Car ces triangles ont le point A pour sommet commun et pour bases les différents côtés du polygone, à l'exception des deux côtés AB, AF. La somme des angles de chaque triangle étant égale à deux droits, celle des angles de tous les triangles est égale à deux droits répétés autant de fois qu'il y a de triangles. Or la somme des angles du polygone est la même que celle des angles de tous les triangles ; donc elle est égale à autant de fois deux droits qu'il y a d'unités dans le nombre des côtés, moins deux.

COROLLAIRE.—$n$ étant le nombre des côtés du polygone, la somme de ses angles est égale à $2 (n - 2)$ droits, ou à $(2 n - 4)$ droits.

SCHOLIE.—La somme des angles d'un quadrilatère est

égale à quatre droits. Donc chacun des angles du rectangle ou du carré est droit.

*La somme des angles qu'on forme à l'extérieur d'un polygone,
en prolongeant les côtés dans le même sens, est égale à quatre
droits.*

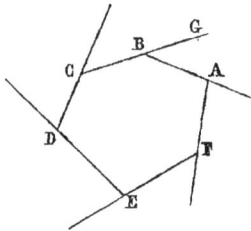

Chaque angle extérieur, tel que
ABG, étant le supplément de son
adjacent intérieur ABC, la somme
des angles, tant extérieurs qu'intérieurs, est égale à deux angles
droits, répétés autant de fois. qu'il
y a de sommets dans le polygone ;
donc cette somme est égale à $2n$ droits, $n$ étant le nombre
des côtés. Or les angles intérieurs valent ensemble $2n-4$
droits ; donc l'excès de $2n$ droits sur $(2n-4)$ droits, c'est-
à-dire quatre droits, représente la somme des angles extérieurs.

*Deux polygones de même espèce sont égaux lorsque, à l'ex-
ception de deux côtés consécutifs et de leur angle, les autres parties, côtés et angles, sont égales et disposées dans le même ordre.*

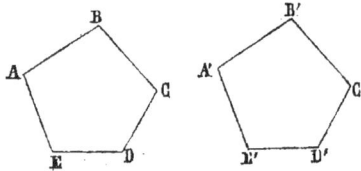

Considérons les deux
pentagones ABCDE, A'B'
C'D'E'. Soient le côté AB
=A'B', BC=B'C', CD=
CD'', et l'angle A=A',
B=B', C=C', D=D'.
Pour démontrer l'égalité de ces polygones, superposons les
angles égaux E'A'B',EAB; les côtés A'B', AB étant égaux, le
point B' coïncide avec B et, à cause de l'égalité des angles
B', B, le côté B'C' prend la direction de BC. Or B'C' est égal

à BC, donc le point C' s'applique sur C et le côté C'D' se dirige suivant CD. Ces côtés étant égaux, les angles D',D l'étant aussi, le point D' coïncide avec D et le côté D'E' prend la direction de DE. Donc les sommets E',E coïncident et les deux polygones sont égaux.

SCHOLIE.—L'égalité des deux polygones de $n$ côtés est une conséquence de l'égalité de $n-2$ côtés et $n-1$ angles; donc elle dépend de $2n-3$ conditions différentes.

### THÉORÈME IV.

*Deux polygones de même espèce sont égaux lorsque, à l'exception d'un côté et des deux angles adjacents, les autres parties sont égales et disposées dans le même ordre.*

On démontre ce théorème par la superposition directe des deux polygones.

### THÉORÈME V.

*Deux polygones de même espèce sont égaux lorsque, à l'exception de trois angles consécutifs, les autres parties sont égales et disposées dans le même ordre.*

Même genre de démonstration.

### THÉORÈME VI.

*Les côtés opposés d'un parallélogramme sont égaux ; les angles opposés le sont aussi.*

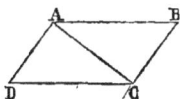

Traçons la diagonale AC du parallélogramme ABCD ; les deux triangles ABC, ADC ont le côté AC commun, l'angle BAC est égal à ACD, parce qu'ils sont alternes-internes par rapport aux parallèles AB, CD. Les angles BCA, DAC sont égaux par la même raison ; donc les triangles ABC, ADC sont égaux ; donc le côté AB est égal à DC et le côté BC à AD.

Les angles DAB, BCD sont égaux comme ayant leurs côtés parallèles et dirigés en sens contraire. Il en est de même des angles B et D.

CorollaIre I.—Les parallèles AB, CD comprises entre deux droites parallèles DA, BC sont égales.

CorollaIre II.—Deux parallèles AB, CD sont partout également distantes.

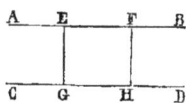

En effet, si de deux points quelconques E, F de AB on trace les perpendiculaires EG, FH sur CD, ces droites sont parallèles et égales, comme étant comprises entre deux parallèles.

### THÉORÈME VII.

*Un quadrilatère* ABCD *est un parallélogramme, si les côtés ou les angles opposés sont égaux.*

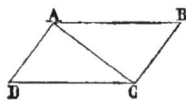

1° Soient le côté AB = CD et le côté AD = BC. La diagonale AC divise la figure en deux triangles égaux, parce qu'ils ont les trois côtés égaux chacun à chacun; donc les angles BAC, DCA, opposés aux côtés BC, AD, sont égaux. Or ils sont alternes-internes par rapport à AB et CD; donc ces côtés sont parallèles. De même AD est parallèle à BC.

2° Soient l'angle A = C et l'angle B = D; on en déduit A + B = C + D, c'est-à-dire que la somme des deux angles A et B est égale à la moitié de la somme des quatre angles du quadrilatère; donc les deux angles A et B sont supplémentaires. Or ces angles sont intérieurs par rapport aux droites AD, BC, donc ces lignes sont parallèles. De même AB est parallèle à CD.

Corollaire 1.—Le losange est un parallélogramme, puisque les côtés opposés sont égaux.

Corollaire 2.—Le rectangle est un parallélogramme, puisque les angles opposés sont égaux.—Le carré est à la fois un losange et un rectangle.

### THÉORÈME VIII.

*Un quadrilatère est un parallélogramme, lorsque deux côtés opposés sont égaux et parallèles.*

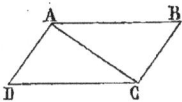

Soit le côté AB égal et parallèle à DC. La diagonale AC divise le quadrilatère en deux triangles ABC, ADC qui ont un angle égal compris entre deux côtés égaux chacun à chacun. Ces triangles étant égaux, les angles ACB, CAD, opposés aux côtés AB, CD, sont égaux aussi. Or ces angles sont alternes-internes par rapport aux droites CB, AD : donc ces lignes sont parallèles.

### THÉORÈME IX.

*Les diagonales d'un parallélogramme sont inégales et se divisent mutuellement en deux parties égales.*

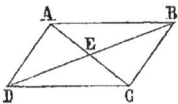

1° Les deux triangles ADC, BCD ont le côté DC commun, les côtés AD, BC égaux et l'angle ADC moindre que DCB. Donc le côté AC est moindre que BD.

2° Les deux triangles ABE, CDE sont égaux, parce que le côté AB=CD, l'angle ABE=CDE et l'angle BAE=DCE. Donc le côté AE, opposé à l'angle ABE, est égal à CE, opposé à l'angle CDE. De même le côté BE=DE.

Corollaire 1.—Les angles ADC, BCD étant droits dans le

3

rectangle, les deux triangles ADC, BCD sont égaux et les diagonales AC, BD sont égales.

Corollaire 2.— Si le parallélogramme est un losange, la diagonale BD, ayant deux points B, D également éloignés des extrémités de AC, est perpendiculaire au milieu de cette droite. Donc les diagonales d'un losange sont perpendiculaires l'une sur l'autre.

Corollaire 3.—Les diagonales du carré sont égales et perpendiculaires l'une à l'autre.

Scholie général.—Deux parallélogrammes sont égaux lorsqu'ils ont un angle égal compris entre deux côtés égaux chacun à chacun.—Deux rectangles sont égaux s'ils ont deux côtés égaux chacun à chacun.—Deux losanges sont égaux s'ils ont un côté et un angle égal chacun à chacun.—Deux carrés sont égaux s'ils ont un côté égal.

# LIVRE II.

## CHAPITRE I.

### Du Diamètre et des Cordes.

On appelle *cercle* la portion de plan terminée par une ligne courbe dont tous les points sont également éloignés d'un point situé à l'intérieur du cercle et nommé *centre*. Cette ligne courbe est la *circonférence* du cercle.

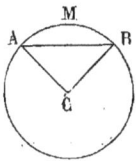

On donne le nom de *rayon* à toute droite AC qui joint le centre C à un point quelconque A de la circonférence. Tous les rayons d'un cercle sont égaux.

Un *arc* est une portion quelconque AMB de la circonférence ; il a pour *corde* ou *sous-tendante* la droite AB, qui joint ses extrémités A et B. La corde AB n'a pas d'autres points que A et B, communs avec la circonférence, puisqu'on ne peut tracer, du centre à cette droite, plus de deux obliques égales au rayon.

Une corde appartient à deux arcs dont la réunion forme la circonférence. Nous ne considérerons, en général, que le plus petit de ces arcs.

On donne le nom de *diamètre* à toute corde qui passe par le centre. Tous les diamètres sont égaux, puisque chacun d'eux est le double du rayon.

On appelle *segment* de cercle la portion de plan comprise entre un arc et sa corde ; — *secteur*, la partie du cercle comprise entre deux rayons.

### THÉORÈME I.

1° *Le diamètre est la plus grande corde du cercle ;*

2° *Il divise en deux parties égales le cercle et sa circonférence.*

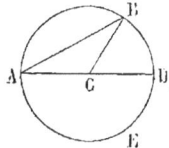

1° Soit AB une corde quelconque ; traçons le diamètre AD et le rayon CB, nous avons dans le triangle ACB :

$$AB < AC + CB,$$
ou
$$AB < AD.$$

2° Faisons tourner la partie ABD du cercle autour de AD, jusqu'à ce qu'elle s'applique sur AED ; les deux arcs ABD, AED doivent coïncider, sinon ils auraient des points inégalement éloignés du centre ; donc le diamètre AD divise la circonférence et le cercle en deux parties égales.

### THÉORÈME II.

*Le diamètre DE, perpendiculaire à une corde AB, divise en deux parties égales cette corde et les arcs qu'elle sous-tend.*

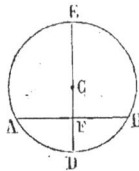

Plions la figure suivant le diamètre DE et appliquons le demi-cercle DAE sur DBE ; l'arc DAE coïncide avec DBE. Les angles AFE, BFE étant droits, la ligne FA prend la direction de FB et le point A coïncide avec B ; donc la droite AF est égale à BF, l'arc AD égal à BD, et l'arc AE à BE.

Scholie.—Le centre d'un cercle, le milieu d'une corde et les milieux de deux arcs qu'elle sous-tend, sont sur une même droite perpendiculaire à la corde.

COROLLAIRE.—Le lieu des milieux des cordes parallèles à une droite donnée est le diamètre perpendiculaire à cette droite.

## THÉORÈME III.

*Dans le même cercle ou dans des cercles égaux, 1° les arcs égaux ont des cordes égales; 2° ces cordes sont également éloignées du centre; 3° les angles qui ont leur sommet au centre et qui interceptent ces arcs sont égaux.*

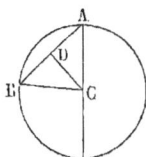

1° Soient AB, EF deux arcs égaux, pris sur les circonférences égales CA, GE. Je place le centre G sur C et le point E sur A; les deux circonférences coïncidant et les arcs EF, AB étant égaux, le point F s'applique sur B. Donc les cordes EF, AB sont égales.

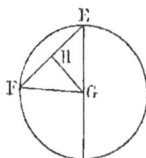

2° Les deux cordes EF, AB étant superposées, leurs milieux H, D coïncident, et la perpendiculaire GH, menée du centre G sur EF, est égale à la perpendiculaire CD, tracée du centre C sur AB. Donc les cordes EF, AB sont également éloignées du centre.

3° Le rayon GE coïncidant avec CA et le rayon GF avec CB, les deux angles EGF, ACB sont égaux.

## THÉORÈME IV.

*Dans le même cercle et dans des cercles égaux, si deux arcs, moindres qu'une demi-circonférence, sont inégaux, 1° le plus grand est sous-tendu par la plus grande corde; 2° cette corde est la plus rapprochée du centre; 3° l'angle au centre qui intercepte cet arc est le plus grand.*

Soient la circonférence CA égale à la circonférence OL et l'arc AB plus grand que LM. Je prends sur AB un arc AD égal à LM; les cordes AD, LM sont égales.

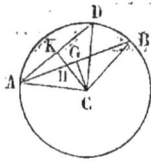

1° Je dis que la corde AB est plus grande que AD; car dans les triangles ACB, ACD l'angle ACB est plus grand que ACD et les côtés AC, CB sont égaux aux côtés AC, CD. Donc le côté AB, opposé à l'angle ACB, est plus grand que AD, opposé à l'angle ACD.

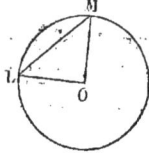

2° Je trace CG perpendiculaire sur AB et CK perpendiculaire sur AD. Le milieu de AD et le centre étant de différents côtés de AB, la droite CK rencontre AB en un point H, et l'on a la perpendiculaire CG sur AB, plus courte que l'oblique CH. Donc, à fortiori, CG est moindre que CK.

3° Il est évident que l'angle ACB est plus grand que ACD.

SCHOLIE.—Les réciproques des deux propositions précédentes sont vraies, en ne considérant toutefois que des arcs moindres qu'une demi-circonférence; car, pour les arcs plus grands, les cordes décroissent à mesure que les arcs croissent.

### THÉORÈME V.

*Par trois points A, B, C, non situés sur la même droite, on peut faire passer une circonférence et on ne peut en tracer qu'une.*

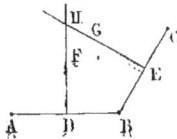

Je trace les droites AB, BC et par les milieux D, E de ces lignes je tire DF perpendiculaire sur AB, EG perpendiculaire sur BC. Les droites DF, EG doivent se rencontrer; car si on les supposait parallèles, les perpendiculaires AB, BC tracées par le même point B sur ces parallèles devraient coïncider et les trois points A, B, C seraient en ligne droite, ce qui contredit l'hypothèse.

Soit H le lieu de l'intersection des droites DF, EG. Ce point, appartenant à chacune des perpendiculaires DF, EG, menées par les milieux de AB et BC, est également distant

des points A, B, C. C'est le seul point jouissant de cette propriété; car tout autre est extérieur au moins à l'une des
droites DF, EG; par conséquent il se trouve à des distances
inégales de A, B, C.

Donc la circonférence, décrite du point H comme centre
avec le rayon AH, passe par les points A, B, C, et c'est la
seule, parce qu'il n'y a qu'un point également distant des
points A, B, C.

COROLLAIRE.—Deux circonférences qui ont trois points
communs coïncident.

# CHAPITRE II.

## De la Tangente.

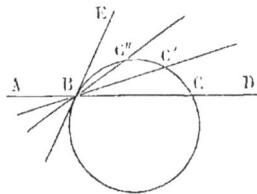

---

Lorsqu'une ligne droite AD rencontre une circonférence en deux points B, C, on dit qu'elle est *sécante*. Si on la fait tourner autour de l'un des points d'intersection, B par exemple, jusqu'à ce que l'autre C coïncide avec B, la sécante devient *tangente* à la circonférence. Il résulte de cette définition que la tangente n'a qu'un point commun avec la circonférence.

### THÉORÈME I.

*La tangente BD à la circonférence CA est perpendiculaire au rayon CA du point de contact A.*

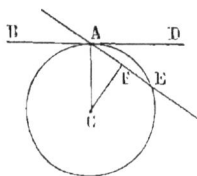

En effet, menons par le point A la sécante AE, traçons par le centre la perpendiculaire CF sur AE et faisons tourner la sécante autour du point A, jusqu'à ce que le point E, se confondant avec A, la droite AE coïncide avec la tangente BD. Dans toutes les positions de AE, la perpendiculaire CF passe par le milieu de la corde AE; donc elle prend la direction du rayon CA, lorsque le point E coïncide avec A, et la tangente BD est perpendiculaire au rayon CA.

COROLLAIRE.—Par un point d'une circonférence on ne peut tracer qu'une tangente.

SCHOLIE.—La tangente est parallèle aux cordes que le diamètre, qui passe par le point de contact, divise en deux parties égales.

### THÉORÈME II.

*Deux lignes droites parallèles interceptent sur la circonférence des arcs égaux.*

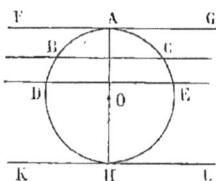

1° Si les deux parallèles sont les sécantes BC, DE, le diamètre AH, perpendiculaire à ces droites, divise en deux parties égales chacun des arcs BAC, DAE qu'elles sous-tendent, c'est-à-dire que l'on a

$$AB = AC$$

et

$$AB + BD = AC + CE;$$

donc

$$\text{arc } BD = \text{arc } CE.$$

2° Si l'une des parallèles est la tangente FG et l'autre la sécante BC, le rayon OA du point de contact de la tangente est perpendiculaire à cette droite et à sa parallèle BC. Donc il divise l'arc BAC en deux parties égales AB, AC.

3° Lorsque les deux parallèles sont tangentes, elles sont perpendiculaires au même diamètre AH et l'arc ABH est égal à ACH.

# CHAPITRE III.

## Distance d'un Point à une Circonférence. Intersection et contact de deux cercles.

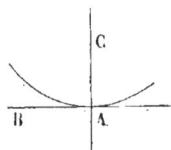

———

On appelle *normale* à une courbe la perpendiculaire AC, menée à la tangente AB par le point de contact A.

Lorsque la courbe est une circonférence, la normale coïncide avec la direction du rayon perpendiculaire à la tangente; donc elle passe par le centre. Pour tracer une normale au cercle par un point A intérieur ou extérieur, on joint ce point au centre C par une droite. Cette ligne prolongée rencontre la circonférence en deux points B, D, aux tangentes desquels elle est perpendiculaire; donc on a deux normales AB, AD dont les directions coïncident.

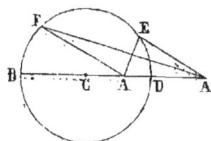

Les droites qui joignent le point A aux autres points E, F, etc. de la circonférence n'étant pas perpendiculaires aux tangentes en ces points, je leur donnerai le nom d'*obliques* et je dirai qu'elles s'écartent également ou inégalement d'une normale, lorsque les arcs compris entre cette normale et les extrémités des obliques seront égaux ou inégaux.

Deux circonférences sont *sécantes* lorsqu'elles ont deux points communs; au contraire, elles sont *tangentes* en un point lorsqu'en ce point elles ont une tangente commune.

Les centres des circonférences et le point de contact sont en ligne droite.

THÉORÈME I.

*Si d'un point* A *on trace les deux normales et une oblique quelconque* AE *à la circonférence* BC, *l'oblique est plus grande que l'une des normales et moindre que l'autre.*

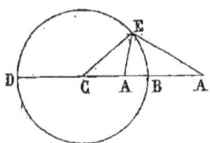

1° En supposant d'abord le point A extérieur au cercle et joignant le centre au point E, on a, dans le triangle AEC,

$$AE + EC > AB + BC$$

et                              $EC = BC,$

donc l'oblique AE est plus grande que la normale AB.

On a aussi $AE < AC + CE$; or CE est égale à CD, donc l'oblique AE est moindre que la normale AD.

2° Si le point A est intérieur au cercle, on a

$$AE + AC > EC$$

ou                         $AE + AC > AB + AC :$

donc AE est plus grande que AB.

De même AE est moindre que AC + CE ou AD.

SCHOLIE.—La normale AB est la plus courte distance et la normale AD la plus grande distance du point A à la circonférence.

THÉORÈME II.

*Si d'un point* A *on trace les normales et différentes obliques à une circonférence,*

1° *Deux obliques également éloignées d'une normale sont égales;*

2° *De deux obliques inégalement éloignées de la normale minima, la plus grande est la plus éloignée.*

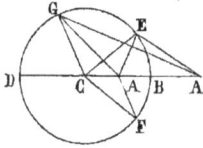

1° Soit AB la normale minima, menée du point A à la circonférence BC; prenons, à partir de B, deux arcs égaux BE, BF et joignons leurs extrémités E, F au point A; les deux obliques AE, AF sont égales.

En effet, les arcs BE, BF étant égaux, les angles au centre ACE, ACF qui les interceptent sont égaux; donc les triangles ACE, ACF ont un angle égal compris entre deux côtés égaux chacun à chacun et sont égaux. Donc AE est égale à AF.

2° Si l'arc BG est plus grand que BF, l'oblique AG est plus grande que AF; car l'angle ACG est plus grand que ACF et les deux triangles ACG, ACF ont un angle inégal compris entre deux côtés égaux; donc le côté AG, opposé à l'angle ACG, est plus grand que AF, opposé à l'angle ACF.

SCHOLIE.—Par un point on ne peut tracer à une circonférence que deux obliques égales.

### THÉORÈME III.

*Deux circonférences sont extérieures l'une à l'autre, lorsque la distance de leurs centres est plus grande que la somme de leurs rayons.*

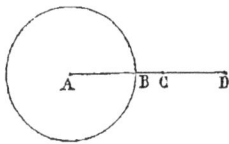

Soient A le centre et AB le rayon de l'un des cercles; prenez, sur le prolongement de AB, la droite BC égale à l'excès de la distance des centres sur la somme des rayons et la ligne CD égale au rayon du second cercle; le point D sera le centre de ce cercle. Or DC est moindre que la normale minima DB, menée de D à la circonférence AB; donc la circonférence CD a tous ses points extérieurs à la circonférence AB.

### THÉORÈME IV.

*Deux circonférences sont tangentes extérieurement, si la distance de leurs centres est égale à la somme de leurs rayons.*

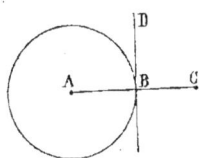

Soient A le centre et AB le rayon de l'un des cercles; je prends, sur le prolongement de AB, la droite BC égale au rayon de l'autre cercle, qui aura pour centre le point C. Or CB est égale à la normale minima, menée de C à circonférence AB; donc la circonférence CB a le point B commun avec la circonférence AB et tous ses autres points extérieurs au cercle AB.

La perpendiculaire BD, tracée par le point B sur la droite AC est tangente aux deux cercles; donc les circonférences sont tangentes extérieurement.

### THÉORÈME V.

*Deux circonférences sont sécantes, lorsque la distance des centres est moindre que la somme des rayons et plus grande que leur différence.*

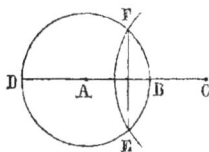

Soient A le centre et AB le rayon de la plus petite des deux circonférences. Prenons, à partir de A sur AB, une droite AC égale à la distance des centres et supposons le point C extérieur au cercle AB. Le rayon du second cercle est plus grand que la normale minima CB et moindre que la normale maxima CD, menées de C à la circonférence AB, puisque la distance AC des centres est moindre que la somme des rayons et plus grande que leur différence. Donc la circonférence C a deux points E, F communs avec la circonférence AB, et l'un des deux arcs dont ces points sont les extrémités est intérieur à la circonférence AB, tandis que l'autre est extérieur.

On prouverait de même que les deux circonférences se coupent, en supposant le point C à l'intérieur de la circonférence AB ou sur cette ligne.

Corollaire.—La droite AC, qui passe par les centres, est perpendiculaire au milieu de la droite EF qui joint les deux points d'intersection.

Car chacun des deux centres est également éloigné des deux points E, F.

## THÉORÈME VI.

*Deux circonférences sont tangentes intérieurement, lorsque la distance de leurs centres est égale à la différence de leurs rayons.*

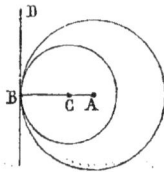

Soient A le centre et AB le rayon du plus grand des deux cercles; prenons BC égal au rayon de l'autre cercle, qui aura son centre au point C. Or le rayon CB est égal à la normale minima menée de C à la circonférence AB; donc le point B est commun aux deux circonférences et les autres points de la circonférence CB sont intérieurs au cercle AB.

La perpendiculaire BD, menée par B sur AB, est tangente aux deux cercles; donc les circonférences sont tangentes intérieurement.

## THÉORÈME VII.

*Deux circonférences sont intérieures l'une à l'autre lorsque la distance de leurs centres est moindre que la différence de leurs rayons.*

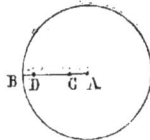

Soient A le centre et AB le rayon du plus grand des deux cercles; la somme de la distance des centres et du rayon du plus petit cercle étant moindre, par hypothèse, que le rayon AB, si on prend sur AB la droite AC égale à la distance des centres et CD égale au rayon du second cercle, le point D se trouve à l'intérieur du cercle AB.

Or le rayon CD est moindre que la normale minima CB, menée de C à la circonférence AB; donc la circonférence CD est intérieure à la circonférence AB.

Scholie.—Les réciproques des cinq théorèmes précédents sont évidentes.

# CHAPITRE IV.

## Mesure des Angles.

———

### THÉORÈME I.

*Dans le même cercle ou dans des cercles égaux, le rapport de deux arcs AB, A'B' est égal à celui des deux angles au centre ACB, A'C'B' qui interceptent ces arcs.*

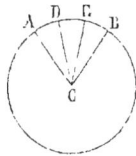

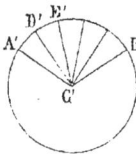

Supposons d'abord les arcs AB, A'B' commensurables. Nous trouverons leur plus grande commune mesure AD par le procédé que nous avons donné pour deux lignes droites; si l'arc AD est contenu trois fois dans AB et cinq fois dans A'B', le rapport $\dfrac{AB}{A'B'}$ sera égal à $\dfrac{3}{5}$. L'arc AB étant divisé en trois parties égales à AD et l'arc A'B' en cinq parties égales aussi à AD, joignons les points de division de AB au centre C et ceux de A'B' au centre C'. Les arcs AD, DE, etc., A'D', D'E', etc., étant égaux, les angles au centre ACD, DCE, etc., A'C'D', D'C'E', etc., qui les interceptent, le sont aussi; donc l'angle ACD est contenu trois fois dans ACB et cinq fois dans A'C'B', et l'on a

$$\frac{ACB}{A'C'B'} = \frac{3}{5} = \frac{AB}{A'B'}.$$

Si les arcs AB, A'B' n'ont pas de commune mesure, divisons l'arc A′B′ en un nombre quelconque de parties égales, dix par exemple ; l'arc AB sera compris entre deux multiples consécutifs de A′D′, qui est le dixième de A′B′, tels que 6 A′D′ et 7 A′D′ ; donc le rapport $\frac{AB}{A′B′}$ est plus grand que $\frac{6}{10}$ et moindre

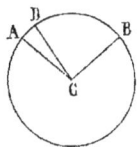

que $\frac{7}{10}$. Joignons les points de division de l'arc A′B′ au centre C′ et ceux de AB au centre C. L'angle A′C′D′ est contenu dix fois exactement dans l'angle A′C′B′ et l'angle ACB est plus grand que 6 A′C′D′, mais moindre que 7 A′C′D′ ; donc le rapport $\frac{ACB}{A′C′B′}$ est compris entre les nombres $\frac{6}{10}$ et $\frac{7}{10}$, et les

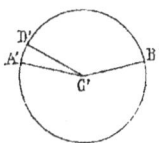

deux rapports $\frac{AB}{A′B′}$, $\frac{ACB}{A′C′B′}$ contiennent le même nombre de dixièmes. On prouverait de même qu'ils contiennent le même nombre d'unités d'un ordre quelconque ; donc ces rapports sont égaux.

Scholie I.—On démontre de même que *le rapport des deux arcs AB, A′B′ est égal à celui des secteurs ACB, A′C′B′.*

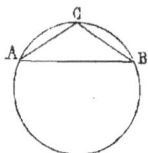

Scholie II.—Le rapport de deux arcs n'est pas égal à celui de leurs cordes. En effet, considérons deux arcs AB, AC, dont le premier soit le double du second ; la corde AB est moindre que la ligne brisée AC + CB, qui est le double de la corde AC.

### THÉORÈME II.

*L'angle au centre a la même mesure que l'arc qu'il intercepte sur la circonférence.*

Je remarque d'abord que, si je trace par le centre d'une

4

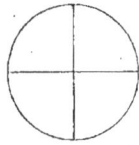

circonférence deux diamètres perpendiculaires l'un sur l'autre, les angles au centre étant
égaux, les quatre arcs qu'ils interceptent le
sont aussi; de sorte qu'un angle droit dont
le sommet est au centre d'une circonférence
intercepte un arc égal au quart de la circonférence.

Mesurer un angle ACB, c'est chercher combien il contient
d'unités d'angle et de parties de cette unité; aussi je le compare à l'angle droit ACD que je prends
pour unité. Pour faciliter cette comparaison, je décris une circonférence du sommet C comme centre avec un rayon quelconque. Le rapport des angles au centre
étant le même que celui des arcs interceptés, on a l'égalité

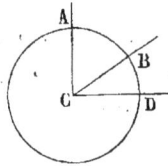

$$\frac{ACB}{ACD} = \frac{AB}{AD}.$$

Comme le rapport $\frac{ACB}{ACD}$ est le nombre abstrait qui exprime
la mesure de l'angle ACB, on voit que *si l'on convient* de
prendre pour unité d'arc le quart de la circonférence, c'est-
à-dire AD, le rapport $\frac{AB}{AD}$ sera aussi le nombre abstrait, qui
représente la mesure de l'arc AB; et l'angle au centre ACB
aura la même mesure que l'arc AB qu'il intercepte.

SCHOLIE.—Pour exprimer plus simplement les arcs en
nombres, on a divisé l'unité d'arc en 90 parties égales, appelées degrés, de sorte que la circonférence entière en contient
quatre fois 90 ou 360.

Chaque degré a été partagé en 60 minutes; chaque mi-
nute en 60 secondes; donc l'unité d'arc contient 5,400 minutes ou 324,000 secondes.

Un arc de 7°15′ étant égal aux $\frac{7}{90}$ de l'unité d'arc, augmentés des $\frac{15}{5400}$ de cette unité, c'est-à-dire aux $\frac{435}{5400}$ du

quart de la circonférence, l'angle au centre qui intercepte cet arc est égal aux $\frac{435}{5400}$ d'un angle droit.

Lorsqu'un angle est tracé sur le plan d'une circonférence et que ses côtés sont sécants ou tangents, on peut, pour le mesurer, ne pas décrire une circonférence de son sommet comme centre et faire usage de la première circonférence. C'est ce que nous allons expliquer dans les propositions suivantes.

Le sommet de l'angle peut être sur la circonférence, à l'intérieur ou à l'extérieur.

### THÉORÈME III.

*Tout angle* ABD, *formé par une tangente* BD *et une corde* BA, *a pour mesure la moitié de l'arc* BFA *compris entre ses côtés.*

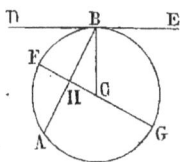

Je joins le centre C au point de contact B et je trace le diamètre FG perpendiculaire à la corde AB. L'angle ABD est égal à BCF, parce qu'ils ont le même complément CBH. Or l'angle au centre BCF a pour mesure l'arc BF, moitié de l'arc AB; donc l'angle ABD est mesuré par la moitié de l'arc AB compris entre ses côtés.

L'angle ABE qui est égal à BCG, parce qu'ils ont des suppléments égaux, a aussi pour mesure la moitié de l'arc BGA compris entre ses côtés.

### THÉORÈME IV.

*Tout angle* ABC, *inscrit dans un cercle, a pour mesure la moitié de l'arc* AC, *compris entre ses côtés.*

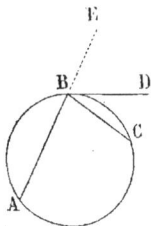

Menons la tangente BD par le sommet de l'angle ABC. Cet angle est égal à la différence des angles ABD, CBD, formés chacun par une tangente et une corde. Or l'angle ABD est mesuré par $\frac{1}{2}$ ACB, et l'angle CBD par $\frac{1}{2}$ CB; donc l'angle ABC a pour mesure $\frac{1}{2}$ (ACB — CB), c'est-à-dire la moitié de l'arc AC, compris entre ses côtés.

COROLLAIRE.—On démontrerait de même que l'angle CBE, formé par une corde BC et le prolongement BE d'une autre corde AB, a pour mesure la moitié de la somme des arcs BC, AB compris entre ses côtés et entre leurs prolongements. .

SCHOLIE.—Si on joint par des droites les différents points d'un arc à ses extrémités, les angles ACB, ADB, etc., *inscrits*

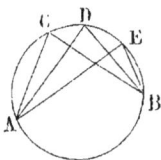

dans cet arc, sont tous égaux entre eux, parce qu'ils ont pour mesure la moitié du même arc AB, compris entre leurs côtés. On dit que l'arc est *capable* de l'angle inscrit.

Lorsque l'arc donné est une demi-circonférence, les angles inscrits sont droits. Au contraire, ils sont aigus ou obtus, selon que l'arc dans lequel ils sont inscrits est plus grand ou moindre qu'une demi-circonférence.

### THÉORÈME V.

*Tout angle* ABC, *formé par deux sécantes qui se rencontrent à l'intérieur du cercle, a pour mesure la moitié de la somme des arcs* AC, DE *compris entre ses côtés et leurs prolongements.*

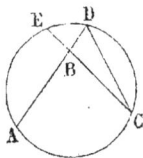

Traçons la corde CD; l'angle ABC, extérieur au triangle CBD, est égal à la somme des deux angles intérieurs ADC, BCD qui ont respectivement pour mesure les moitiés des arcs AC et DE. Donc l'angle ABC est mesuré par [1] (AC + DE).

### THÉORÈME VI.

*Tout angle* ABC, *formé par deux sécantes qui se rencontrent hors du cercle, a pour mesure la moitié de la différence des arcs* AC, DE *compris entre ses côtés.*

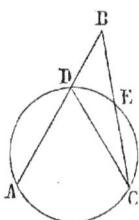

Traçons la corde DC; dans le triangle DBC, l'angle intérieur ABC est égal à la différence des deux angles inscrits ADC, DCB qui sont respectivement mesurés par les moitiés des arcs AC, DE. Donc l'angle ABC a pour mesure $\frac{1}{2}$ (AC − DE).

SCHOLIE.—On démontrerait de même que l'angle formé par une tangente et une sécante ou par deux tangentes a pour mesure la demi-somme des arcs compris entre ses côtés.

# CHAPITRE V.

## Problèmes sur les Perpendiculaires, les Parallèles, les Angles et les Arcs.

————

PROBLÈME I.—*Tracer, par le point* A, *une perpendiculaire sur la ligne* BC.

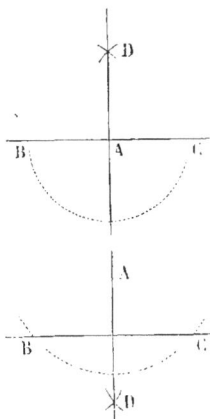

Du point A comme centre, décrivez un arc de cercle qui rencontre la droite BC. Des deux points d'intersection B et C, comme centres, avec le même rayon, plus grand que la moitié de BC, tracez deux arcs qui se coupent en D et tirez la droite AD, qui est la perpendiculaire demandée.

Car chacun des points A et D est également éloigné des extrémités B et C de la droite BC.

PROBLÈME II.—*Tracer, par le point* A, *une parallèle à la droite* BC.

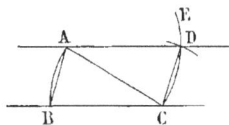

D'un point quelconque C de la droite BC comme centre, décrivez, avec le rayon CA, l'arc AB entre le point A et la ligne BC. Tracez, avec le même rayon et du point A comme centre, l'arc indéfini CE; prenez sur cet arc une longueur CD égale à AB et tirez la droite AD, qui est la parallèle demandée.

Car le quadrilatère ABCD est un parallélogramme, puisque
les côtés opposés sont égaux.

PROBLÈME III.—*Faire, au point* E *de la droite* ED, *un angle
égal à l'angle* BAC.

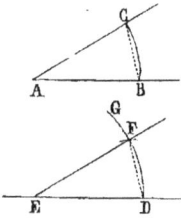

Des points A et E, comme centres, tracez, avec le même rayon, deux arcs BC,
DG ; prenez sur DG une partie DF égale
à l'arc BC compris entre les côtés de l'angle BAC et tirez la droite EF ; l'angle
DEF est égal à BAC.

Car les deux triangles ABC, DEF ont
les trois côtés égaux chacun à chacun.

PROBLÈME IV.—*Diviser une ligne droite, un arc ou un angle
en deux parties égales.*

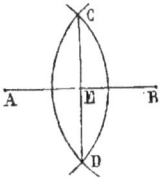

1° Pour diviser la droite AB en deux
parties égales, décrivez, des points A et B
comme centres, avec le même rayon, plus
grand que la moitié de AB, deux arcs qui
se rencontrent aux deux points C, D, et
tracez la droite CD qui divise AB en
deux parties égales au point E

Car, chacun des points C, D étant également distant des
extrémités de AB, la droite CD est perpendiculaire au milieu de AB.

2° Soit à diviser l'arc BC en deux parties
égales.

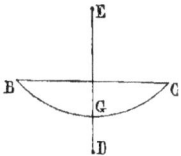

Tracez la corde BC et divisez-la en deux
parties égales par la perpendiculaire DE,
qui partagera aussi l'arc BC en deux arcs
égaux BG, CG.

LEÇONS DE GÉOMÉTRIE.

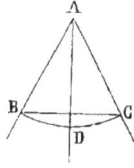

3° Pour diviser l'arc BAC en deux parties égales, décrivez, du sommet A comme centre, avec un rayon quelconque, l'arc BC entre les côtés de l'angle, et tracez, par le point A, la perpendiculaire AD sur la corde BC. Cette ligne divise l'arc BC et l'angle BAC en deux parties égales.

SCHOLIE.—En appliquant ce procédé à la moitié, au quart, au huitième, etc., d'une droite, d'un arc ou d'un angle, on divise la droite, l'arc ou l'angle en 4, 8, 16, etc., parties égales.

# CHAPITRE VI.

## Construction des Triangles et des Parallélogrammes.

***

PROBLÈME I.—*Deux angles* A *et* B *d'un triangle étant donnés, trouver le troisième.*

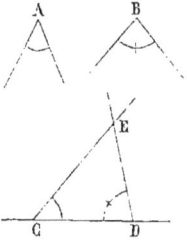

Faites, au point C d'une droite quelconque, l'angle DCE égal à A, et au point D de la même ligne l'angle CDE égal à B ; le troisième angle E du triangle CDE est l'angle demandé.

PROBLÈME II.—*Étant donnés deux côtés* A *et* B *d'un triangle, et l'angle* C *qu'ils forment, décrire le triangle.*

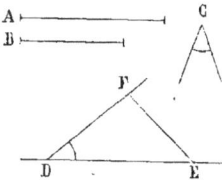

Au point D de la droite indéfinie DE, faites l'angle EDF égal à C ; prenez le côté DE égal à A, DF égal à B et tracez la droite EF. La figure EDF est le triangle demandé.

PROBLÈME III.—*Étant donnés un côté et deux angles d'un triangle, tracer le triangle.*

Si les deux angles donnés A et B sont adjacents au côté donné C, prenez, sur une droite indéfinie, une longueur

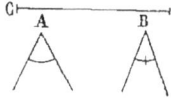

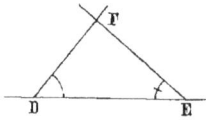

DE égale à C; faites au point D l'angle EDF égal à A et au point E l'angle DEF égal à B. La figure EDF est le triangle demandé.

Si les deux angles donnés ne sont pas adjacents au côté C, on déterminera le troisième angle du triangle et la question sera ramenée au cas précédent.

Scholie.—Le problème n'est possible qu'autant que la somme des deux angles A et B est moindre que deux droits.

Problème IV.—*Les trois côtés* A, B, C *d'un triangle étant donnés, tracer le triangle.*

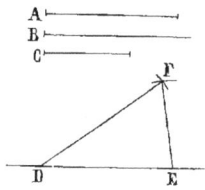

Sur une droite indéfinie, prenez DE égale à A; du point D comme centre, avec un rayon égal à B, décrivez un arc; du point E comme centre, avec un rayon égal à C, tracez un autre arc jusqu'à la rencontre du premier, et joignez le point d'intersection F aux points D, E. La figure EDF est le triangle demandé.

Scholie.—Le triangle n'est possible qu'autant que les arcs se rencontrent; donc la distance de leurs centres, c'est-à-dire le côté A, doit être moindre que la somme des deux rayons B, C et plus grande que leur différence.

Problème V.—*Deux côtés* A, B *d'un triangle et l'angle* C *opposé au côté* A *étant donnés, décrire le triangle.*

Le côté A peut être plus grand ou moindre que B, ou égal à B.

1° Si l'on a A > B, faites l'angle GDF égal à C; sur DG prenez DE égal à B et décrivez du point E comme centre, avec le rayon A, un arc qui rencontre DF en deux points F, H situés de différents côtés de D, parce que ED est moindre que le rayon A. Des deux triangles DEF, DEH le premier satisfait seul à toutes les conditions du problème.

2° Si le côté A est égal à B, le triangle n'est possible qu'autant que l'angle C est aigu. Dans cette hypothèse, l'arc de cercle décrit de E comme centre, avec le rayon A, passe par D, et l'on a DEF pour le triangle demandé.

3° Si l'on a A $<$ B, il faut encore que l'angle C soit aigu, et alors l'arc, décrit du point E comme centre, avec le rayon A, rencontre DF en deux points F, H, situés du même côté de D, parce que ED est plus grand que le rayon A. Chacun des deux triangles DEF, DEH satisfait à la question.

Si le côté A est égal à la perpendiculaire EK, tracée du point E sur DF, l'arc HF devient tangent à DF, et le triangle rectangle DEK répond à la question.

Le problème est impossible si le côté A est moindre que EK.

PROBLÈME VI.—*Deux côtés adjacents* A *et* B *d'un parallélogramme et l'angle* C *qu'ils forment étant donnés, tracer le parallélogramme.*

Faites l'angle EDF égal à C, prenez DE égal à A et DF égal à B; du point E comme centre, avec le rayon B, décrivez un arc; du point F comme centre, avec le rayon A, tracez un autre arc qui rencontre le premier en G ; tracez les droites EG, FG. Le quadrilatère DEGF est le parallélogramme demandé.

Car 1° le quadrilatère est un parallélogramme, puisque les côtés opposés sont égaux.

2° Cette figure est construite avec les données de la question

# CHAPITRE VII.

## Problèmes sur le Cercle.

---

PROBLÈME 1.—*Trouver le centre d'un cercle.*

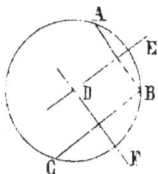

Prenez trois points A, B, C sur la circonférence, tracez les cordes AB, BC et divisez ces droites en deux parties égales par les perpendiculaires DE, DF qui se rencontrent au centre du cercle.

SCHOLIE.—Cette construction fait connaître le centre de la circonférence, qui passe par les sommets d'un triangle.

PROBLÈME II.—*Tracer par deux points A et B une circonférence telle que l'un des deux arcs, ayant la droite AB pour corde, soit capable d'un angle donné.*

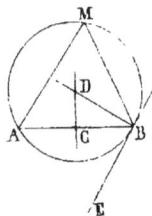

Faites au point B l'angle ABE égal à l'angle donné; divisez en deux parties égales la droite AB par la perpendiculaire DC et menez par le point B la perpendiculaire BD sur BE. Les deux droites CD, BD se rencontrent au point D. Décrivez, de ce point comme centre, avec le rayon DB, une circonférence qui est la ligne demandée.

Car 1° elle passe par les deux points A et B, puisque DA est égale à DB.

2° Les angles inscrits dans l'arc AMB ont pour mesure la

moitié de l'arc AB et sont égaux à l'angle donné ABE, dont le côté BE est tangent au cercle BD.

PROBLÈME III.—*Tracer, par le point* A, *une tangente au cercle* CB.

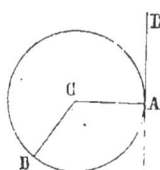

1° Si le point A est sur la circonférence, tracez le rayon CA et menez, par le point A, sur CA la perpendiculaire AD qui est tangente au cercle.

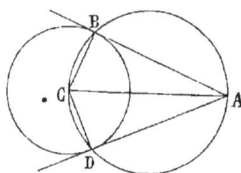

2° Si le point A est extérieur au cercle, tracez la droite CA et du milieu de cette droite comme centre, avec un rayon égal à $\frac{1}{2}$ CA, décrivez une circonférence qui rencontre la circonférence BC en deux points B et D. Tirez les droites AB, AD qui sont tangentes au cercle BC.

Car, chacun des angles ABC, ADC étant droit, parce qu'il est inscrit dans un demi-cercle, AB est perpendiculaire à l'extrémité du rayon CB et AD à l'extrémité du rayon CD.

COROLLAIRE.—Les deux triangles rectangles ACB, ACD sont égaux parce qu'ils ont l'hypoténuse commune AC et les deux côtés CB, CD égaux; Donc AB est égal à AD et l'angle BAC à l'angle DAC. De là ce théorème :

Les tangentes, tracées par le même point à un cercle, sont égales, et la droite qui joint ce point au centre divise en deux parties égales l'angle des tangentes.

PROBLÈME IV.—*Tracer un cercle tangent aux trois côtés du triangle* ABC.

1° Tracez les bissectrices des angles BAC, ABC; ces droites se rencontrent en un point D, également éloigné des trois côtés du triangle. Menez DH perpendiculaire sur AB et décrivez, du point D comme centre avec le rayon DH, une circonférence qui sera tangente aux trois côtés du triangle.

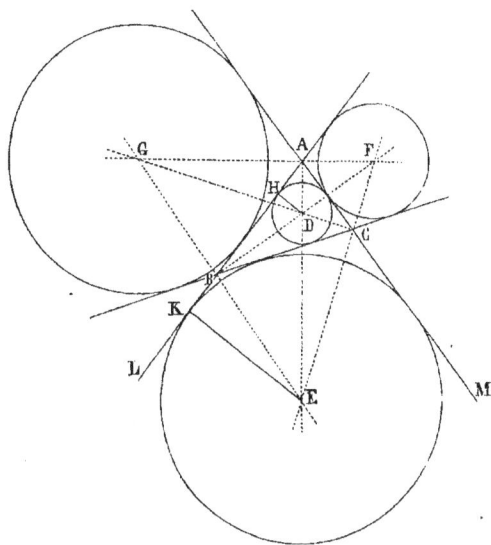

2° Tracez les bissectrices des angles extérieurs BCM, CBL; ces droites se rencontrent parce que la somme des angles intérieurs BCE, CBE est moindre que deux droits, et le lieu E de leur intersection est également distant des trois droites AB, BC, AC. Donc, le cercle, tracé du point E comme centre avec le rayon EK, perpendiculaire sur AB, est tangent au côté BC et aux prolongements BL, CM des deux autres côtés.

On prouverait de même qu'on peut tracer deux autres cercles tangents extérieurement aux côtés AB, AC. Donc le problème a quatre solutions.

COROLLAIRE.—Les bissectrices des angles intérieurs d'un triangle concourent au centre du cercle *inscrit*. Les bissectrices de deux angles extérieurs à un triangle et celle de l'angle intérieur qui ne leur est pas adjacent, concourent au centre de l'un de trois cercles *ex-inscrits*.

# CHAPITRE VIII.

## Polygones inscrits et circonscrits.

---

Un polygone est *inscrit* dans un cercle lorsque ses sommets sont situés sur la circonférence. Réciproquement, le cercle est *circonscrit* au polygone.

Au contraire, un polygone est *circonscrit* à un cercle lorsque ses côtés sont tangents à la circonférence. Réciproquement, le cercle est *inscrit* dans le polygone.

### THÉORÈME I.

*Dans tout quadrilatère inscrit les angles opposés sont supplémentaires. Réciproquement, si les angles opposés d'un quadrilatère sont supplémentaires, ce polygone est inscriptible.*

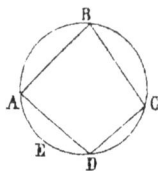

Soit ABCD un quadrilatère inscrit; l'angle ABC est mesuré par la moitié de l'arc ADC et l'angle opposé ADC par la moitié de l'arc ABC; donc leur somme a pour mesure $\frac{1}{2}$ (arc ADC + arc ABC), c'est-à-dire la demi-circonférence, et les angles sont supplémentaires.

*Réciproquement*, supposons les angles ABC, ADC du quadrilatère ABCD supplémentaires, et traçons une circonférence par les trois sommets A, B, C. L'angle inscrit ABC a pour mesure $\frac{1}{2}$ arc AEC, et son supplément ADC a pour mesure $\frac{1}{2}$ arc ABC; donc le sommet D est sur l'arc AEC et le quadrilatère est inscriptible

### THÉORÈME II.

*Dans tout quadrilatère convexe et circonscrit à un cercle, la somme de deux côtés opposés est égale à celle des deux autres.*

Réciproquement, *un quadrilatère convexe est circonscriptible lorsque les sommes des côtés opposés sont égales.*

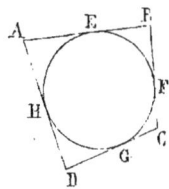

Le quadrilatère ABCD étant circonscrit au cercle EFGH, on a

$$AE = AH$$
$$BE = BF$$
$$CG = CF$$
$$DG = DH;$$

donc $\quad AE + BE + CG + DG = AH + BF + CF + DH$

ou $\qquad\qquad AB + CD = AD + BC.$

*Réciproquement,* le quadrilatère ABCD est circonscriptible, si l'on a

$$AB + CD = AD + BC$$

En effet, si le cercle qui est tangent aux trois droites AD, AB, BC ne l'était pas au côté DC, je tracerais par le point D la droite DE tangente à ce cercle; le quadrilatère ABED étant circonscrit, il en résulterait

$$AB + DE = AD + BC + CE$$

et $\qquad\qquad DC + CE > DE.$

On aurait donc

$$AB + DC + CE + DE > AD + BC + CE + DE$$

ou $\qquad\qquad AB + DC > AD + BC,$

ce qui contredit l'hypothèse. Donc le quadrilatère ABCD est circonscriptible.

### THÉORÈME III.

*Tout polygone régulier est inscriptible et circonscriptible.*

Soient AE la bissectrice de l'angle BAK et BF celle de l'angle ABC; la somme des angles BAE, ABF étant moindre que 2 droits, les lignes AE, BF concourent en un point O, que je dis également éloigné de tous les sommets du polygone.

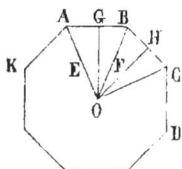

En effet, les angles ABO, BAO étant égaux, le triangle OAB est isocèle, et le côté AO est égal à BO. Je joins le sommet C au point O et j'observe que les triangles ABO, CBO ont un angle égal compris entre deux côtés égaux; donc ils sont égaux, et le côté CO est égal à AO.

Je démontrerais de même que les droites DO, etc., sont égales à AO. Donc la circonférence, décrite du point O comme centre avec le rayon AO, passe par tous les sommets du polygone.

Les côtés AB, BC, CD, etc., sont des cordes égales du cercle circonscrit, donc les perpendiculaires OG, OH, etc., tracées du centre de ce cercle sur ces cordes, sont égales; et la circonférence, décrite du point O comme centre avec le rayon OG, est tangente aux côtés du polygone

SCHOLIE.—On a donné au point O le nom de *centre* du polygone régulier; celui de *rayons* du polygone aux droites OA, OB, etc.; et celui d'*apothèmes* aux lignes OG, OH, etc.

On appelle *angle au centre* d'un polygone régulier, l'angle de deux rayons consécutifs OA, OB. Les angles au centre sont égaux et chacun d'entre eux est égal à $\left(\dfrac{4}{n}\right)$ dr., $n$ étant le nombre des côtés du polygone.

COROLLAIRE.—Les bissectrices des angles d'un polygone régulier concourent en un même point.—Les perpendiculaires tracées sur les côtés, par leur milieu, se rencontrent aussi au même point.

### THÉORÈME IV.

*Une circonférence étant divisée en* n *parties égales* AB, BC, CD,

1° *Si l'on trace les cordes* AB, BC, CD, *le polygone inscrit est régulier;*

2° *Si par chacun des points de division on trace une tangente, le polygone circonscrit* EFGH *est régulier.*

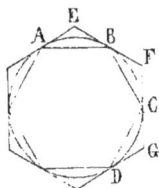

1° Les arcs AB, BC, CD, etc., étant égaux, leurs cordes sont égales. L'angle ABC a pour mesure $\frac{1}{2}$ (arc AD + arc DC) et l'angle BCD, $\frac{1}{2}$ (arc AD + arc AB); donc ces angles sont égaux. Il en est de même des autres angles du polygone ABCD; donc ce polygone est régulier.

2° Les triangles isocèles ABE, BCF, CDG, etc., ont une base égale, adjacente à deux angles égaux chacun à chacun; donc ils sont égaux. Il en résulte 1° que les angles E, F, G, etc., sont égaux; 2° que

$$AE = BE = BF = CF = CG, \text{ etc.}$$

Donc les côtés EF, FG, etc., sont égaux et le polygone circonscrit est régulier.

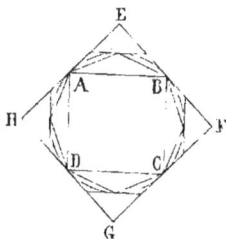

SCHOLIE.—Si on divise chacun des arcs AB, BC, CD, etc., en deux parties égales, et qu'on inscrive le polygone régulier de 2 *n* côtés, le périmètre et la surface de ce polygone sont respectivement plus grands que le périmètre et la surface de celui de *n* côtés. C'est le contraire pour le polygone régulier de 2 *n* côtés, circonscrit.

### THÉORÈME V.

*Une circonférence étant divisée en* n *parties égales par les points* A, B, C, D, *etc., si on joint ces points, à partir de l'un d'eux,* A *par exemple, de 2 en 2, de 3 en 3, et en général de* n *en* h, *on forme un polygone régulier de* n *côtés, lorsque les nombres* n *et* h *sont premiers entre eux.*

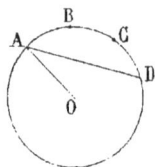

Soit l'arc $AD = AB \times h$, on a par hypothèse circ. $AO = AB \times n$. Les nombres $n$ et $h$ étant supposés premiers entre eux, le plus petit commun multiple de l'arc AD et de la circonférence AO est $AB \times n \times h$; or le produit $AB \times n \times h$ est égal à l'arc $AD \times n$ ou à la circonférence $AO \times h$. Donc le polygone, formé en joignant les points de division de la circonférence de $h$ en $h$, a $n$ côtés, et son périmètre sous-tend $h$ fois la circonférence.

Corollaire.—Si les nombres $n$ et $h$ avaient un diviseur commun $d$, on démontrerait, par un raisonnement analogue, que le polygone formé en joignant les points de $h$ en $h$ n'a que $\frac{n}{d}$ côtés, et que son périmètre sous-tend $\frac{h}{d}$ fois la circonférence.

Scholie.—On dit que ces polygones réguliers concaves sont *étoilés*.

### THÉORÈME VI.

*Il y a autant de polygones réguliers de* n *côtés qu'il y a d'unités dans la moitié du nombre qui exprime combien il existe de nombres entiers inférieurs à* n *et premiers avec lui.*

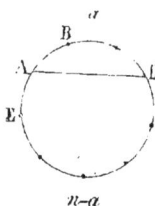

Soient 1, $a$, $b$, $c$, $n-c$, $n-b$, $n-a$, $n-1$ les nombres entiers, inférieurs à $n$ et premiers avec lui. Divisons une circonférence en $n$ parties égales, et joignons les points de division de 1 en 1, de $a$ en $a$, de $b$ en $b$, etc. Chacun des nombres 1, $a$, $b$, etc., étant premier avec $n$, nous passerons par tous les points de division avant de revenir au point de départ, de sorte que nous formerons autant de polygones réguliers de $n$ côtés qu'il y a de nombres entiers, inférieurs à $n$ et premiers avec lui.

Ces polygones sont égaux deux à deux; car les arcs $AB \times a$, $AB \times (n-a)$ tels que ABD, AED, dont la somme est égale à la circonférence, ont des cordes égales, et si l'on joint les points de division de $a$ en $a$, on forme le même polygone qu'en les joignant de $n-a$ en $n-a$, mais en parcourant la circonférence en sens contraire.

COROLLAIRE.—Il y a 2 pentagones réguliers, 3 heptagones, 2 décagones, etc.

### THÉORÈME VII.

*La somme des angles intérieurs, formés par les côtés successifs d'un polygone régulier de* n *côtés, est égale à autant de fois 2 angles droits qu'il y a d'unités dans* (n—2 h), *h étant l'intervalle constant par lequel on passe pour aller d'un sommet au suivant.*

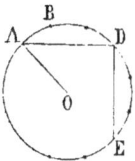

Soient AD un côté et ADE un angle du polygone régulier de $n$ côtés qu'on forme en joignant de $h$ en $h$ les points de division de la circonférence AO divisée en $n$ parties égales. L'arc AE, compris entre les côtés de l'angle ADE est égal à $AB \times (n-2\,h)$, et la somme des $n$ angles égaux du polygone a pour mesure $\frac{n \times AB \times (n-2\,h)}{2}$ ou $\frac{1}{2}$ circ. $AO \times (n-2\,h)$. Donc cette somme est égale à 2 dr. $(n-2\,h)$.

COROLLAIRE.—*La somme des angles extérieurs formés par chaque côté et le prolongement du côté précédent est égale à* 4 h *droits.*

En effet, la somme des angles adjacents, tant extérieurs qu'intérieurs, est égale à 2 droits $\times n$. En la diminuant de celle des angles intérieurs, exprimée par $2\,d\,(n-2\,h)$, on a $4\,h$ droits pour la somme des angles extérieurs.

Scholie.—Si on suppose $h=1$, on retrouve les théorèmes relatifs à un polygone convexe.—(Voir les applications de la théorie des polygones étoilés dans les mémoires de M. Poinsot.)

### PROBLÈMES A RÉSOUDRE.

**1**—La somme des droites qui joignent un point, pris à l'intérieur d'un triangle, aux extrémités d'un côté est moindre que la somme des deux autres côtés.

**2**—La somme des droites qui joignent un point, pris à l'intérieur d'un triangle, aux trois sommets est moindre que celle des trois côtés et plus grande que la moitié de cette dernière somme.

**3**—Trouver sur une droite un point tel que la somme ou la différence des lignes qui le joignent à deux points donnés soit un *minimum* ou un *maximum*.—Remarquer que ces droites sont également inclinées sur la droite donnée.

**4**—La somme des perpendiculaires tracées d'un point quelconque de la base d'un triangle isocèle sur les deux autres côtés est constante.—La différence des perpendiculaires menées d'un point quelconque des prolongements de la base sur les deux autres côtés est constante.

**5**—La somme des perpendiculaires tracées d'un point pris à l'intérieur d'un triangle équilatéral sur les trois côtés est constante.—Comment faut-il modifier l'énoncé du théorème pour un point extérieur au triangle?

**6**—Construire un triangle dont on connaît le périmètre et les angles.

**7**—Construire un triangle dans lequel on connaît un côté, l'angle opposé et la somme ou la différence des deux autres côtés.

**8**—Construire un triangle, étant données la bissectrice,

la médiane et la perpendiculaire, tracées d'un sommet jusqu'à la rencontre du côté opposé.

**9**—Diviser un arc de cercle en deux parties telles que la somme ou la différence de leurs cordes soit égale à une droite donnée.

**10**—Construire un trapèze dont on connaît les quatre côtés.

**11**—Inscrire dans un cercle donné un trapèze dans lequel on connaît la somme et la distance des deux côtés parallèles.

**12**—Deux quadrilatères sont équivalents si leurs diagonales intérieures sont égales et font des angles égaux.

**13**—Les bissectrices des angles d'un quadrilatère déterminent, en se rencontrant, un quadrilatère inscriptible.

**14**—Dans un polygone inscrit d'un nombre pair de côtés, la somme des angles de rang impair est égale à celle des angles de rang pair.

**15**—Dans un polygone circonscrit d'un nombre pair de côtés, la somme des côtés de rang impair est égale à celle des côtés de rang pair

**16**—Les bissectrices des angles que forment les côtés opposés d'un quadrilatère inscrit dans un cercle sont perpendiculaires l'une sur l'autre. (Problème donné au *Concours.*)

**17**—La distance d'un point de la circonférence, circonscrite à un triangle équilatéral, au sommet opposé, est égale à la somme de ses distances aux deux autres sommets.

**18**—Les perpendiculaires tracées des sommets d'un triangle sur les côtés opposés concourent au même point.

**19**—Les perpendiculaires tracées des sommets d'un triangle sur les côtés opposés sont les bissectrices des angles du triangle qui a pour sommets les pieds de ces trois perpendiculaires.

**20**—Si on trace d'un point quelconque de la circonférence, circonscrite à un triangle, des perpendiculaires sur les côtés, les pieds de ces perpendiculaires sont en ligne droite.

**21**—Deux circonférences concentriques étant données, tracer un triangle dont les angles soient donnés, et qui ait deux sommets sur l'une des circonférences et le troisième sur l'autre,

**22**—Construire un triangle équilatéral dont les sommets soient sur trois circonférences concentriques. (*Concours.*)

**23**—Tracer par l'un des points d'intersection de deux circonférences une droite telle que la somme ou la différence des cordes interceptées soit égale à une droite donnée.

**24**—Construire un triangle égal à un triangle donné, et dont les côtés passent par trois points donnés.

**25**—Par un point donné sur le plan d'un angle, tracer une droite telle que le périmètre du triangle formé par cette ligne et les deux côtés de l'angle soit égal à une droite donnée. (*Concours.*)

**26**—Tracer une tangente commune à deux circonférences données.

**27**—Tracer une sécante commune à deux circonférences, et telles que les cordes interceptées soient égales à des lignes données. (*Concours.*)

**28**—Tracer entre deux circonférences une droite égale et parallèle à une droite donnée.

**29**—Tracer, d'un point donné comme centre, un cercle qui coupe orthogonalement ou diamétralement deux cercles donnés.

**30**—Tracer avec un rayon donné une circonférence

1° Passant par deux points donnés ;

2° Passant par un point donné et tangente à une droite ou à une circonférence ;

3° Tangente à une droite et à une circonférence données;

4° Tangente à deux droites, ou à deux circonférences données.

# LIVRE III.

## DES LIGNES PROPORTIONNELLES.

---

## CHAPITRE I.

### Des Transversales dans le Triangle.

---

Lorsqu'un point quelconque C est situé sur la droite qui passe par deux points A et B, on donne le nom de *segment* de la droite AB à chacune des distances de C aux extrémités de AB.

Si le point C se trouve entre A et B, la droite AB est égale à la somme des deux segments AC, BC; dans le cas contraire, elle est égale à leur différence.

Lorsqu'on trace une ligne droite sur le plan d'un triangle, elle peut rencontrer les trois côtés ou être parallèle à l'un d'entre eux. Dans les deux cas, on lui donne le nom de *transversale;* les segments qu'elle détermine sur les côtés du triangle jouissent de propriétés importantes que nous allons étudier.

1° Considérons d'abord une transversale parallèle à un côté du triangle.

#### THÉORÈME I.

*Toute droite parallèle à l'un des côtés d'un triangle divise les deux autres en segments proportionnels.*

Soit DE parallèle au côté BC du triangle ABC. Je dis que le rapport de AD à DB est égal à celui de AE à EC.

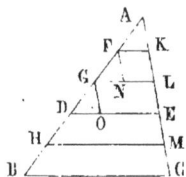

1° Je suppose d'abord les droites AD, DB commensurables, et leur plus grande commune mesure AF contenue trois fois dans AD et deux fois dans DB, de sorte que le rapport $\dfrac{AD}{DB} = \dfrac{3}{2}$. Par les points de division F, G, H, je trace des parallèles à BC; ces lignes et DE divisent AC en cinq parties égales. En effet, si l'on mène FN parallèle à AC, les deux triangles AFK, FGN ont un côté égal, adjacent à deux angles égaux; donc les côtés AK, FN sont égaux. Or FN est égale à KL, parce que ces parallèles sont comprises entre deux droites parallèles; donc KL est égale à AK.

On prouverait de même l'égalité de AK et de chacune des lignes EL, EM, MC. Donc AK est contenu trois fois dans AE et deux fois dans EC; d'où il résulte que

$$\frac{AE}{EC} = \frac{3}{2} = \frac{AD}{DB}.$$

2° Si les droites AD, DB n'ont pas de commune mesure, je divise DB en dix parties égales, et je porte le dixième de BD sur DA. Supposons que cette ligne le contienne dix-sept fois avec un reste DF moindre que ce dixième, le rapport $\dfrac{AD}{DB}$ sera plus grand que $\dfrac{17}{10}$ et moindre que $\dfrac{18}{10}$. En menant par les points de division de AB des parallèles à BC, je divise EC en dix parties égales; l'une de ces divisions étant contenue dix-sept fois dans AE, avec un reste GE, le rapport $\dfrac{BE}{EC}$ est compris entre $\dfrac{17}{10}$ et $\dfrac{18}{10}$. Donc les deux rapports $\dfrac{AD}{DB}$, $\dfrac{AE}{EC}$ contiennent le même nombre de dixièmes.

En divisant DB en 100, 1000, etc., parties égales, je prouverais que ces rapports contiennent le même nombre d'unités décimales d'un ordre quelconque; donc ils sont égaux.

COROLLAIRE 1.—*De la proportion.*

$$AD : DB :: AE : EC$$
on déduit : $AD + DB : AD : DB :: AE + EC : AE : EC$
ou $$AB : AD : DB :: AC : AE : EC.$$

COROLLAIRE 2.—Des droites parallèles AD, BE, CF, interceptent sur deux lignes droites quelconques AC, DF, des segments proportionnels.

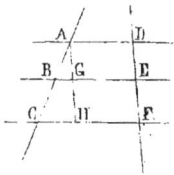

Soit AH parallèle à DF; la droite BG étant parallèle au côté CH du triangle ACH, on a $$AB : AG :: BC : GH.$$ Or AG est égale à DE, et GH à EF, comme parallèles comprises entre parallèles; donc $$AB : DE :: BC : EF.$$

### THÉORÈME II.

*Toute droite* DE *qui divise deux côtés* AC, AB *d'un triangle* ABC *en parties proportionnelles est parallèle au troisième côté* BC.

On a par hypothèse,
$$AD : BD :: AE : CE$$
et je dis que DE est parallèle à BC. Car, en supposant le contraire, et traçant par le point D la ligne DF parallèle à BC, on a
$$AD : BD :: AF : CF$$
et, par conséquent,
$$AE : CE :: AF : CF.$$
Or cette proportion est fausse, parce que les extrêmes AE,

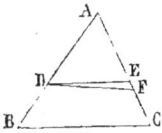

CF sont respectivement moindres que les moyens AF, CE.
Donc la droite DE est parallèle à BC.

### THÉORÈME III.

*Les côtés homologues de deux triangles équiangles* ABC, DEF
*sont proportionnels.*

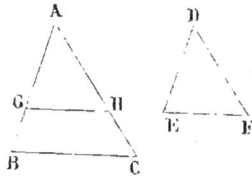

Soient l'angle A égal à D, l'angle
B égal à E, et l'angle C égal à F
Je prends, sur le côté AB, la ligne
AG égale à DE et sur AC la ligne
AH égale à DF, et je trace la droite
GH. Les deux triangles AGH, DEF,
sont égaux comme ayant un angle égal compris entre deux
côtés égaux. Donc l'angle AGH est égal à DEF, et par suite à
ABC. Donc la droite GH est parallèle à BC et l'on a

$$AB : AG :: AC : AH$$

ou
$$AB : DE :: AC : DF.$$

On prouverait de même que

$$AB : DE :: BC : EF.$$

Donc on a     $AB : DE :: AC : DF :: BC : EF.$

COROLLAIRE.—Si deux triangles ont leurs côtés respectivement parallèles ou perpendiculaires, ces côtés sont proportionnels.

### THÉORÈME IV.

*Deux triangles* ABC, DEF *sont équiangles, si leurs côtés sont
proportionnels.*

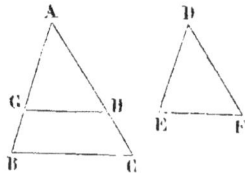

On a, par hypothèse,
$$AB : DE :: AC : DF :: BC : EF.$$
Prenez sur AB la droite AG égale
à DE, et tracez GH parallèle à BC.
Les deux triangles ABC, AGH sont
équiangles et donnent

$$AB : AG :: AC : AH :: BC : GH.$$

Les antécédents de ces deux suites de rapports étant égaux

deux à deux, les conséquents sont proportionnels et, comme les droites AG, DE sont égales, le côté AH = DF, GH = EF. Donc les triangles AGH, DEF sont égaux, et les triangles DEF, ABC sont équiangles.

### THÉORÈME V.

*Deux triangles ABC, DEF qui ont un angle égal compris entre côtés proportionnels sont équiangles.*

Supposons l'angle D égal à l'angle A et leurs côtés proportionnels, c'est-à-dire que

$$AB : DE :: AC : DF.$$

Prenons sur AB la droite AG égale à DE et menons GH parallèle à BC; les deux triangles ABC, AGH étant équiangles, nous avons :          $AB : AG :: AC : AH$;

donc AH = DF et les triangles AGH, DEF sont égaux comme ayant un angle égal compris entre deux côtés égaux. Donc les triangles ABC, DEF sont équiangles.

### THÉORÈME VI.

*Les droites OA, OB, OC, etc., tracées par le même point O, interceptent des segments proportionnels sur les parallèles AD, EH.*

Les triangles ABO, EFO étant équiangles, on a :

$$AB : EF :: OB : OF.$$

Les triangles BCO, FGO sont aussi équiangles; donc

$$OB : OF :: BC : FG :: OC : OG.$$

De même les triangles CDO, GOH donnent la proportion

$$OC : OG :: CD : GH.$$

Or ces proportions ont deux à deux un rapport commun; donc les autres rapports sont égaux, et l'on a ·

$$AB : EF :: BC : FG :: CD : GH.$$

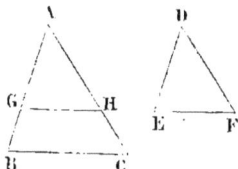

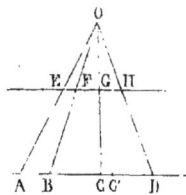

Corollaire.—Si les droites AE, BF, CG, etc., divisent les parallèles AD, EH en segments proportionnels, elles concourent en un même point.

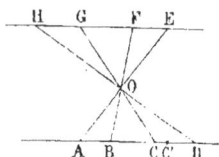

Soit O le point de rencontre des deux droites AE, BF; je le joins au point G par la droite OG, et je dis que cette ligne passe par le point C. En effet, soit C′ le point dans lequel OG rencontre la droite AD, on a

$$EF : AB :: FG : BC'$$

Or, par hypothèse, $EF : AB :: FG : BC$,

donc BC′ est égale à BC et le point C′ coïncide avec C.

2° Supposons maintenant que la transversale rencontre les trois côtés du triangle.

### THÉORÈME VII.

*Toute transversale DF détermine sur les côtés du triangle ABC six segments tels, que le produit de trois segments non consécutifs est égal au produit des trois autres.*

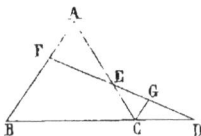

Je trace, par le sommet C, la droite CG parallèle au côté AB, jusqu'à la rencontre de DF. Les triangles BDF, CDG sont équiangles; donc

$$BD : CD :: BF : CG.$$

Les triangles équiangles AEF, CEG donnent aussi

$$AF : CG :: AE : EC,$$

d'où je conclus, en multipliant ces proportions terme à terme :

$$BD \times AF : CD \times CG :: BF \times AE : CG \times EC$$

et, par conséquent,

$$BD \times AF \times EC = CD \times BF \times AE.$$

SCHOLIE I.—La transversale rencontre deux côtés et le prolongement du troisième, ou les prolongements des trois côtés.

SCHOLIE II.—Lorsqu'on trace la transversale par un sommet, deux segments consécutifs sont nuls et l'égalité précédente devient une identité. Si cette transversale coïncide avec l'une des bissectrices des angles supplémentaires par le sommet desquels elle est tracée, on a le théorème suivant :

### THÉORÈME VIII.

*La bissectrice d'un angle d'un triangle ou de son supplément partage le côté opposé en deux segments proportionnels aux deux côtés de cet angle.*

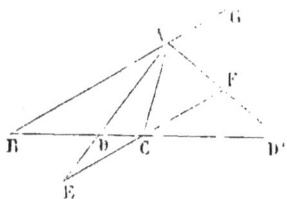

1° Soit AD la bissectrice de l'angle BAC du triangle ABC. Tracez par le sommet C la droite CE parallèle au côté opposé AB, jusqu'à la rencontre de AD. Les deux triangles ABD, CDE sont équiangles, donc

BD : CD :: AB : CE.

Or chacun des angles CAD, CEA est égal à l'angle DAB, donc le triangle ACE est isocèle, et

BD : CD :: AB : AC.

2° Si la droite AD′ est la bissectrice de GAC, supplément de BAC, et qu'on mène par le point C la droite CF parallèle à AB, les triangles équiangles ABD′, CFD′ donnent :

BD′ : CD′ :: AB : CF.

Or l'angle GAD′ est égal à chacun des angles CAF, AFC, donc le triangle AFC est isocèle, et

BD′ : CD′ :: AB : AC.

COROLLAIRE —La droite BC est divisée par les points D, D′

en segments proportionnels, car on déduit des deux proportions précédentes

$$BD : CD :: BD' : CD'.$$

## THÉORÈME IX.

*Trois points* D, E, F *sont en ligne droite s'ils déterminent sur les côtés du triangle* ABC *six segments tels, que le produit de trois segments non consécutifs soit égal au produit des trois autres.*

On a, par hypothèse :

$$AF \times BD \times CE = AE \times CD \times BF.$$

Si la droite qui passe par les deux points D, E ne rencontrait pas le côté AB au point F, et que G fût l'intersection de DE avec AB, on aurait :

$$AG \times BD \times CE = AE \times CD \times BG.$$

En divisant membre à membre les deux égalités précédentes, on trouve la proportion

$$\frac{AF}{AG} = \frac{BF}{BG}$$

qui est évidemment fausse. Donc les trois points D, E, F sont en ligne droite.

## THÉORÈME X.

*Si trois droites* AD, BE, CF, *tracées par les sommets d'un triangle* ABC, *concourent en un même point* G, *chacune détermine sur le côté opposé deux segments tels, que le produit de trois segments non consécutifs est égal au produit des trois autres.*

La transversale AD partage le triangle ABC en deux autres ABD, ACD ; le triangle ABD et la transversale CF donnent :

$$AF \times BC \times DG = AG \times DC \times BF.$$

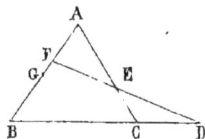

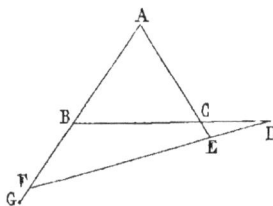

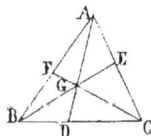

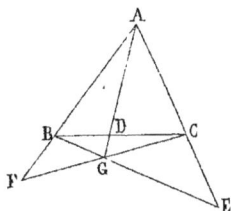

Le triangle ACD et la transversale BE donnent aussi :

$$AG \times BD \times CE = AE \times BC \times GD.$$

En multipliant ces égalités membre à membre et réduisant, on a .

$$AF \times BD \times CE = AE \times CD \times BF.$$

donc le produit des trois segments non consécutifs AF, BD, CE est égal au produit des trois autres AE, CD, BF.

SCHOLIE.—Les trois transversales rencontrent à la fois les trois côtés, ou un seul côté et les prolongements des deux autres.

### THÉORÈME XI.

*Si trois points D, E, F déterminent sur les côtés du triangle ABC six segments, tels que le produit de trois segments non consécutifs soit égal à celui des trois autres; les droites qui joignent ces points aux sommets opposés concourent en un même point.*

On a, par hypothèse,

$$AF \times BD \times CE = AE \times CD \times BF.$$

Soit G le point de rencontre des deux transversales BE, CF, je dis que la droite AG passe par le point D. En effet, si cette ligne rencontrait BC en un point D' autre que D, on aurait

$$AF \times BD' \times CE = AE \times CD' \times BF.$$

Or, en divisant membre à membre les deux égalités précédentes, on trouve :

$$\frac{BD}{BD'} = \frac{CD}{CD'}$$

proportion fausse, car on a $\dfrac{BD}{BD'} > 1$ et $\dfrac{CD}{CD'} < 1$; donc la

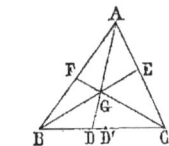

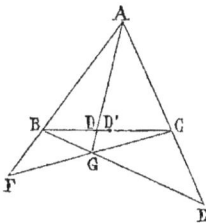

droite AG passe par le point D et les trois droites AD, BE, CF concourent au même point G.

CorollAire.—Les médianes d'un triangle passent par le même point.

# CHAPITRE II.

## Transversales considérées dans le Cercle.

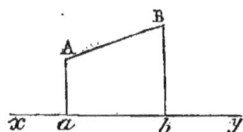

On appelle *projection* d'un point A sur une droite quelconque *xy* le pied *a* de la perpendiculaire A*a* menée du point sur la droite.

La projection d'une droite finie AB sur un axe indéfini *xy* est la portion *ab* de cet axe comprise entre les projections des extrémités de AB.

### THÉORÈME I.

*Si par un point A du plan d'un cercle on trace une sécante quelconque BC, le produit des deux segments AB, AC, déterminés par la circonférence sur cette droite, est constant.*

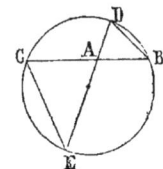

Traçons, par le point A, le diamètre DE et joignons le point D à B, le point E à C : les triangles ABD, ACE sont équiangles, car ils ont l'angle A commun et leurs angles ABD, AEC sont égaux, comme étant mesurés par $\frac{1}{2}$ arc CD; donc

$$AB : AE : : AD : AC,$$

d'où

$$AB \times AC = AE \times AD,$$

c'est-à-dire que le produit AB $\times$ AC est égal à celui des normales menées du point A à la circonférence.

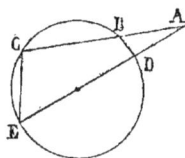

SCHOLIE.—Les segments AB, AC de la sécante BC sont inversement proportionnels aux segments AD, AE de la sécante DE.

COROLLAIRE.—La perpendiculaire CD, tracée par un point quelconque C de la circonférence sur un diamètre AB, est moyenne proportionnelle entre les deux segments du diamètre.

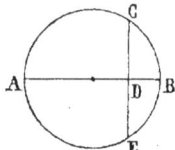

Car, si on prolonge CD jusqu'à la rencontre de la circonférence, on a

$$DA \times DB = DC \times DE = DC^2.$$

### THÉORÈME II.

*Si par le point* A *on trace la tangente* AB *et une sécante quelconque* AD *au cercle* BCD, *la tangente est moyenne proportionnelle entre la sécante et sa partie extérieure* AC.

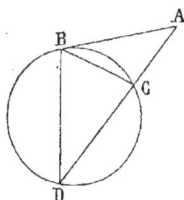

Tirez les droites BC, BD ; les triangles ABC, ABD sont équiangles, parce qu'ils ont l'angle A commun et que leurs angles ABC, ADB sont égaux comme étant mesurés par la moitié du même arc BC ;

donc $\qquad AD : AB :: AB : AC.$

SCHOLIE.—Le carré de la tangente AB est égal au produit de la sécante AD par sa partie extérieure AC.

### THÉORÈME III.

*Si deux droites* AD, BC *se rencontrent en un point* E, *tel que*

$$AE \times DE = BE \times CE,$$

*leurs extrémités* A, D, B, C *sont situées sur la même circonférence.*

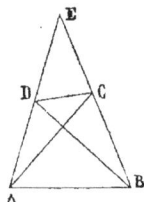

En effet, on a, par hypothèse,

$$AE : BE :: CE : DE ;$$

donc les triangles ACE, BDE ont, au point E, un angle égal compris entre côtés proportionnels, et les angles homologues CAE, DBE sont

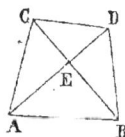

égaux ; par conséquent, si l'on décrit sur la droite CD un arc de cercle capable de l'angle CAD, cet arc passe par le point B, et les quatre points A, B, C, D sont situés sur la même circonférence.

### THÉORÈME IV.

*Toute corde* AB *est moyenne proportionnelle entre le diamètre* AC *passant par l'une de ses extrémités et sa projection* AD *sur ce diamètre.*

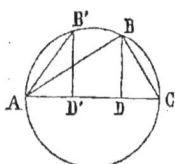

Les deux triangles rectangles ABC, ABD sont équiangles ; donc on a

$$AC : AB :: AB : AD,$$

d'où
$$AB^2 = AC \times AD.$$

Corollaire I.—Si par un point A d'une circonférence on trace le diamètre AC et les cordes AB, AB', les carrés du diamètre et des cordes sont proportionnels au diamètre et aux projections des cordes sur AC.

On a
$$AB^2 = AC \times AD,$$
$$AB'^2 = AC \times AD' ;$$

donc
$$AC^2 : AB^2 : AB'^2 :: AC^2 : AC \times AD : AC \times AD',$$

ou
$$AC^2 : AB^2 : AB'^2 :: AC : AD : AD'.$$

Corollaire II.—Si on applique ce dernier théorème à deux cordes AB, BC, tracées du même point B de la circonférence aux extrémités du diamètre AC, on a

$$AC^2 : AB^2 : BC^2 :: AC : AD : CD.$$

Or
$$AC = AD + DE ;$$

donc
$$AC^2 = AB^2 + BC^2$$

De là ce théorème : *Le carré de l'hypothénuse* AC *du triangle rectangle* ABC *est égal à la somme des carrés des côtés de l'angle droit* ABC.

Corollaire III.—Le côté AB de l'angle droit du triangle rectangle ABC est moyen proportionnel entre l'hypothénuse AC et sa projection AD sur l'hypothénuse.

# CHAPITRE III.

## Division harmonique des Lignes droites.

———

**1**—On dit que trois nombres forment une *proportion harmonique*, lorsque *l'excès du premier sur le second est à l'excès du second sur le troisième comme le premier est au troisième*. Le second nombre a reçu le nom de *moyenne harmonique*.

La dénomination de proportion harmonique provient de ce que, pour faire rendre à une corde sonore les trois sons *ut, mi, sol*, qui forment l'accord parfait majeur, il faut en faire vibrer trois parties, proportionnelles aux nombres 1, $\frac{4}{5}, \frac{2}{3}$, qui donnent lieu à la proportion harmonique :

$$1 - \frac{4}{5} : \frac{4}{5} - \frac{2}{3} :: 1 : \frac{2}{3}.$$

**2**—Lorsqu'une droite AB est divisée par deux points D, E en segments proportionnels, de sorte que

$$BE : BD :: AE : AD,$$

les trois lignes AE, AB, AD forment une proportion harmonique, puisqu'on peut écrire la proportion précédente comme il suit :

$$AE - AB : AB - AD :: AE : AD.$$

On dit pour cette raison que la droite AB est divisée harmoniquement par les points D,E auxquels on donne le nom de *conjugués harmoniques* par rapport à la droite AB.

Réciproquement, les points A et B divisent la droite DE harmoniquement; car la proportion
$$AD : DB :: AE : BE,$$
peut être écrite de la manière suivante :
$$AE—DE : DE—BE :: AE : BE;$$
donc A et B sont conjugués par rapport à DE et les quatre points A, B, D, E forment ce qu'on appelle un système harmonique.

**3**—Quatre droites, partant d'un même point, forment un *faisceau harmonique*, lorsqu'elles divisent harmoniquement une transversale quelconque.—Celles qui déterminent, sur la transversale, des points conjugués harmoniques, ont reçu le nom de *conjuguées harmoniques*.

### THÉORÈME I.

*La moitié AM d'une droite AB est moyenne proportionnelle entre les distances du milieu M de cette ligne aux deux points D, E qui la divisent harmoniquement.*

De la proportion

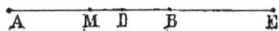

$$AD : BD :: AE : BE$$
on déduit la suivante :
$$AD—BD : AD+BD :: AE—BE : AE+BE,$$
ou
$$2 MD : 2 AM :: 2 AM : 2 ME;$$
donc
$$AM^2 = MD \times ME.$$

SCHOLIE.—La réciproque est vraie.

COROLLAIRE.—La proportion $AD : BD :: AE : BE$ donne la suite de rapports égaux :
$$\frac{AD}{AE} = \frac{BD}{BE} = \frac{AD—BD}{AE—BE} = \frac{MD}{MA}.$$
En élevant ces rapports au carré et remplaçant $MA^2$ par sa valeur $MD \times ME$, on a :
$$\frac{AD^2}{AE^2} = \frac{BD^2}{BE^2} = \frac{MD}{ME}.$$

88            LEÇONS DE GÉOMÉTRIE.

## THÉORÈME II.

*Si quatre droites OA, OB, OC, OD, tracées par le même point O, sont telles que trois d'entre elles divisent en deux parties égales une droite EF parallèle à la quatrième OD, ces lignes forment un faisceau harmonique.*

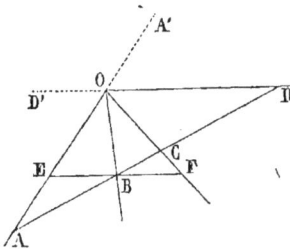

Traçons par le point B une transversale quelconque AD ; les deux triangles AOD, AEB sont équiangles ; donc

$$AB : AD :: BE : OD.$$

Les triangles BCF, OCD sont aussi équiangles et donnent

$$BC : CD :: BF : OD.$$

Or, par hypothèse, les droites BE, BF sont égales ; donc

$$AB : AD :: BC : CD$$

et la transversale AD est divisée harmoniquement par les quatre droites OA, OB, OC, OD.

Scholie.—On peut remplacer dans le faisceau la droite OD par son prolongement OD', puisqu'il est aussi parallèle à EF ; donc les quatre droites du faisceau peuvent être prolongées indéfiniment dans l'un et l'autre sens.

Corollaire.—Deux droites OA, OC et les bissectrices de leurs angles forment un faisceau harmonique.

Soient OB la bissectrice de l'angle AOC et OD celle de l'angle supplémentaire COA'. Traçons EF parallèle à OD ; l'angle BOD étant droit, la ligne EF est perpendiculaire à OB et les triangles OBE, OBF sont égaux, comme ayant un côté commun, adjacent à deux angles égaux ; donc BE=BF et les droites OA, OC, OB, OD forment un faisceau harmonique

### THÉORÈME III.

*Si quatre droites* OA, OB, OC, OD, *forment un faisceau harmonique, toute transversale AD, parallèle à l'une* OD *des droites du faisceau, est divisée par les trois autres en deux parties égales.*

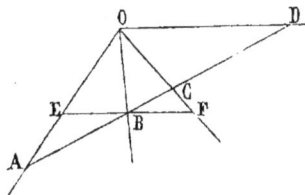

En effet, traçons par le point B une transversale quelconque AD et nous aurons
$$AB : AD : : CB : CD.$$
Les deux triangles équiangles ABE, ADO donnent
$$AB : AD : : BE : DO.$$

De même, les deux triangles BCF, CDO étant équiangles, nous avons
$$CB : CD : : BF : DO.$$

Or, par hypothèse, les rapports $\dfrac{AB}{AD}$, $\dfrac{CB}{CD}$ des deux proportions précédentes sont égaux; donc BE=BF.

CorollAIRE I.—Si les deux droites conjuguées OB, OD du faisceau sont perpendiculaires l'une sur l'autre, elles divisent en deux parties égales chacun des angles formés par les deux autres droites conjuguées OA, OC.

En effet, soit EF parallèle à OD, les deux triangles rectangles BOE, BOF sont égaux comme ayant un angle droit compris entre deux côtés égaux; donc les angles BOE, BOF sont égaux et OB est la bissectrice de l'angle AOC.

CorollAIRE II.—Un angle BOD et un point A étant donnés, si on trace par ce point une transversale AD et qu'on la fasse tourner autour de A, le lieu du conjugué harmonique de A par rapport aux deux points d'intersection de la sécante AD avec les côtés de l'angle est la droite OC conjuguée harmonique de OA.

On a donné, pour cette raison, au point A le nom de *pôle* de la droite OC et à cette ligne celui de *polaire* du point A par rapport à l'angle BOC.

**THÉORÈME IV.**

*Si par un point A on trace dans un angle* yox *un couple de sécantes quelconques* ABC, AB'C' *et que l'on joigne deux à deux les points d'intersection* B, C' *et* C, B', *le lieu du point* M *est la polaire du point* A *par rapport à l'angle* yox.

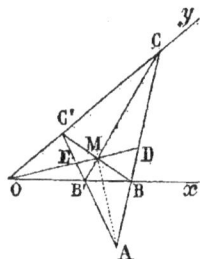

Soit D l'harmonique conjugué de A par rapport aux deux points B et C; les quatre droites MA, MB, MD, MC formant un faisceau harmonique, le point E d'intersection des droites MD, AC' est le conjugé du point A par rapport à B' et C'; donc la droite EMD est la polaire du point A par rapport à l'angle yox.

COROLLAIRE.—On appelle quadrilatère complet un système de quatre droites indéfinies AB, BA', A'B', AB'. Ces droites se coupent en six points A, A', B, B', C, C', qui sont les sommets du quadrilatère. En joignant les sommets opposés deux à deux, on a les trois diagonales AA', BB', CC'.

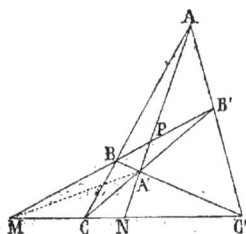

Chacune de ces diagonales est divisée harmoniquement par les deux autres, car le point M est le pôle de AA' par rapport à l'angle BAB' et le point A celui de MA' par rapport à l'angle BMC.

**THÉORÈME V.**

*Si deux points* D, E *divisent harmoniquement le diamètre* AB *d'un cercle, le rapport des distances d'un point* M *de la circonférence aux deux points conjugués* D, E *est constant.*

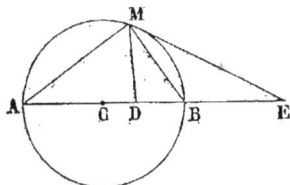

En effet, les quatre droites MA, MD, MB, ME forment un faisceau harmonique, puisqu'elles divisent AB harmoniquement. Or, les deux conjuguées MA, MC sont rectangulaires; donc MB est la bissectrice de l'angle DME et l'on a

$$MD : ME : : BD : BE ;$$

donc le rapport $\dfrac{MD}{ME}$ est constant.

COROLLAIRE.—Le lieu des points M tels que le rapport des distances de chacun à deux points fixes D, E soit constant est la circonférence décrite sur la distance, comme diamètre, des deux points conjugués A,B qui divisent DE harmoniquement, selon le rapport donné.

### THÉORÈME VI.

*Si par un point E on trace une sécante quelconque au cercle AB, le lieu du point M, conjugué harmonique de E, par rapport aux deux points F, G, d'intersection de la sécante et de la circonférence, est une droite perpendiculaire au diamètre CE.*

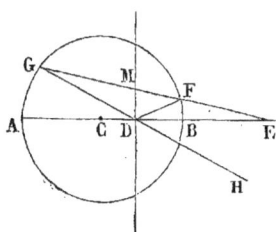

Soit D le conjugué harmonique de E par rapport aux extrémités A et B du diamètre CE, je dis que la droite DM est perpendiculaire sur AB. En effet, les points D, E étant conjugués relativement à A et B, et les points F, G appartenant à la circonférence AB, on a :

$$\frac{FD}{FE} = \frac{GD}{GE} ;$$

donc la droite DE est la bis-

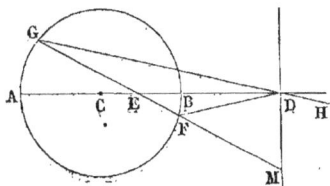

sectrice de l'angle FDH extérieur au triangle DGF et, comme les quatre droites DE, DF, DM, DG forment un faisceau harmonique, les droites DM, DE sont conjuguées et rectangulaires.

Donc le lieu du point M est la perpendiculaire DM, tracée sur le diamètre CE par le conjugué du point E, relativement à A et à B.

SCHOLIE.—Le point E est appelé le *pôle* de la droite DM. Réciproquement, cette droite est la *polaire* du point E par rapport au cercle AB. On a la relation $CD \times CE = CA^2$, entre le rayon et les distances du centre du cercle au pôle et à la polaire.

COROLLAIRE.—Si le point E est extérieur au cercle, sa polaire est la ligne de contact des tangentes menées par ce point.

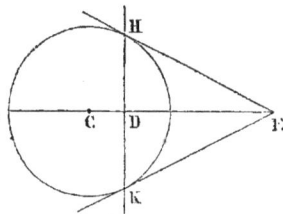

Car on a, dans le triangle rectangle GEH,
$$CH^2 = CD \times CE.$$

Lorsque le point E est sur la circonférence, la polaire coïncide avec la tangente en ce point. Enfin, si le point E est à l'intérieur du cercle, sa polaire est extérieure au cercle et s'éloigne de plus en plus du centre à mesure que E s'en rapproche.

## THÉORÈME VII.

*Les polaires des points d'une droite, par rapport à un cercle, passent par le pôle de cette droite.*

Réciproquement, *les pôles des droites qui passent par un même point sont situés sur la polaire de cette droite.*

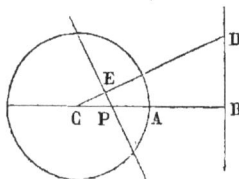

Soit P le pôle de la droite AB par rapport au cercle CA, je dis que la polaire d'un point quelconque D de BD passe par P. En effet, si je trace PE perpendiculaire sur CD, les deux triangles CBD, CEP sont équiangles et donnent : CE : CB : : CP : CD;

donc $\qquad$ CE × CD = CB × CP = CA²,

et la droite EP est la polaire du point D.

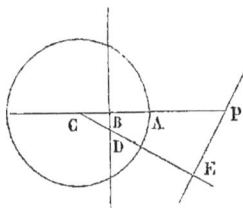

*Réciproquement.* Toute droite PE passant par le point P a son pôle sur la polaire BD du point P.

Car, si on trace CE perpendiculaire sur PE jusqu'à la rencontre de BD, les deux triangles CEP, CBD, qui sont équiangles, donnent

CE : CB : : CP : CD,

donc $\qquad$ CE × CD = CB × CP = CA²,

et la droite PE a pour pôle le point D, situé sur la polaire du point P.

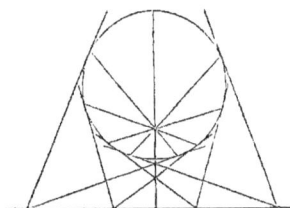

COROLLAIRE 1.—Si des différents points d'une droite on trace des couples de tangentes à un cercle, les lignes de contact passent par le pôle de cette droite.

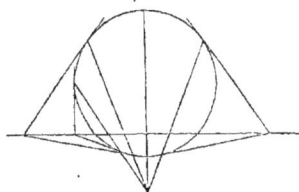

*Réciproquement*, si par un point on mène des sécantes à un cercle, les points de rencontre des tangentes tracées par les extrémités de chaque sécante sont situés sur la polaire du point donné.

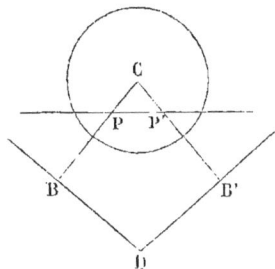

COROLLAIRE II.—Le point D d'intersection de deux droites BD, B'D a pour polaire la droite qui passe par les pôles P, P' de ces droites.

## THÉORÈME VIII.

*Si on trace, par le point O un couple de sécantes quelconques OBA, OB'A' au cercle AB, et qu'on joigne deux à deux les points d'intersection B, A' et A, B', ou B, B' et A, A', le lieu des points M, M' est la polaire du point O.*

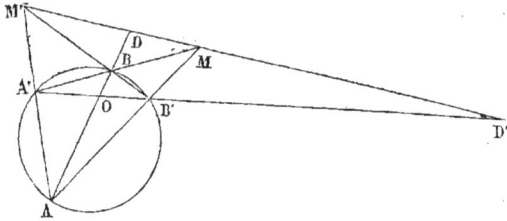

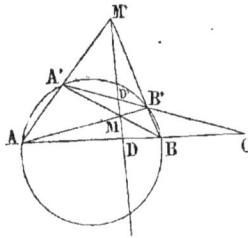

Soit D l'harmonique conjugué de O par rapport aux deux points A et B; les quatre droites MA, MD, MB, MO forment un faisceau harmonique. Donc le point D' d'intersection du prolongement de MD avec A'B' est le conjugué de O par rapport aux points A', B' et la droite DMD' est la polaire du point O.

On démontrerait de même que le point M' est sur la polaire du point O.

Scholie.—Ce théorème donnant un procédé graphique simple pour la construction de la polaire d'un point, il en résulte un nouveau moyen de tracer une tangente au cercle par un point extérieur.

# CHAPITRE IV\*.

## Axe radical de deux Cercles.
## Rapport anharmonique. — Involution.

————

M. STEINER appelle *puissance* d'un point A, par rapport à un cercle DE, le produit constant AD×DE des segments d'une sécante quelconque DE tracée par ce point.

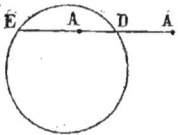

Pour distinguer les points extérieurs au cercle des points intérieurs, convenons d'affecter du signe + ou du signe — les segments AD, AE, suivant qu'ils sont comptés dans un sens ou dans l'autre à partir du point A; alors +AD×AE sera la puissance d'un point A extérieur au cercle et —AD×AE celle d'un point intérieur.

### THÉORÈME I.

*La puissance d'un point, par rapport à un cercle, est égale à l'excès du carré de la distance de ce point au centre sur le carré du rayon.*

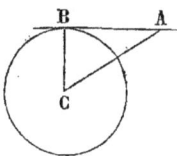

1° Si le point A est extérieur au cercle C, tracez la tangente AB. La puissance de A est égale à + AB². Or le triangle rect-angle ABC donne :

$$AB^2 = AC^2 - BC^2 ;$$

donc la puissance de A est exprimée par $AC^2 - BC^2$.

———

\* Voir, dans les Traités d'Algèbre, l'application des quantités négatives à la solution des problèmes.

2° Si le point A est intérieur au cercle, tracez la corde BB′ perpendiculaire au rayon CA. La puissance du point A est égale à $-AB^2$; or le triangle rectangle ABC donne :

$$AB^2 = BC^2 - AC^2 ;$$

donc la puissance du point A est exprimée par $AC^2 - BC^2$.

### THÉORÈME II.

*Le lieu des points ayant la même puissance, par rapport à deux cercles, est une droite perpendiculaire à celle qui passe par les centres.*

1° Si les cercles A et B se coupent, tout point E de la droite qui joint les points d'intersection C et D a la même puissance $\pm EC \times ED$ par rapport aux deux cercles. C'est le contraire pour tout point F extérieur à cette droite; car si on trace par ce point la sécante FCH, on a :

$$FC \times FH > FC \times FG ;$$

donc la droite CD est le lieu demandé.

2° Lorsque les cercles sont tangents, tout point D de la tangente commune a la même puissance $+CD^2$ par rapport aux deux cercles; et l'on a, pour un point quelconque E extérieur à la tangente :

$$EC \times EG > EC \times EF ;$$

donc la droite CD est le lieu demandé.

3° Si les deux cercles A et B sont extérieurs ou intérieurs et que M soit un point du lieu, la puissance de ce point par rapport au cercle A est $MA^2 - AD^2$. En traçant MC perpen-

diculaire sur la droite AB, on a, dans le triangle rectangle AMC :        $MA^2 = MC^2 + AC^2$;

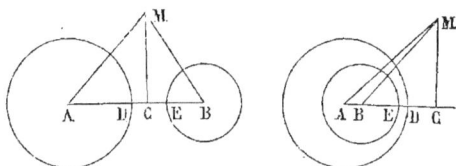

donc la puissance de M, par rapport au cercle A, est égale à
$$MC^2 + AC^2 - AD^2.$$
On trouverait de même :
$$MC^2 + BC^2 - BE^2$$
pour la puissance de M relativement au cercle B. Ce point
ayant, par hypothèse, la même puissance par rapport aux
deux cercles, on a :
$$AC^2 - AD^2 = BC^2 - BE^2;$$
donc C est aussi un point d'égale puissance et c'est le seul
qui soit situé sur la droite AB. Donc le lieu demandé est la
perpendiculaire tracée par le point C sur AB.

Scholie.—Ce lieu a reçu le nom d'*axe radical* des deux
cercles.—Deux cercles concentriques n'ont pas d'axe radical.

### THÉORÈME III.

*Les axes radicaux de trois cercles considérés deux à deux et
dont les centres A, B, C ne sont pas en
ligne droite, concourent au même
point.*

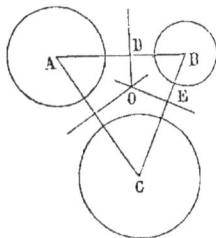

Soient OD l'axe radical des deux
cercles A, B et OE celui des deux
cercles B, C; ces deux droites, qui
sont respectivement perpendiculaires aux lignes AB, BC, se rencon-
trent en un point O d'égale puissance pour les trois cercles;
donc ce point est situé sur l'axe radical des deux cercles
A et C.

7

SCHOLIE.—Le point de rencontre des axes radicaux de trois cercles a reçu le nom de *centre radical*.

COROLLAIRE.—Le centre radical sert à construire l'axe radical de deux cercles A et B, extérieurs ou intérieurs l'un à l'autre.

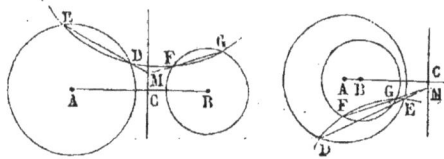

En effet, décrivez une circonférence qui rencontre les deux circonférences A et B ; tracez les cordes d'intersection DE, FG qui se coupent au centre radical M des trois cercles et menez MC perpendiculaire sur AB. La droite MC est l'axe radical des deux cercles A et B.

Il faut remarquer que le point C est extérieur aux deux cercles et qu'il est situé entre les deux centres A et B lorsque les cercles sont extérieurs l'un à l'autre, tandis qu'il est sur le prolongement de AB et du côté du centre B du plus petit cercle, lorsque les deux circonférences sont intérieures l'une à l'autre.

---

Trois points $a$, $b$, $b'$ étant situés sur la même droite, j'appellerai *puissance* du point $a$, par rapport aux deux autres, le produit $\pm ab \times ab'$ des distances de $a$ aux deux points *conjugués* $b$ et $b'$.

Ces distances sont affectées du signe $+$ ou du signe $-$, selon qu'elles sont comptées dans un sens ou dans l'autre, à partir du point $a$.

#### THÉORÈME IV.

*Quatre points* a, a', b, b' *conjugués deux à deux étant situés sur la même droite, il existe sur cette ligne un point* c *d'égale puissance pour les deux systèmes de points conjugués.*

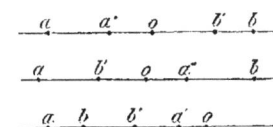

Tracez une circonférence quelconque par les points conjugués $a$, $a'$; décrivez-en une autre passant par les points conjugués $b$, $b'$. Le point O d'intersection de la droite $ab$ avec l'axe radical des deux cercles est d'égale puissance par rapport à ces cercles; donc on a :

$$\pm oa \times oa' = \pm ob \times ob'.$$

Le point O est situé d'un même côté des quatre points $a$, $a'$, $b$, $b'$ lorsque l'une des droites $aa'$, $bb'$ est intérieure à l'autre. Pour toute autre position de ces lignes, le point O est situé entre $a'$ et $b'$.

SCHOLIE.—L'axe radical des deux cercles ne rencontre pas la droite $ab$, lorsque les milieux des deux droites $aa'$, $bb'$ coïncident; car alors la ligne $ab$ est perpendiculaire à la droite qui passe par les centres des cercles et parallèle à l'axe radical.

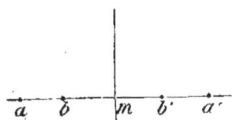

### THÉORÈME V.

*Le point O étant d'égale puissance par rapport aux deux systèmes de points conjugués* a, a' *et* b, b', *le rapport de ses distances à deux points conjugués* a, a' *est égal au rapport des puissances de* a *et* a' *relativement aux points* b, b'.

On a, par hypothèse :

$$oa \times oa' = ob \times ob',$$

d'où

$$\frac{oa}{ob} = \frac{ob'}{oa'} = \frac{oa \pm ob'}{ob \pm oa'} = \frac{ab'}{ba'}.$$

On démontrerait de même que

$$\frac{oa'}{ob} = \frac{a'b'}{ab}.$$

En divisant ces deux égalités membre à membre, on trouve :

$$\frac{oa}{oa'} = \frac{ab \times ab'}{a'b \times a'b'}.$$

Or les produits $\pm ab \times ab'$, $\pm a'b \times a'b'$ sont les puissances de $a$ et $a'$ par rapport aux points $b$, $b'$, donc les distances du point O aux points conjugués $a$, $a'$ sont entre elles comme ces puissances.

SCHOLIE.—Les distances respectives des points $a$, $a'$, $b$, $b'$ étant données, on calculera par la proportion précédente les distances du point O aux points $a$, $a'$, $b$ et $b'$.

———————

On appelle *rapport anharmonique* de quatre points $a, b, c, d$ situés sur la même droite le quotient des rapports des distances de deux de ces points aux deux autres. Avec ces quatre point on peut former les trois rapports anharmoniques :

$$\frac{ac}{ad} : \frac{bc}{bd}, \qquad \frac{ad}{ab} : \frac{cd}{cb}, \qquad \frac{ab}{ac} : \frac{db}{dc}$$

et les trois inverses.

Dans le premièr rapport les points $a$ et $b$ sont dits *conjugués*; $c$ et $d$ sont aussi *conjugués*. Dans le second, au contraire, $a$ est le conjugué de $c$ et $b$ celui de $d$.

### THÉORÈME VI.

*L'un des rapports anharmoniques de quatre points* a, b, c, d *étant donnés, les deux autres sont déterminés.*

En effet, soient ·

$$x = \frac{ac}{ad} : \frac{bc}{bd}, \quad y = \frac{ad}{ab} : \frac{cd}{cb}, \quad z = \frac{ab}{ac} : \frac{db}{dc}.$$

On a l'égalité :

$$ac \times bd = (ab + bc)(bc + cd),$$

qui devient successivement :

$$ac \times bd = (ab + bc + cd)bc + ab \times cd,$$

et
$$ac \times bd = ad \times bc + ab \times cd. \ldots (1).$$

En divisant les deux membres de cette égalité par le produit $ad \times bc$ et donnant le signe $+$ aux longueurs comptées dans le sens $ad$ et le signe $-$ aux longueurs comptées en sens contraire, on a :

$$\frac{ac \times bd}{ad \times bc} = x, \quad \frac{ab \times cd}{ad \times bc} = -\frac{1}{y};$$

donc
$$x = 1 - \frac{1}{y},$$

d'où l'on déduit :
$$y = \frac{1}{1-x}.$$

Si on divise successivement les deux nombres de l'égalité (1) par les deux autres produits $ac \times bd$, $ab \times cd$, on trouve :

$$x = \frac{1}{1-z}, \quad z = \frac{1}{1-y};$$

donc chacun des trois rapports $x$, $y$, $z$ se forme au moyen du précédent, suivant la même loi.

Corollaire I.—Si l'on suppose l'un des rapports anharmoniques, $y$ par exemple, égal à $-1$, les deux autres sont égaux à $\frac{1}{2}$ et à 2 et les quatre points $a$, $b$, $c$, $d$ forment un système harmonique, car on a :

$$ad : ab :: cd : cb.$$

Corollaire II.—Si deux systèmes de quatre points $a$, $b$, $c$, $d$ et $a'$, $b'$, $c'$, $d'$ ont un rapport anharmonique égal et que l'on considère comme correspondants les points qui entrent de la même manière dans ces rapports, les autres rapports anharmoniques sont aussi deux à deux égaux.

## THÉORÈME VII.

*Si deux droites* ad, a′d′ *sont rencontrées par quatre droites* oa, ob, oc, od *partant du même point* o, *le rapport anharmonique* $\dfrac{ab}{ad} : \dfrac{cb}{cd}$ *des quatre points* a, b, c, d *de la droite* ad *est égal au rapport anharmonique* $\dfrac{a'b'}{a'd'} : \dfrac{c'd'}{c'd'}$ *des quatre points* a′, b′, c′, d′ *de la droite* a′d′.

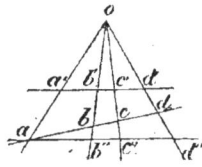

Je trace par le point *a* la droite *ad* parallèle à *a′d′* ; la transversale *ob″* du triangle *acc″* donne l'égalité :

$$ab \times oc \times b''c'' = bc \times oc'' \times ab''.$$

En y remplaçant *b″c″* et *ab″* par les quantités proportionnelles *b′c′* et *a′b′*, cette égalité devient :

$$ab \times oc \times b'c' = bc \times oc'' \times a'b'.$$

Le même triangle *acc″* et la transversale *od″* donnent aussi :

$$ad \times oc \times d'c' = \;\;\;\;\; \times a'd';$$

divisant les deux égalités précédentes membre à membre, je trouve :

$$\frac{ab \times b'c'}{ad \times d'c'} = \frac{bc}{dc} \;\;\;\;\;,$$

d'où je déduis :

$$\frac{ab}{ad} : \frac{cb}{cd} = \frac{a'b'}{a'd'} : \frac{c'b'}{c'd'}.$$

SCHOLIE.—Les quatre droites *oa*, *ob*, *oc*, *od* forment un *faisceau anharmonique* ; elles sont deux à deux conjuguées. J'appellerai *rapports anharmoniques de quatre droites* les rapports anharmoniques constants que donnent les points d'intersection des quatre droites du faisceau et d'une transversale quelconque. Si l'un de ces rapports est égal à —1, les quatre droites *oa*, *ob*, *oc*, *od* forment un faisceau harmonique.

Lorsqu'un point $o$ est d'égale puissance par rapport à trois systèmes de points conjugués, situés sur la même droite, on dit que les six points de ces trois systèmes sont en *involution* et le point $o$ est appelé *centre d'involution*.

C'est au géomètre français Desargues qu'on doit l'involution. M. Chasles, par la considération du centre d'involution, a rendu simple et facile cette théorie, autrefois si confuse et si obscure.

Lorsque six points $a$, $a'$, $b$, $b'$, $c$, $c'$ sont en involution, le centre peut avoir trois positions

1° Il est d'un même côté des six points si le segment $cc'$ est intérieur à $bb'$ et celui-ci intérieur à $aa'$.

2° Il sépare l'un des systèmes de points conjugués des deux autres systèmes, si les segments $aa'$, $cc'$ sont l'un intérieur et l'autre extérieur à $bb'$.

3° Il sépare trois points $a$, $b$, $c$ de leurs conjugués $a'$, $b'$, $c'$, si le premier est le conjugué du quatrième, le second du cinquième et le troisième du sixième.

Dans le premier cas, si l'on a $oc' = oc$, les deux points $c$, $c'$ se confondent en un seul $c_1$ et les cinq points $a$, $a'$, $b$, $b'$, $c_1$ sont en involution; mais on dit que $c_1$ est un point double et l'on a : $oa \times oa' = ob \times ob' = oc_1{}^2$.

En supposant, dans le second cas, $oc = oc'$ ou $oa' = oa$, on obtient deux

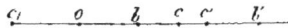

systèmes de cinq points en involution, parmi lesquels $c_1$ et $a_1$ sont les points doubles.

Si l'on prend simultanément $oc' = oc$, $oa' = oa$, le système des six points se réduit à quatre, $a_1$, $b$, $b'$, $c_1$, qu'on regarde comme étant en involution, et ce groupe a deux points doubles $a_1$, $c_1$ également éloignés du centre d'involution.

Un point double $a_1$, son symétrique $c_1$, par rapport au centre d'involution, et deux points conjugués $b$, $b'$ forment un système harmonique ; car on a :

$$oc_1{}^2 = ob \times ob'.$$

### THÉORÈME VIII.

*Le rapport anharmonique de quatre points quelconques d'un système de six points en involution est égal au rapport anharmonique de leurs conjugués.*

Soit $o$ le centre d'involution des six points $a$, $a'$, $b$, $b'$, $c$, $c'$. Considérons d'abord les quatre points $a$, $a'$, $b$, $b'$ qui forment deux systèmes conjugués. Il est évident que

$$\frac{ab}{ab'} : \frac{a'b}{a'b'} = \frac{ab}{ab'} \times \frac{a'b'}{a'b} = \frac{a'b'}{a'b} : \frac{ab'}{ab} ;$$

donc le rapport anharmonique $\dfrac{ab}{ab'} : \dfrac{a'b}{a'b'}$ des points $a$, $a'$, $b$, $b'$ est égal au rapport anharmonique $\dfrac{a'b'}{a'b} : \dfrac{ab'}{ab}$ de leurs conjugués $a'$, $a$, $b'$, $b$.

Si les quatre points donnés sont $a$, $a'$, $b$, $c'$, lesquels appartiennent aux trois groupes de points conjugués, le point $o$ étant d'égale puissance par rapport aux deux systèmes de points conjugués $a$, $a'$ et $b$, $b'$, on a :

$$\frac{oa}{oa'} = \frac{ab \times ab'}{a'b \times a'b'}.$$

Les points $a$, $a'$ et $c$, $c'$ formant deux systèmes de points conjugués, on a aussi :

$$\frac{oa}{oa'} = \frac{ac \times ac'}{a'c \times a'c'};$$

donc

$$\frac{ab \times ab'}{a'b \times a'b'} = \frac{ac \times ac'}{a'c \times a'c'},$$

et

$$\frac{ab}{ac'} : \frac{a'b}{a'c'} = \frac{a'b'}{a'c} : \frac{ab'}{ac}$$

Ainsi le rapport anharmonique $\dfrac{ab}{ac'} : \dfrac{a'b}{a'c'}$ des points $a$, $a'$, $b$, $c'$ est égal au rapport anharmonique $\dfrac{a'b'}{a'c} : \dfrac{ab'}{ac}$ de leurs conjugués $a'$, $a$, $b'$, $c$.

### THÉORÈME IX.

*Six points* a, a', b, b', c, c', *situés sur la même droite et conjugués deux à deux sont en involution, lorsque ces points et leurs conjugués ont un rapport anharmonique égal.*

Considérons les quatre points $a$, $a'$, $b$, $c$ et leurs conjugués $a'$, $a$, $b'$, $c'$ et supposons qu'on ait :

$$\frac{ab}{ac} : \frac{a'b}{a'c} = \frac{a'b'}{a'c'} : \frac{ab'}{ac'}.$$

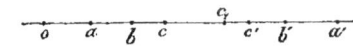

Soient $o$ le point d'égale puissance des deux systèmes de points conjugués $a$, $a'$, $b$, $b'$ et $c_1$ le conjugué de $c$; je dis que $c_1$ coïncide avec $c'$.

En effet, les six points $a$, $a'$, $b$, $b'$, $c$, $c_1$ étant en involution,

on a :

$$\frac{ab}{ac} : \frac{a'b}{a'c} = \frac{a'b'}{a'c_1} : \frac{ab'}{ac_1}.$$

En comparant cette égalité à la précédente, on trouve :

$$\frac{ac_1}{ac'} = \frac{a'c_1}{a'c'},$$

d'où
$$\frac{ac'-ac_1}{ac'}=\frac{a'c'-a'c_1}{a'c'}$$

c'est-à-dire :
$$\frac{c'c_1}{ac'}=\frac{c'c_1}{a'c'}.$$

Or, cette égalité n'est possible qu'autant que la ligne $c'c_1$ est nulle; donc les points $c_1$, $c'$ coïncident et les points $a$, $a'$, $b$, $b'$, $c$, $c'$ sont en involution.

## THÉORÈME X.

*Si l'on joint un point quelconque à six points en involution, on forme un faisceau de six droites en involution, c'est-à-dire qu'une sécante tracée dans une direction quelconque, à travers le faisceau, est coupée en six points en involution.*

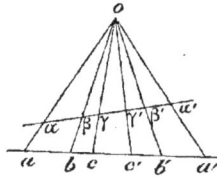

Soient $a$, $a'$, $b$, $b'$, $c$, $c'$ six points en involution; je les joins à un point $o$, extérieur à la droite $aa'$ et je trace la sécante $\alpha\alpha'$. Les points $\alpha$, $\beta$, $\gamma$, $\gamma'$ et de leurs correspondants $a$, $b$, $c$, $c'$ ont les rapports anharmoniques égaux deux à deux; il en est de même des points $\alpha$, $\beta$, $\gamma$, $\gamma'$ et de leurs correspondants $a'$, $b'$, $c'$, $c$. Or les six points $a$, $a'$, $b$, $b'$, $c$, $c'$ étant en involution, les rapports anharmoniques des points $a$, $b$, $c$, $c'$ et de leurs conjugués $a'$, $b'$, $c'$, $c$ sont égaux; donc ceux des points $\alpha$, $\beta$, $\gamma$, $\gamma'$ et de leurs conjugués $\alpha'$, $\beta'$, $\gamma'$, $\gamma$ sont aussi égaux, de sorte que les six points $\alpha$, $\alpha'$, $\beta$, $\beta'$, $\gamma$, $\gamma'$ sont en involution.

SCHOLIE.—Le faisceau peut n'avoir que cinq droites et même que quatre, puisque cinq points et même quatre peuvent être en involution. Dans tous les cas, les droites qui passent par deux points conjugués sont dites *conjuguées*.

# CHAPITRE V.

## Similitude.

Deux polygones sont *semblables* lorsqu'ils ont les angles égaux chacun à chacun, les côtés adjacents aux angles égaux, proportionnels, et que ces parties, côtés et angles, sont disposées dans le même ordre.

On appelle *homologues* les sommets de deux angles égaux.

Deux côtés, deux diagonales sont aussi *homologues* lorsque leurs extrémités sont des sommets homologues.

Deux polygones réguliers qui ont le même nombre de côtés sont semblables.

On nomme *centre* d'un polygone un point qui divise en deux parties égales toute droite tracée par ce point jusqu'à la rencontre du périmètre du polygone.—Le point d'intersection des diagonales d'un parallélogramme est un centre.

### THÉORÈME I.

*Deux polygones sont semblables s'ils ont les côtés proportionnels et que, à l'exception de trois angles consécutifs, leurs angles soient égaux chacun à chacun.*

Soient les deux pentagones ABCDE, A'B'C'D'E' dans lesquels je suppose

$$\frac{AB}{A'B'} = \frac{BC}{B'C'} = \frac{CD}{C'D'} = \frac{DE}{D'E'} = \frac{AE}{A'E'}$$

et l'angle B = B', l'angle C = C'; je dis que l'angle A = A', l'angle D = D', l'angle E = E', c'est-à-dire que les polygones sont semblables.

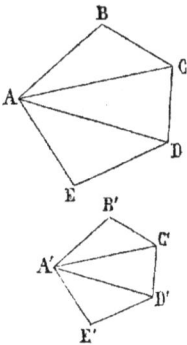

Les diagonales, tracées par les sommets A et A', décomposent les polygones en triangles, deux à deux équiangles. Car, 1° Les triangles ABC, A'B'C' ont, par hypothèse, les angles B, B' égaux et compris entre des côtés proportionnels ; donc ils sont équiangles

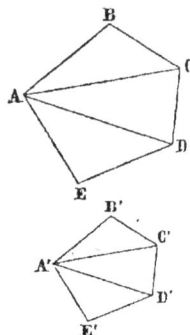

et 
$$\frac{AC}{A'C'} = \frac{BC}{B'C'} = \frac{CD}{C'D'}.$$

2° L'angle BCD étant égal à B'C'D' et l'angle BCA égal à B'C'A', les angles ACD, A'C'D' sont aussi égaux. Par conséquent les triangles ACD, A'C'D' qui ont un angle égal, compris entre des côtés proportionnels, sont équiangles et donnent :
$$\frac{AD}{A'D'} = \frac{CD}{C'D'} = \frac{DE}{D'E'} = \frac{AE}{A'E'}.$$

Donc, enfin, les triangles ADE, A'D'E' ont les côtés proportionnels et les angles égaux, chacun à chacun.

J'en conclus que l'angle AED=A'E'D', l'angle EDC=E'D'C', l'angle BAE = B'A'E' ; donc les deux polygones sont semblables.

COROLLAIRE 1. Deux triangles, qui ont les côtés proportionnels, sont semblables.

COROLLAIRE II.—Deux polygones semblables sont décomposables en un même nombre de triangles semblables et disposés dans le même ordre.

En effet, les diagonales tracées par deux sommets homologues A, A', partagent les polygones en triangles semblables.

*Réciproquement*, deux polygones sont semblables s'ils sont composés d'un même nombre de triangles semblables et semblablement disposés.

Car leurs angles sont égaux chacun à chacun et leurs côtés homologues proportionnels

### THÉORÈME II.

*Deux polygones sont semblables si, à l'exception d'un côté et des deux angles adjacents, leurs côtés sont proportionnels et leurs angles égaux chacun à chacun.*

Démonstration analogue à la précédente.

COROLLAIRE.—Deux triangles qui ont un angle égal compris entre des côtés proportionnels sont semblables.

### THÉORÈME III.

*Deux polygones sont semblables si, à l'exception de deux côtés et de leur angle, leurs côtés sont proportionnels et leurs angles égaux chacun à chacun.*

Démonstration analogue à la précédente.

COROLLAIRE.—Deux triangles équiangles sont semblables.

SCHOLIE.—La similitude de deux polygones qui ont $n$ côtés résulte de $2n-4$ conditions distinctes, tandis que leur égalité en exige $2n-3$.

### THÉORÈME IV.

*Si l'on joint un point quelconque o aux sommets d'un polygone abcde et qu'on prenne sur les droites* oa, ob, oc, *ou sur leurs prolongements, des points* a′, b′, c′,... *tels que*

$$\frac{oa'}{oa} = \frac{ob'}{ob} = \frac{oc'}{oc} = \ldots = r,$$

*le polygone* a′b′c′d′e′ *est semblable à* abcde.

En effet, les deux triangles oab, oa′b′ qui ont un angle égal, compris entre des côtés proportionnels, sont équiangles ; donc le côté a′b′ est parallèle à ab et

$$\frac{a'b'}{ab} = \frac{oa'}{oa} = r.$$

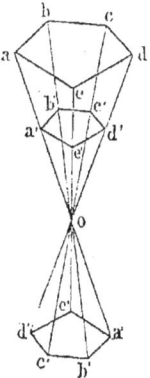

On démontrerait de même que $b'c'$ est parallèle à $bc$, $c'd'$ à $cd$, etc., et que

$$\frac{b'c'}{bc} = r, \quad \frac{c'd'}{cd} = r, \text{ etc. ;}$$

donc les polygones $abcde$, $a'b'c'd'e'$ ont les côtés proportionnels et leurs angles égaux chacun à chacun, parce qu'ils ont les côtés parallèles dirigés dans le même sens ou en sens contraire; donc ces polygones sont semblables.

SCHOLIE.—Lorsque les points $a'$, $b'$, $c'$... sont situés sur les droites $oa$, $ob$, $oc$,... les polygones sont semblables et *semblablement placés*. Si les points $a'$, $b'$, $c'$... sont sur les prolongements de $oa$, $ob$, $oc$,... les polygones sont semblables et *inversement placés*.

M. CHASLES a donné à cette similitude de forme et de position le nom d'*homothétie directe* dans le premier cas et *inverse* dans le second. Le point $o$ est le centre de similitude et les droites $oa$, $oa'$, etc., sont les *rayons vecteurs* des points $a$, $a'$, etc.

COROLLAIRE I.—Deux polygones homothétiques ont les côtés parallèles et proportionnels. Le rapport de similitude est égal à celui de deux côtés homologues.

COROLLAIRE II.—Les points $a$, $b$, $c$,... $a'$, $b'$, $c'$... forment deux systèmes *homothétiques* dans lesquels $a$ et $a'$ sont des points *homologues*.

La droite qui joint deux points $a$ et $b$ est parallèle à celle qui joint leurs homologues $a'$ et $b'$, et le rapport de $ab$ à $a'b'$ est égal au rapport de similitude.

### THÉORÈME V.

*Deux polygones* abcd, a'b'c'd' *sont homothétiques, si les droites qui joignent les sommets du premier à un point* p *sont parallèles et proportionnelles à celles qui joignent les sommets du second à un autre point* p'.

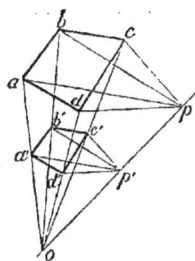

Prenons sur la droite $pp'$ ou sur son prolongement, selon que les côtés $ap$, $a'p'$ sont dirigés en sens contraire ou dans le même sens, un point $o$ tel que $\dfrac{op'}{op} = \dfrac{a'p'}{ap}$ et joignons-le aux points $a$, $a'$. Les triangles $apo$, $a'p'o'$ ont un angle égal compris entre des côtés proportionnels et sont équiangles; donc l'angle $aop$ est égal à $a'op'$ et les droites $ao$, $a'o$ coïncident.

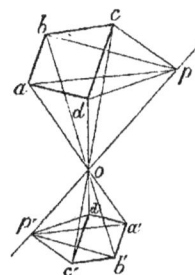

On prouverait de même la coïncidence des lignes $ob$, $ob'$, etc. Donc les deux polygones sont homothétiques et le point $o$ est le centre de similitude. L'homothétie est directe si les droites $ap$, $a'p'$ sont dirigées dans le même sens; elle est inverse dans le cas contraire.

SCHOLIE.—On appelle les deux points $p$, $p'$ *pôles conjugués* des polygones homothétiques. Deux pôles conjugués sont en ligne droite avec le centre d'homothétie.

### THÉORÈME VI.

*Si deux polygones à centre sont homothétiques directs, ils sont aussi homothétiques inverses et réciproquement.*

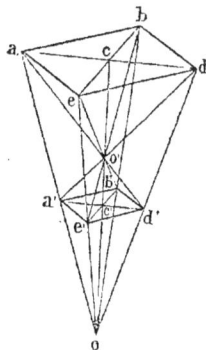

En effet, supposons les deux parallélogrammes $abde$, $a'b'd'e'$ homothétiques directs; $c$ et $c'$ étant leurs centres, $b$ et $b'$ deux sommets homologues, prenons sur le prolongement de $cb$ un point $e$ tel que $ce = cb$, le point $e$ sera un sommet du parallélogramme $abde$. Or $\dfrac{cb}{c'b'} = r$ et, par conséquent, $\dfrac{ce}{c'b'} = r;$ donc les rayons homologues $ce$, $c'b'$ sont dirigés en sens contraire et les polygones sont homothétiques inverses.

De là résulte qu'ils ont deux centres de similitude : 1° un centre *externe* o situé sur le prolongement de la droite cc', les deux polygones étant homothétiques directs ; 2° un centre *interne* o' placé sur la droite cc', les deux polygones étant homothétiques inverses.

COROLLAIRE.—Les points o et o' divisent harmoniquement la distance cc' des centres des deux parallélogrammes.

Car on a
$$\frac{oc}{oc'} = r = \frac{o'c}{o'c'}.$$

## THÉORÈME VII.

*Deux polygones homothétiques à un troisième sont homothétiques entre eux.*

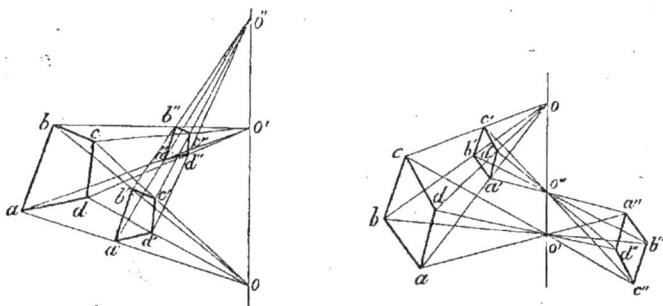

Soient o le centre de similitude des deux polygones homothétiques abcd, a'b'c'd', et o' celui des deux polygones homothétiques abcd, a''b''c''d''. Les droites a'b', a''b'', parallèles à la même ligne ab, sont parallèles entre elles ; il en est de même de a'c', a''c'', de a'd', a''d'', etc. On a aussi :

$$\frac{a'b'}{ab} = \frac{a'c'}{ac} = \dots = r,$$

$$\frac{a''b''}{ab} = \frac{a''c''}{ac} = \dots = r',$$

donc
$$\frac{a''b''}{a'b'} = \frac{a''c'}{a'c'} = \dots = \frac{r'}{r}.$$

Les droites qui joignent le point $a^l$ aux sommets $b^l$, $c^l$, $d^l$ étant parallèles et proportionnelles à celles qui joignent $a^{ll}$ aux sommets $b^{ll}$, $c^{ll}$, $d^{ll}$, les polygones $a^l b^l c^l d^l$, $a^{ll} b^{ll} c^{ll} d^{ll}$ sont homothétiques directs ou inverses, selon que l'homothétie est de même nom ou de nom contraire dans les deux systèmes homothétiques donnés.

CorollaiRe. — Si l'on suppose $r^l = r$, on a $a^{ll} b^{ll} = a^l b^l$, $a^{ll} c^{ll} = a^l c^l$, etc., et les polygones $a^{ll} b^{ll} c^{ll} d^{ll}$, $a^l b^l c^l d^l$ sont égaux. Donc on peut former tous les polygones homothétiques au polygone $abcd$ au moyen du seul centre $o$ de similitude en faisant varier $r$ de $o$ à $\infty$.

Scholie.—Trois polygones homothétiques étant donnés, parmi les trois systèmes homothétiques qu'ils forment il n'y en a qu'un nombre impair dont l'homothétie soit directe.

### THÉORÈME VIII.

*Les centres de similitude de trois polygones deux à deux homothétiques sont en ligne droite.*

Soient P, P$^l$, P$^{ll}$ les polygones donnés, O le centre de similitude de P et P$^l$, O$^l$ celui de P et P$^{ll}$, et O$^{ll}$ celui de P$^l$ et P$^{ll}$. Prenons sur la droite OO$^l$ le point O$^{lll}$, pôle conjugué de O$^l$, pour les deux polygones P, P$^l$. Les points O$^l$, O$^{lll}$ sont aussi deux pôles conjugués des polygones homothétiques P$^{ll}$, P$^l$; donc leur centre de similitude O$^{ll}$ est situé sur la droite O$^l$O$^{lll}$ et les trois centres O, O$^l$, O$^{ll}$ sont sur la même droite.

Corollaire.—Si trois polygones à centre sont homothétiques, ils ont trois centres de similitude externes et trois centres de similitude internes.

En considérant les trois systèmes comme homothétiques de même nom, leurs centres d'homothétie sont externes; donc les trois centres de similitude externes sont en ligne droite. Si on suppose les trois systèmes homothétiques de nom contraire, ils ont deux centres de similitude internes et un centre externe. Donc deux centres internes et un centre externe, correspondant au troisième centre interne, sont en ligne droite.

Scholie.—La droite sur laquelle sont les trois centres de similitude externes a reçu le nom d'*axe d'homothétie directe*. Chacune des trois droites qui passent par deux centres internes et un centre externe est appelée *axe de similitude inverse*.

### THÉORÈME IX.

1° *La ligne homothétique d'une circonférence est une autre circonférence.*

2° *Deux circonférences sont homothétiques directes et inverses.*

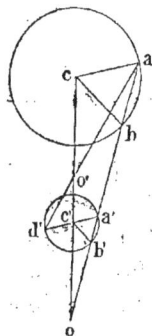

Soient *o* le centre de similitude, *c* le centre du cercle donné *ca* et *c'* son homologue. Je joins *c'* à l'homologue *a'* d'un point quelconque *a* de la circonférence *ca*, et

$$\frac{c'a'}{ca} = r;$$

donc la droite *c'a'* a une longueur constante, et le lieu du point *a'* est une circonférence de cercle qui a pour centre le point *c'* et pour rayon la droite *c'a'*.

Les rayons homologues *ca*, *c'a'* étant dirigés dans le même sens, l'homothétie est directe. Le rayon *c'd'*, prolongement de *c'a'*, est parallèle à *ca* et l'on a :

$$\frac{c'd'}{ca} = \frac{c'a'}{ca} = r,$$

donc les deux circonférences sont aussi homothétiques inverses.

Corollaire I.—Deux arcs homothétiques *ab*, *a'b'*, c'est-à-dire ceux dont les extrémités sont des points homologues;

correspondent à des angles aux centres égaux $acb$, $a'c'b'$. Car ces angles ont leurs côtés parallèles dirigés dans le même sens ou en sens contraire.

COROLLAIRE II.—Les tangentes aux points homologues de deux circonférences homothétiques sont parallèles.—Les tangentes communes à deux circonférences passent par l'un ou l'autre des centres de similitude.

COROLLAIRE III.—Les centres de similitude $o$, $o'$ divisent harmoniquement la distance $cc'$ des centres des deux cercles.

SCHOLIE.—Les centres de similitude de trois cercles, considérés deux à deux, sont trois à trois en ligne droite. La droite qui passe par les centres externes est l'axe de similitude externe; les trois autres droites sur chacune desquelles se trouvent deux centres internes et le centre externe correspondant au troisième centre interne sont les axes de similitude internes.

### THÉORÈME X.

*Si on trace deux sécantes quelconques* $oa$, $od$ *par l'un des centres de similitude de deux cercles* c, c', *parmi les huit points d'intersection quatre quelconques* a, d, b', e' *non conjugués sont situés sur la même circonférence.*

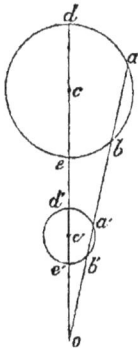

En effet, on a, par hypothèse :
$$oa : oa' :: od : od'.$$
Les quatre points $a'$, $b'$, $e'$, $d'$ appartenant à la même circonférence, on a aussi :
$$oe' : oa' :: ob' : od';$$
donc $\qquad oa : od :: oe' : ob'$
et les points $a$, $d$, $b'$, $e'$ sont sur la même circonférence.

Il en est de même des quatre points $b$, $e$, $a'$, $d'$; des points $a$, $e$, $d'$, $b'$, et enfin de $d$, $b$, $a'$, $c'$.

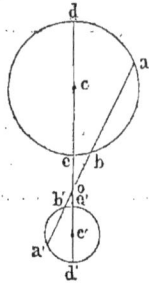

COROLLAIRE.—Si on fait tourner la sécante *od* autour du centre *o* jusqu'à ce qu'elle coïncide avec *oa*, chacune des circonférences *adb'c'*, *a'd'be* devient tangente aux deux circonférences données et la droite qui joint les deux points de contact passe par le centre de similitude externe ou interne, selon que les deux contacts sont du même genre ou de genre différent.

# CHAPITRE VI.

## Problèmes sur les Lignes proportionnelles.

---

PROBLÈME I.—*Construire une quatrième proportionnelle à trois droites* A, B, C.

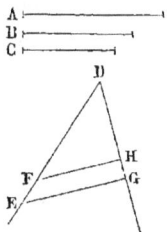

Sur le côté DE d'un angle quelconque EDG prenez DE = A, DF = B et sur l'autre côté la ligne DG = C. Joignez le point E au point G et tracez FH parallèle à EG. La droite DH est la quatrième proportionnelle demandée; car on a

$$DE : DF :: DG : DH.$$

COROLLAIRE.—Si les deux lignes B, C sont égales, la ligne DH prend le nom de troisième proportionnelle aux deux droites A et B.

PROBLÈME II.—*Construire une moyenne proportionnelle entre deux droites* A, B.

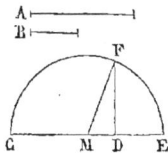

Sur une droite indéfinie prenez CD = A et DE = B. Décrivez une demi-circonférence sur CE comme diamètre et tracez par le point D la droite DF perpendiculaire à CE. La moyenne proportionnelle demandée est égale à DF.

SCHOLIE.—La moyenne proportionnelle entre deux lignes inégales CD, DE est moindre que leur moyenne arithmétique MF.

PROBLÈME III.—*Diviser une droite* A *en parties proportion-nelles à des lignes données* B, C, D *ou en un certain nombre de parties égales.*

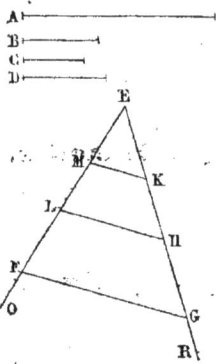

1° Prenez sur le côté EO d'un angle quelconque OER la droite EF = A et sur l'autre côté la droite EK = B, KH = C, HG = D. Joignez le point F au point G et tracez les droites HL, KM parallèles à GF. Les points M, L divisent EF en segments proportionnels à B, C, D.

2° Pour diviser la droite A en un certain nombre de parties égales, trois par exemple, faites une construction analogue à la précédente, en prenant toutefois pour B, C, D trois lignes égales à une même droite d'une grandeur quelconque.

PROBLÈME IV.—*Diviser la droite* AB *en moyenne et extrême raison, c'est-à-dire en deux parties telles que la plus grande soit moyenne proportionnelle entre l'autre partie et la ligne entière.*

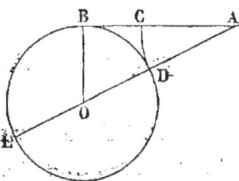

Par l'extrémité B de la droite donnée AB, tracez sur cette ligne la perpendiculaire BO égale à la moitié de AB; décrivez une cir-conférence du point O comme centre avec le rayon OB; tracez la sécante AO et prenez sur AB une longueur AC égale à AD; le point C divise AB en moyenne et extrême raison.

En effet, AB étant tangente au cercle, on a :

$$AE : AB :: AB : AD;$$

d'où l'on déduit : AB : AE—AB :: AD : AB—AD,

or le diamètre DE est égal à AB,

donc                AB : AC :: AC : BC.

CorollaireE.—Si on désigne par $a$ la droite AB, le triangle rectangle ABO donne :

$$AO^2 = a^2 + \frac{a^2}{4} = \frac{5a^2}{4};$$

or AC = AO—BO, donc

$$AC = \frac{a\sqrt{5}}{2} - \frac{a}{2} = \frac{a(\sqrt{5}-1)}{2}.$$

On a pour l'autre segment de la droite AB :

$$BC = \frac{a(3-\sqrt{5})}{2}.$$

Scholie.—La sécante AE est divisée par le point D en moyenne et extrême raison.

Problème V.—*Diviser une droite harmoniquement, dans le rapport de deux droites données.*

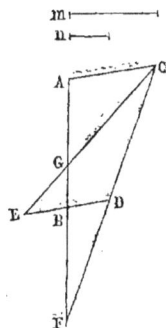

Pour diviser la droite AB harmoniquement et dans le rapport des droites $m$, $n$, tracez par le point A une droite quelconque AC égale à $m$ et par le point B une parallèle à C, sur laquelle vous prendrez chacune des droites BD, BE égale à $n$. Joignez le point C aux points D et E ; les droites CD, CE rencontrent AB aux points F et G qui la divisent harmoniquement.

En effet, les quatre droites CA, CG, CB, CF forment un faisceau harmonique, puisque CA est parallèle à DE que les trois autres droites divisent en deux parties égales ; et l'on a GA : GB :: $m$ : $n$.

Problème VI. — *Connaissant trois droites d'un faisceau harmonique, construire la quatrième.*

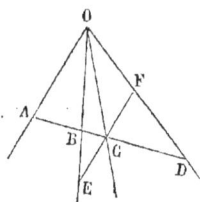

Soient les trois droites données OA, OB, OC; tracez par le point C de la droite OC une parallèle CE à AO; prenez sur le prolongement de CE la ligne CF égale à CE et menez la droite OF qui sera la quatrième du faisceau, puisque OA est parallèle à EF que les trois autres droites OB, OC, OD divisent en deux parties égales.

COROLLAIRE.—Cette construction fait connaître le point D conjugué harmonique de B par rapport à une droite donnée AC.

PROBLÈME VII.—*Construire le pôle d'une droite et la polaire d'un point par rapport à un cercle.*

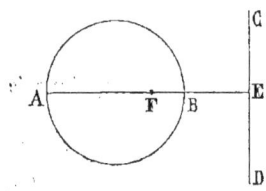

1° Pour déterminer le pôle F de la droite CD par rapport au cercle AO, tracez le diamètre AB perpendiculaire à CD et cherchez le conjugué harmonique de E par rapport à la droite AB.

2° Pour construire la polaire du point F, déterminez le point E, conjugué harmonique de F par rapport au diamètre AB et tracez la droite EC perpendiculaire sur AB.

PROBLÈME VIII.—*Construire, sur une droite donnée, un triangle ou un polygone semblable à un triangle ou à un polygone donné.*

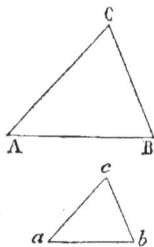

1° Pour tracer sur la droite *ab* un triangle semblable au triangle ABC, supposez que *ab* soit homologue à AB et faites l'angle *bac* égal à BAC, l'angle *abc* égal à ABC. Le triangle *abc* est semblable à ABC.

2° Soit à construire un polygone sem-

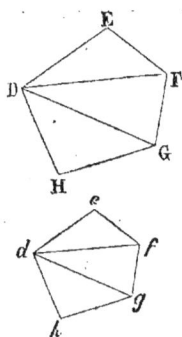

blable à DEFGH sur la droite *de*, homologue au côté DE. Tracez les diagonales
DF, DG ; faites successivement le triangle
*def* semblable à DEF, le triangle *dfg* semblable à DFG et *dgh* semblable à DGH.
Les deux polygones *defgh*, DEF, etc., sont
aussi semblables.

PROBLÈME IX. — *Tracer une tangente
commune à deux cercles.*

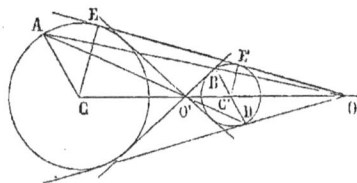

Déterminez les centres
de similitude O, O′ des
deux cercles en divisant
la distance de leurs cen-
tres C, C′ harmonique-
ment et dans le rapport
des rayons CA, C′B. Tra-
cez ensuite par chacun des points O, O′ des tangentes au
cercle C ; ces lignes toucheront aussi l'autre cercle C′, car
les points E, E′, dans lesquels chacune de ces droites rencontrent les deux circonférences, étant homologues, les
rayons CE, C′E′ sont parallèles et la droite OE, perpendiculaire sur CE, est aussi perpendiculaire sur C′E′. Donc les
deux cercles C, C′ ont la même tangente OE.

SCHOLIE. — Le problème a quatre solutions lorsque les deux
cercles sont extérieurs l'un à l'autre, trois lorsqu'ils se touchent extérieurement, deux s'ils sont sécants et une seule
s'ils se touchent intérieurement.

#### PROBLÈMES A RÉSOUDRE.

**1** — Inscrire dans un cercle un triangle dont deux côtés
passent par deux points donnés et dont le troisième soit parallèle à une droite donnée.

**2** — Inscrire dans un cercle un triangle dont les trois côtés, prolongés s'il est nécessaire, passent par trois points donnés.

**3**—Si, par les sommets d'un triangle inscrit dans un cercle, on trace des tangentes, elles rencontrent les côtés opposés en trois points qui sont en ligne droite.

**4**—Tirer, par un point pris sur la bissectrice d'un angle donné, une droite d'une longueur donnée.

**5**—Un cercle et une droite EF qui lui est extérieure étant donnés, tracez le diamètre CA perpendiculaire à EF et par le point A une sécante quelconque ABD; menez par les points B, D les tangentes BF, DE et démontrez que ces droites rencontrent EF à égale distance du point A. (*Concours.*)

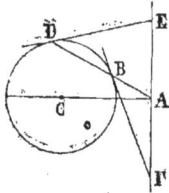

**6**—Si, par le milieu d'une corde donnée dans un cercle on trace deux autres cordes quelconques, la droite qui joint deux de leurs extrémités et celle qui passe par les deux autres rencontrent la corde donnée en des points également distants du milieu de cette corde.

**7**—Décrire une circonférence tangente à une droite et passant par deux points donnés.

**8**—Tracer une circonférence passant par un point et tangente à deux droites données.

**9**—Tracer un cercle tangent à deux droites et à un cercle donnés.

**10**—Tracer un cercle tangent à un cercle donné et passant par deux points donnés.

**11**—Tracer un cercle tangent à une droite, à un cercle donnés et passant par un point donné.

**12**—Tracer un cercle tangent à une droite et à deux cercles donnés.

**13**—Décrire un cercle tangent à deux cercles donnés et passant par un point donné.

**14**—Décrire un cercle tangent à trois cercles donnés.

**15**—Tracer, par deux points donnés sur une circonférence, deux sécantes qui se coupent sur la circonférence et rencontrent un diamètre donné en des points également distants du centre.

**16**—Décrire un cercle passant par deux points donnés et interceptant sur un cercle donné un arc dont la corde soit d'une longueur donnée.

**17**—Inscrire dans un cercle un triangle isocèle dans lequel la somme de la base et de la hauteur soit égale à une droite donnée. (*Concours.*)

**18**—Inscrire un carré dans une demi-circonférence.

**19**—Construire un triangle dont on connaît la grandeur et la position de la base, la somme des deux côtés et une droite sur laquelle le sommet doit être situé. (*Concours.*)

**20**—Si un diamètre AB d'un cercle est divisé harmoniquement aux points C, D et que par ces points on élève deux perpendiculaires sur AB, on demande de démontrer que toute tangente au cercle rencontre les deux perpendiculaires en deux points P et Q, tels que le rapport de leurs distances PO, QO au centre O du cercle est constant.

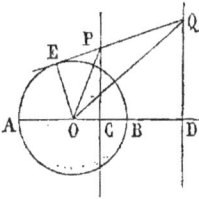

**21**—Trois droites AA′, BB′, CC′ parallèles et inégales étant données, démontrer que les points de rencontre de AB avec A′B′, de AC avec A′C′ et de AD avec A′D′ sont en ligne droite.

**22**—Si par un point pris sur le plan d'un cercle on trace deux sécantes perpendiculaires l'une sur l'autre, la somme des carrés des quatre segments est constante.

**23**—Les milieux des diagonales d'un quadrilatère complet sont en ligne droite

**24**—Le point de contact d'une tangente et les trois points dans lesquels elle est rencontrée par deux autres tangentes et par la droite qui joint leurs points de contact forment un système harmonique.

**25**—Les six points de rencontre d'une transversale quelconque avec les côtés d'un quadrilatère et les diagonales intérieures sont en involution.

**26**—Les six points de rencontre d'une transversale quelconque avec une circonférence et les côtés d'un quadrilatère inscrit sont en involution.

**27**—Quatre points *a, b, e, d* et un point mobile *m* étant donnés sur une circonférence, démontrer que les rapports anharmoniques des quatre droites *ma, mb, mc, md* sont constants.

**28**—Les rapports anharmoniques de quatre droites passant par le même point sont égaux à ceux de leurs pôles par rapport à un cercle.

**29**—Un quadrilatère étant circonscrit à un cercle, les rapports anharmoniques des points de rencontre de ses côtés avec une tangente mobile sont constants.

### LIEUX GÉOMÉTRIQUES.

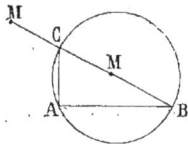

**1**—Une corde AB étant donnée dans un cercle, si on trace par l'une de ses extrémités, B, une sécante et qu'on prenne CM = CA, quel est le lieu du point M?

**2**—Quel est le lieu des points tels que la somme ou la différence des distances de chacun d'eux à deux droites données soit égale à une ligne donnée *m*.

**3**—Sur deux droites rectangulaires on fait glisser les extrémités de l'hypothénuse d'un triangle rectangle; quel est le lieu décrit par le sommet de l'angle droit?

**4**—Quel est le lieu des points tels que la distance de chacun d'eux à la base d'un triangle isocèle soit moyenne proportionnelle entre ses distances aux deux autres côtés.

**5**—Trouver le lieu des points tels que deux segments donnés d'une même droite soient vus de chacun de ces points sous des angles égaux.

**6**—Trouver le lieu des points tels que deux cercles donnés soient vus de chacun de ces points sous des angles égaux.

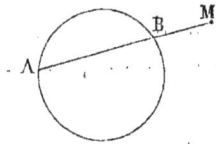

**7**—Par un point A d'un cercle tracez une sécante et prenez une longueur AM telle que $AM \times AB = K^2$. Quel est le lieu du point M?

**8**—Par un point A d'un cercle tracez une sécante et prenez une longueur AM telle que l'on ait $AB : BM :: p : q$. Quel est le lieu du point M?

**9**—Trouver le lieu des points M tels qu'en joignant chacun d'eux aux deux extrémités de deux droites données AB, CD les triangles MAB, MCD soient entre eux comme deux lignes données.

**10**—Quel est le lieu des sommets des triangles qui ont la base et la médiane de l'un des deux autres côtés communes.

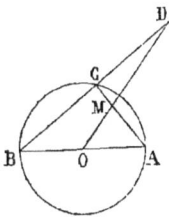

**11**—Soit AB un diamètre du cercle BO; tracez une sécante BCD et prenez CD = BC; joignez le point D au centre O, le point C au point A et déterminez le lieu du point M d'intersection des droites AC, OD.

**12**—D'un point quelconque A du prolongement du diamètre BD, tracez la tangente AC, la bissectrice de l'angle CAO et cherchez le lieu du point M pris de la perpendiculaire OM, menée par le centre O sur la bissectrice AM.

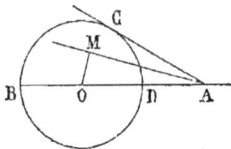

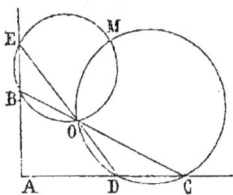

**13**—Par un point O de l'hypothénuse BC du triangle rectangle ABC, tracez une sécante quelconque DE, décrivez les cercles OBE, OCD et cherchez le lieu du point M de rencontre des deux cercles.

**14**—Du point A tracez deux droites quelconques AB,

AM faisant entre elles un angle donné; prolongez la première droite jusqu'à la rencontre d'une droite CD donnée et prenez sur l'autre AM un point M tel que l'on ait

$$AM : AB :: p : q,$$

et déterminez le lieu du point M.

**15**—Remplacez dans l'énoncé précédent la droite CD par une circonférence et cherchez le lieu du point M.

**16**—Deux droites parallèles OA, BE et la perpendiculaire OB étant données, prenez OA = OB, tracez par le point O une sécante quelconque OD, prenez OC = DB et cherchez le lieu du point M de rencontre des droites DO, AC.

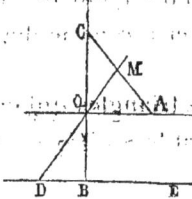

**17**—Lieu des milieux des cordes interceptées par un cercle donné sur les sécantes tracées par un point donné.

**18**—Lieu des points tels que les pieds des perpendiculaires tracées à chacun d'eux sur les côtés d'un triangle donné soient en ligne droite.

**19**—Un cercle BO et un diamètre AC étant donnés, menez un rayon quelconque OC, tracez CD perpendiculaire sur AB et prenez OM = CD. Quel sera le lieu du point M?

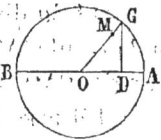

**20**—*Même figure.* Prenez OM = OD. Quel sera le lieu du point M?

**21**—Si, pour construire le quadrilatère ABCD, on ne donne que les trois côtés AB, BC, CD et la diagonale AC, le quadrilatère est indéterminé; 1° quel est alors le lieu du quatrième sommet D? 2° quel est le lieu du milieu de la diagonale BD? 3° quel est le lieu du milieu de la droite qui joint les milieux des diagonales?

# LIVRE IV.

## PROPRIÉTÉS MÉTRIQUES DES FIGURES.

---

## CHAPITRE I.

### Mesure des Surfaces planes.

---

On appelle *aire* d'une figure la mesure de son étendue.

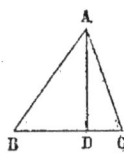

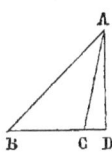

La *hauteur* d'un triangle ABC est la perpendiculaire AD tracée d'un sommet A sur la direction du côté opposé BC pris pour base.

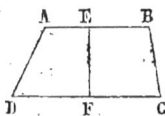

Le trapèze AC a pour *bases* ses deux côtés parallèles AB, CD et pour *hauteur* la perpendiculaire EF qui mesure la distance de ses bases.

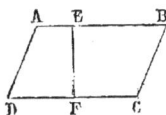

La *hauteur* d'un parallélogramme AC est la perpendiculaire EF qui mesure la distance des deux côtés opposés AB, CD qu'on prend pour les bases du parallélogramme.

### THÉORÈME I.

*Le rapport de deux rectangles AC, AE qui ont la même hauteur AB est égal à celui de leurs bases BC, BE.*

1° Je suppose d'abord les bases commensurables et leur plus grande commune mesure BG contenue 5 fois dans BC, 3 fois dans BE, de sorte que

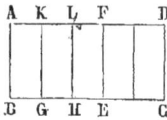

$$BC : BE :: 5 : 3.$$

Je trace, par les points de division des bases, des perpendiculaires à BC; ces lignes divisent le rectangle AC en 5 rectangles, égaux à ABGK parce qu'ils ont les bases égales et les hauteurs égales. Le rectangle AE contenant 3 fois ABGK, on a :

$$rect. AC : rect. AE :: 5 : 3,$$

et par suite :          $$rect. AC : rect. AE :: BC : BE.$$

2° Si les bases sont incommensurables, je divise l'une d'entre elles, BE par exemple, en 10 parties égales et je suppose BC plus grande que 16 fois, mais moindre que 17 fois $\frac{1}{10}$ de BE, de sorte que le rapport $\frac{BC}{BE}$ est compris entre $\frac{16}{10}$ et $\frac{17}{10}$. En traçant par les points de division de BC des perpendiculaires à cette base, je divise le rectangle AE en 10 parties égales; le rectangle AC contenant 16 fois le dixième du rectangle AE avec un reste moindre que ce dixième, le rapport $\frac{rect. AC}{rect. AE}$ est compris entre $\frac{16}{10}$ et $\frac{17}{10}$; donc les rapports $\frac{rect. AC}{rect. AE}, \frac{BC}{BE}$ contiennent le même nombre de dixièmes.

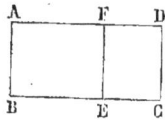

On prouverait de même qu'ils contiennent le même nombre d'unités décimales d'un ordre quelconque; donc ces rapports sont égaux.

### THÉORÈME II.

*Le rapport de deux rectangles quelconques est égal au produit des rapports des bases et des hauteurs.*

Soient R, R′ deux rectangles, $h$, $h'$ leurs hauteurs et $b$, $b'$ leurs bases ; je fais un rectangle R″ ayant la base $b$ du premier et la hauteur $h'$ du second. Les deux rectangles R, R″ ont la même base ; donc

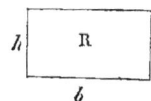

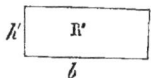

$$\frac{R}{R''} = \frac{h}{h'}.$$

Les deux rectangles R″, R′ dont les hauteurs sont égales donnent aussi :

$$\frac{R''}{R'} = \frac{b}{b'}.$$

Je multiplie ces deux égalités nombre à nombre et j'en déduis :

$$\frac{R}{R'} = \frac{h}{h'} \times \frac{b}{b'}.$$

COROLLAIRE.—En supposant $h = 1^m,5$, $b = 3^m,2$, $h' = 1^m,2$, $b' = 2^m,4$, on a :

$$\frac{R}{R'} = \frac{1,5}{1,2} \times \frac{3,2}{2,4} = \frac{15 \times 32}{12 \times 24} = \frac{5}{3}.$$

Donc le rectangle R′ est égal aux $\frac{3}{5}$ de R.

### THÉORÈME III.

*L'aire d'un rectangle est égale au produit de sa base par sa hauteur, si l'on prend pour unité de surface le carré fait sur l'unité linéaire.*

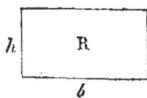

L'unité linéaire étant le mètre, si l'on convient de prendre pour unité de superficie le carré fait sur le mètre, la mesure d'un rectangle est égale au rapport de ce rectangle au mètre carré.

Soit R un rectangle ayant $b$ pour base et $h$ pour hauteur ; si l'on désigne par C le carré fait sur l'u-

9

nité linéaire $m$, le théorème précédent donne l'égalité :

$$\frac{R}{C} = \frac{h}{m} \times \frac{b}{m}.$$

Or les rapports $\frac{R}{C}, \frac{h}{m}, \frac{b}{m}$ représentent les mesures du rectangle, de sa hauteur et de sa base; donc le nombre abstrait
qui exprime l'aire d'un rectangle est égal au produit des
nombres abstraits qui expriment sa hauteur et sa base. C'est
ce qu'on énonce d'une manière abrégée en disant qu'un
rectangle est égal au produit de sa hauteur par sa base.

COROLLAIRE.—L'aire d'un carré est égale au produit de sa
hauteur par sa base, c'est-à-dire à la seconde puissance de
son côté.

SCHOLIE I.—On a donné à la base et à la hauteur d'un
rectangle le nom de *dimensions* de sa surface.

SCHOLIE II.—On appelle *rectangle* de deux lignes A et B le
produit des deux nombres qui expriment les longueurs de
ces lignes rapportées à l'unité linéaire ;—*Carré* d'une ligne
A le produit du nombre qui exprime la longueur de A par
lui-même.

## THÉORÈME IV.

*L'aire d'un parallélogramme est égale au produit de sa base
par sa hauteur.*

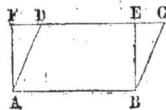

Par les extrémités A et B de la base AB
du parallélogramme AC, je trace des perpendiculaires sur cette ligne, jusqu'à la
rencontre de DC. Les triangles rectangles
BCE, ADF ont l'hypothénuse égale et un
côté égal chacun à chacun, donc ils sont égaux; si je les
retranche successivement du quadrilatère ABCF, le parallé-

logramme AC et le rectangle AE que je trouve pour restes sont équivalents.

Or le rectangle a pour mesure AB × BE; donc l'aire du parallélogramme est aussi égale à AB × BE, c'est-à-dire au produit de sa base par sa hauteur.

COROLLAIRE.—Deux parallélogrammes qui ont les bases égales sont entre eux comme leurs hauteurs; — si les hauteurs sont égales, ces parallélogrammes sont entre eux comme leurs bases.

### THÉORÈME V.

*L'aire d'un triangle est égale à la moitié du produit de sa base par sa hauteur.*

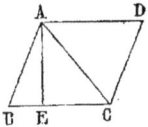

Soit ABC le triangle donné; je trace AD parallèle à BC et CD parallèle à AB. Les triangles ABC, ACD ont les trois côtés égaux chacun à chacun, donc ils sont égaux et le triangle ABC est équivalent à la moitié du parallélogramme BD, dont la base et la hauteur sont les mêmes que celles du triangle.

Or le parallélogramme a pour mesure BC × AE; donc l'aire du triangle ABC est égale à la moitié de BC × AE, c'est-à-dire à la moitié du produit de sa base par sa hauteur.

SCHOLIE.—Deux triangles qui ont des bases égales sont entre eux comme leurs hauteurs; — si les hauteurs sont égales, ces triangles sont entre eux comme leurs bases.

### THÉORÈME VI.

*L'aire d'un trapèze ABCD est égale au produit de sa hauteur AE par la demi-somme de ses bases AB, CD.*

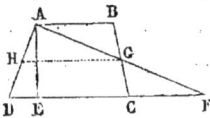

Je prolonge la base DC d'une longueur CF égale à AB et je joins le point A au point F. Les triangles ABG, CGF ont un côté égal adjacent à deux angles égaux chacun à chacun ; donc ils sont égaux. Si je les retranche successivement de la figure entière AFGB, le trapèze ABCD et le triangle ADF que j'obtiens pour restes sont équivalents.

Or le triangle a pour mesure $AE \times \frac{1}{2} DF$ ; donc l'aire du trapèze est aussi égale à $AE \times \frac{1}{2} DF$, c'est-à-dire au produit de sa hauteur par la demi-somme de ses bases DC, AB.

COROLLAIRE.—Le trapèze a aussi pour mesure le produit de sa hauteur AE par la droite GH qui joint les milieux de ses côtés non parallèles. En effet, les deux triangles ADF, AGH qui ont un angle commun compris entre des côtés proportionnels sont semblables. Donc la droite GH est parallèle à DF et égale à la moitié de cette ligne.

### THÉORÈME VII.

*Mesurer la surface d'un polygone quelconque.*

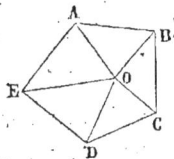

Pour évaluer l'aire d'un polygone, on le décompose en triangles, en joignant un point quelconque O de l'intérieur à tous les sommets. On calcule les aires de ces triangles et on en fait la somme.

COROLLAIRE.—Si le polygone est régulier et qu'on prenne le centre pour sommet des triangles, chacun d'eux a pour hauteur le rayon OK du cercle inscrit et pour base un côté du polygone. Donc *l'aire du polygone régulier est égale au produit de son périmètre par la moitié du rayon du cercle inscrit.*

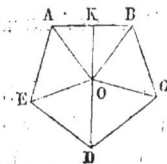

### THÉORÈME VIII.

*Si deux triangles* ABC, DEF *ont leurs angles* A *et* D *égaux, ils sont entre eux comme les produits des côtés de chacun de ces angles.*

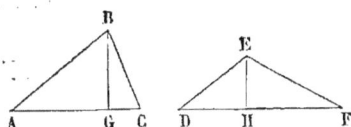

Soient la droite BG perpendiculaire sur AC et la droite EH perpendiculaire sur DF; chacun des triangles ABC, DEF ayant pour mesure la moitié du produit de sa base par sa hauteur, on a :

$$\frac{ABC}{DEF} = \frac{AC \times BG}{DF \times EH} = \frac{AC}{DF} \times \frac{BG}{EH}.$$

Or, les angles A et D étant égaux par hypothèse, les triangles rectangles ABG, DEH sont équiangles et donnent :

$$\frac{BG}{EH} = \frac{AB}{DE};$$

donc

$$\frac{ABC}{DEF} = \frac{AC \times AB}{DF \times DE}.$$

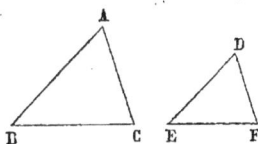

COROLLAIRE. — *Deux triangles semblables* ABC, DEF *sont entre eux comme les carrés des côtés homologues* AB, DE.

Car, les angles A et D étant égaux et leurs côtés proportionnels, on a :

$$\frac{ABC}{DEF} = \frac{AB \times AC}{DE \times DF}$$

et

$$\frac{AC}{DF} = \frac{AB}{DE};$$

donc

$$\frac{ABC}{DEF} = \frac{AB^2}{DE^2}.$$

*Les périmètres de deux polygones semblables sont entre eux comme deux côtés homologues, et leurs surfaces entre elles comme les carrés de ces côtés.*

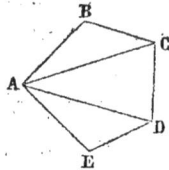

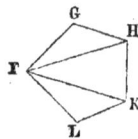

1° Les polygones ABCDE, FGHKL étant semblables, nous avons :

$$\frac{AB}{FG} = \frac{BC}{GH} = \frac{CD}{HK} = \ldots = \frac{AB+BC+CD+\ldots}{FG+GH+HK+\ldots};$$

donc les périmètres sont entre eux comme deux côtés homologues.

2° Traçons, par deux sommets homologues A et F, les diagonales dans chacun des polygones. Les deux triangles ABC, FGH étant semblables, nous avons :

$$\frac{ABC}{FGH} = \frac{AC^2}{FH^2}.$$

Les triangles semblables ACD, FHK donnent aussi :

$$\frac{ACD}{FHK} = \frac{AC^2}{FH^2} = \frac{AD^2}{FK^2}.$$

Les triangles semblables ADE, FKL donnent de même :

$$\frac{ADE}{FKL} = \frac{AD^2}{FK^2}.$$

Les rapports précédents étant égaux deux à deux, il en résulte que

$$\frac{ABC}{FGH} = \frac{ACD}{FHK} = \frac{ADE}{FKL} = \frac{ABC+ACD+ADE}{FGH+FHK+FKL},$$

donc les polygones ABCD, FGHK sont entre eux comme deux triangles semblables ABC, FGH, c'est-à-dire comme les carrés de deux côtés homologues AB, FG.

CorollAire.—Les périmètres de deux polygones réguliers

semblables sont entre eux comme les rayons des cercles inscrit et circonscrit. Leurs surfaces sont entre elles comme les carrés de ces rayons.

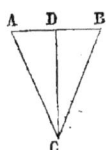

Soient AB, *ab* les côtés de deux polygones semblables et C, *c* leurs centres ; les deux triangles ABC, *abc* sont équiangles et par conséquent semblables. Il en est de même des triangles rectangles ADC, *adc* ; donc on a ·

$$\frac{\text{périmètre } AB}{\text{périmètre } ab} = \frac{AB}{ab} = \frac{AC}{ac} = \frac{CD}{cd},$$

et

$$\frac{\text{surface } AB}{\text{surface } ab} = \frac{AB^2}{ab^2} = \frac{AC^2}{ac^2} = \frac{CD^2}{cd^2}.$$

# CHAPITRE II.

## Relations entre les côtés d'un Triangle.

———

LEMME I.—*Le carré de la somme de deux lignes droites est égal à la somme des carrés de ces lignes augmentée de deux fois leur rectangle.*

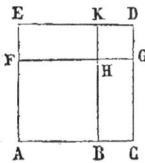

Sur la droite AC, égale à la somme des droites AB, BC je construis un carré AD; je prends sur le côté AE la droite AF égale à AB et je trace FG parallèle à AC, BK parallèle à AE. Ces deux lignes décomposent le carré AD en quatre parties : la première ABHF est le carré de AB, la seconde GDKH est le carré de BC et les deux autres BCGH, EFHK sont des rectangles ayant pour dimensions des lignes égales à AB et à BC; donc

$$(AB+BC)^2 = AB^2 + BC^2 + 2\,AB \times BC.$$

COROLLAIRE.—Si les droites AB, BC sont égales, on a :
$$AC^2 = 4\,AB^2.$$

LEMME II.—*Le carré de la différence de deux lignes droites est égal à la somme des carrés de ces lignes, diminuée de deux fois leur rectangle.*

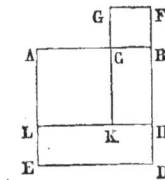

Soit AC la différence des deux droites AB, BC. Je fais sur AB et sur BC les carrés ABDE, BCGF; je prends sur AE la droite AL égale à AC et je prolonge GC jusqu'à la rencontre de LH, parallèle à AB. La somme des carrés de AB et de BC est décomposée en trois parties : La première ACKL est le carré de AC et les deux autres GKHF, DELH sont des rectangles ayant pour dimensions des lignes égales à AB et à BC; donc

$$(AB - BC)^2 = AB^2 + BC^2 - 2\,AB \times BC.$$

LEMME III.—*La différence de deux carrés est égale au rectangle de la somme et de la différence des côtés des deux carrés.*

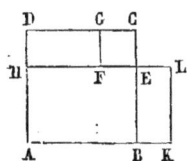

Soient ABCD, CEFG deux carrés, je prolonge EF jusqu'à la rencontre de AD et AB d'une quantité BK égale à GF. Les deux rectangles BELK, DGFH sont égaux, parce qu'ils ont des bases égales et des hauteurs égales; donc le rectangle AKLH est équivalent au polygone ABEFGD, différence des deux carrés donnés, et l'on a :        $AB^2 - BK^2 = (AB + BK)(AB - BK).$

### THÉORÈME I.

*Le carré du côté opposé à l'angle droit d'un triangle rectangle est égal à la somme des carrés des deux autres côtés.*

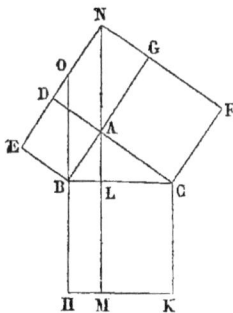

Je construis un carré sur chacun des côtés du triangle rectangle ABC et je trace, du sommet de l'angle droit BAC, la droite AM, perpendiculaire sur l'hypothénuse BC. La ligne AM partage le carré BK, fait sur l'hypothénuse, en deux rectangles BM, CM respectivement équivalents aux carrés AE, AF, faits sur les côtés de l'angle droit.

En effet, je prolonge les droites AM, BH jusqu'à la rencontre de ED, les deux triangles rectangles ABC, EBO sont égaux, parce que le côté AB est égal à EB et l'angle ABC égal à EBO; donc les hypothénuses BC, BO sont égales. Le rectangle BM et le parallélogramme ABON, qui ont des bases égales BH, BO et la même hauteur BL, sont équivalents ; le parallélogramme ABON est aussi équivalent au carré AE, parce qu'ils ont la même base AB et la même hauteur AD; donc le rectangle BM et le carré AE sont équivalents.

On démontrerait de même l'équivalence du rectangle CM du carré AF; donc on a :

$$BC^2 = AB^2 + AC^2.$$

COROLLAIRE.—Le carré ABCD est équivalent à la moitié du carré de sa diagonale AC.

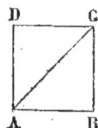

Car le triangle rectangle ABC donne :
$$AC^2 = AB^2 + BC^2 = 2 AB^2.$$
De cette égalité résulte la proportion :
$$AC^2 : AB^2 :: 2 : 1,$$
ou    $$AC : AB :: \sqrt{2} : 1;$$
donc le rapport de la diagonale au côté du carré est incommensurable.

### THÉORÈME II.

*Le carré du côté* AB, *opposé à l'angle aigu* C *du triangle* ABC, *est égal à la somme des carrés des deux autres côtés* AC, BC *du triangle, diminuée de deux fois le rectangle de l'un de ces côtés par la projection du second sur le premier.*

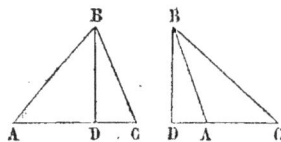

Soit BD perpendiculaire sur AC; on a, dans le triangle rectangle ABD :
$$AB^2 = BD^2 + AD^2.$$
Or   $AD^2 = (AC-CD)^2 = AC^2 + CD^2 - 2 AC \times CD;$
donc     $AB^2 = AC^2 + CD^2 + BD^2 - 2 AC \times CD.$

Le triangle BCD étant rectangle, on a aussi :
$$CD^2 + BD^2 = BC^2;$$
donc     $AB^2 = AC^2 + BC^2 - 2 AC \times CD.$

Scholie.—Si les trois côtés AB, AC, BC sont donnés, l'égalité précédente fait connaître la projection CD du côté BC sur AC. On en déduit la hauteur et l'aire du triangle ABC.

### THÉORÈME III.

*Le carré du côté* AB, *opposé à l'angle obtus* C *du triangle* ABC, *est égal à la somme des carrés des deux autres côtés* AC, BC *du triangle, augmentée de deux fois le rectangle de l'un de ces côtés par la projection du second sur le premier.*

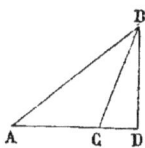

Soit BD perpendiculaire sur AC; on a dans le triangle rectangle ABD :

$$AB^2 = BD^2 + AD^2.$$

Or $\quad AD^2 = (AC + CD)^2 = AC^2 + CD^2 + 2\,AC \times CD.$

Donc $\quad AB^2 = AC^2 + CD^2 + BD^2 + 2\,AC \times CD.$

Le triangle BCD étant rectangle, on a aussi :

$$CD^2 + BD^2 = BC^2;$$

donc $\qquad AB^2 = AC^2 + BC^2 + 2\,AC \times CD.$

Scholie.—Si les trois côtés du triangle ABC sont donnés, l'égalité précédente sert à calculer la projection CD du côté BC sur AC. On en déduit la hauteur BD et l'aire du triangle.

### THÉORÈME IV.

*Calculer l'aire d'un triangle dont les trois côtés sont donnés.*

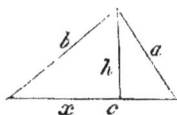

Soient $a$, $b$, $c$ les côtés du triangle donné et $a < b < c$. L'angle opposé au côté $a$ est aigu; donc, en désignant par $x$ la projection du côté $b$ sur $c$, on a l'égalité :

$$a^2 = b^2 + c^2 - 2c.x,$$

d'où                $$2c.x = b^2 + c^2 - a^2,$$

et                  $$x = \frac{b^2 + c^2 - a^2}{2c}.$$

Soit $h$ la perpendiculaire tracée de l'extrémité de $b$ sur $c$; on a :

$$h^2 = b^2 - x^2 = (b+x)(b-x);$$

donc      $$h^2 = \left(\frac{2bc + b^2 + c^2 - a^2}{2c}\right)\left(\frac{2bc - b^2 - c^2 + a^2}{2c}\right)$$

ou        $$h^2 = \left(\frac{(b+c)^2 - a^2}{2c}\right)\left(\frac{a^2 - (b-c)^2}{2c}\right),$$

et enfin  $$h^2 = \frac{(b+c+a)(b+c-a)(a+b-c)(a+c-b)}{4c^2}.$$

Or l'aire du triangle est égale à $\frac{c \times h}{2}$; donc

$$S = \frac{c \times h}{2} = \frac{1}{4}\sqrt{(a+b+c)(a+b-c)(a+c-b)(b+c-a)}$$

On peut donner à cette expression de l'aire d'un triangle une forme plus simple, en y introduisant le périmètre du triangle. En effet, soit ·

$$a+b+c = 2p;$$

on en déduit :     $$a+b-c = 2(p-c),$$
$$a+c-b = 2(p-b),$$
$$b+c-a = 2(p-a);$$

donc      $$S = \sqrt{p(p-a)(p-b)(p-c)}.$$

De là cette règle : *Faites la demi-somme des trois côtés du triangle, diminuez-la successivement de chacun des côtés; calculez le produit de ces trois différences et du demi-périmètre et prenez la racine carrée de ce produit.* Cette racine est égale à l'aire du triangle.

COROLLAIRE.—Si le triangle est équilatéral, on a : $c = b = a$, $p = \frac{3a}{2}$ et $p - a = \frac{a}{2}$; donc $S = \frac{a^2\sqrt{3}}{4}$.

### THÉORÈME V.

*La somme des carrés de deux côtés d'un triangle est égale à deux fois la somme des carrés de la moitié du troisième côté et de sa médiane.*

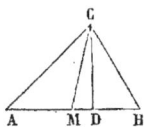

Soit M le milieu du côté AB du triangle ABC; la médiane CM partage ce triangle en deux autres qui ont au point M deux angles supplémentaires AMC, BMC. Traçons la perpendiculaire CD sur AB; le triangle ACM, dont l'angle CMA est obtus, donne :

$$AC^2 = CM^2 + AM^2 + 2 AM \times MD.$$

Nous avons aussi dans le triangle BCM dont l'angle CMB est aigu :
$$BC^2 = CM^2 + BM^2 - 2 BM \times MD.$$

Ajoutons ces égalités membre à membre, et réduisons; comme AM est égale à BM, nous aurons :

$$AC^2 + BC^2 = 2 CM^2 + 2 AM^2.$$

Corollaire.—Dans les triangles ABC qui ont une base commune AB et dont la somme des carrés des deux autres côtés est constante, la droite CM a aussi une valeur constante. Donc *le lieu des points, tels que la somme des carrés des distances de chacun d'entre eux à deux points fixes soit constante, est une circonférence dont le centre coïncide avec le milieu de la distance des deux points donnés.*

Scholie.—L'égalité précédente sert à calculer la médiane CM lorsque les trois côtés du triangle sont donnés.

### THÉORÈME VI.

*La différence des carrés de deux côtés d'un triangle est égale au rectangle du troisième côté par la projection de sa médiane sur sa direction.*

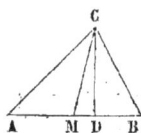

En effet, si l'on trace dans le triangle ABC la médiane CM et la perpendiculaire CD sur le côté AB, on a :

$$AC^2 = CM^2 + AM^2 + 2\,AM \times MD,$$
$$BC^2 = CM^2 + BM^2 - 2\,BM \times MD.$$

Retranchant ces égalités membre à membre et réduisant, on trouve, parce que AM est égale à BM :

$$AC^2 - BC^2 = 2\,AM \times MD,$$

ou
$$AC^2 - BC^2 = AB \times MD.$$

COROLLAIRE.—Dans les triangles ABC qui ont une base commune AB et dont la différence des carrés des deux autres côtés est constante, MD a aussi une valeur constante. Donc *le lieu des points, tels que la différence des distances de chacun d'entre eux à deux points fixes soit constante, est une droite perpendiculaire à celle qui passe par les points donnés.*

### THÉORÈME VII,

*Le rectangle de deux côtés d'un triangle est égal au carré de la bissectrice de leur angle, augmenté du rectangle des deux segments déterminés par la bissectrice sur le troisième côté.*

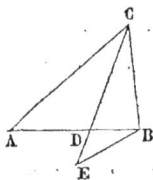

Soit CD la bissectrice de l'angle ACB du triangle ABC; faisons l'angle DBE égal à DCB et prolongeons CD jusqu'à la rencontre de BE. Les deux triangles ACD, ECB sont équiangles; car les deux angles ACD, ECB sont égaux, ainsi que les deux angles CDA, CBE; donc on a

$$AC : CD + DE :: CD : CB,$$

d'où
$$AC \times CB = CD^2 + DE \times CD.$$

Or les deux triangles ACD, EDB sont équiangles, et l'on a :
$$AD : DE :: CD : BD ;$$

donc
$$DE \times CD = AD \times BD,$$

et par conséquent
$$AC \times CB = CD^2 + AD \times BD.$$

SCHOLIE.—Cette égalité sert à calculer la longueur de la bissectrice CD, lorsqu'on connaît les trois côtés du triangle.

## THÉORÈME VIII.

*Le rectangle de deux côtés d'un triangle est égal à celui du diamètre du cercle circonscrit et de la perpendiculaire, tracée sur le troisième côté par le sommet opposé.*

Soit ABC un triangle inscrit dans le cercle dont CD est un diamètre; traçons CE perpendiculaire sur AB et joignons A à D. Les triangles rectangles ACD, BCE sont équiangles, puisque les angles CDA, CBE sont inscrits dans le même arc; donc

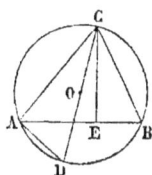

$$CA : CE :: CD : CB;$$

d'où
$$CA \times CB = CD \times CE.$$

COROLLAIRE.—*Le rayon du cercle circonscrit au triangle ABC est égal au produit des trois côtés divisé par le quadruple de l'aire du triangle.*

En effet, multiplions par AB les deux membres de l'égalité précédente; nous aurons :

$$CA \times CB \times AB = CD \times CE \times AB.$$

Or le produit $CE \times AB$ est égal au double de l'aire du triangle ABC; donc

$$CO = \frac{CA \times CB \times AB}{4\,ABC},$$

ou, en employant les notations du théorème IV :

$$R = \frac{a.b.c}{4\sqrt{p\,(p-a)\,(p-b)\,(p-c)}}.$$

## THÉORÈME IX.

1° *Le rayon du cercle inscrit dans un triangle est égal à l'aire de ce triangle, divisée par le demi-périmètre.*

*2° Le rayon d'un cercle ex-inscrit est égal à l'aire du trian-*
*gle, divisée par l'excès du demi-périmètre sur*
*le côté que ce cercle touche extérieurement.*

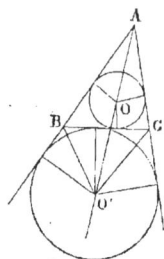

1° Soit O le centre du cercle inscrit au
triangle ABC ; si on le joint aux trois sommets, on décompose ABC en trois triangles,
ayant pour hauteur commune le rayon $r$
du cercle et l'on a :

$$AOB = \frac{AB}{2} \times r,$$

$$AOC = \frac{AC}{2} \times r,$$

$$BOC = \frac{BC}{2} \times r;$$

donc $\qquad ABC = \left( \frac{AB + AC + BC}{2} \right) r.$

En désignant par S la surface et par $2p$ le périmètre du
triangle ABC, on déduit de l'égalité précédente :

$$r = \frac{S}{p}.$$

2° Soit O′ le centre du cercle ex-inscrit qui touche extérieurement le côté BC. En supposant $BC = a$, $O'E = r'$ on a :

$$ABO' = \frac{AB}{2} \times r',$$

$$ACO' = \frac{AC}{2} \times r',$$

$$BCO' = \frac{BC}{2} \times r';$$

d'où $\qquad ABC = ABO' + ACO' - BCO = \left( \frac{AB + AC - BC}{2} \right) r;$

donc $\qquad r' = \frac{S}{p-a}.$

Corollaire.—*L'aire d'un triangle est égale à la racine carrée du produit des rayons du cercle inscrit et des trois cercles ex-inscrits.*

Car si on désigne par $r''$ et $r'''$ les rayons des cercles ex-inscrits, touchant extérieurement les côtés $b$ et $c$, on a :

$$r = \frac{S}{p}, \qquad r' = \frac{S}{p-a},$$

$$r'' = \frac{S}{p-b}, \quad r''' = \frac{S}{p-a},$$

d'où $\qquad rr'r''r''' = \dfrac{S^4}{p(p-a)(p-b)(p-c)} = S^2$

et $\qquad\qquad S = \sqrt{rr'r''r'''}.$

# CHAPITRE III.

## Relations entre les côtés d'un Quadrilatère.

---

*La somme des carrés des côtés. d'un quadrilatère convexe est égale à la somme des carrés des diagonales, augmentée de quatre fois le carré de la droite qui joint le milieu des diagonales.*

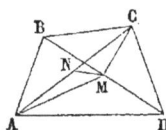

Soient M et N les milieux des diagonales BD, AC; je joins le point M aux points A, C, N. La droite AM étant une médiane du triangle ABD, on a :

$$AB^2 + AD^2 = 2 AM^2 + 2 DM^2.$$

Le triangle BCD, dont la droite CM est une médiane, donne aussi :
$$BC^2 + CD^2 = 2 CM^2 + 2 DM^2.$$

En ajoutant ces égalités membre à membre, on a :

$$AB^2 + AD^2 + BC^2 + CD^2 = 2 (AM^2 + CM^2) + 4 DM^2.$$

Or, la droite MN est une médiane du triangle ACM ; donc

$$AM^2 + CM^2 = 2 MN^2 + 2 CN^2$$

et $\quad AB^2 + AD^2 + BC^2 + CD^2 = 4 MN^2 + 4 CN^2 + 4 DM^2,$

ou $\quad AB^2 + AD^2 + BC^2 + CD^2 = 4 MN^2 + AC^2 + BD^2.$

CorOLLAIRE.—Si le quadrilatère est un parallélogramme, la droite MN est nulle, parce que les diagonales se coupent en leur milieu. Donc *la somme des carrés des côtés d'un parallélogramme est égale à la somme des carrés des diagonales.*

La réciproque est évidente.

## THÉORÈME II,

*Le produit des deux diagonales d'un quadrilatère inscrit est égal à la somme des produits des côtés opposés.*

Faisons au point B, sur BC, l'angle CBE égal à ABD. La droite BE partage le triangle ABC en deux triangles, qui sont semblables à ceux dans lesquels la diagonale BD décompose le quadrilatère. En effet, l'angle EBC étant égal à ABD et l'angle BCE égal à BDA, les triangles BCE, ABD sont équiangles et donnent :

$$BD : BC :: AD : CE,$$

d'où $$BD \times CE = BC \times AD.$$

De même, les triangles ABE, BDC étant équiangles, on a :

$$BD : BA :: DC : AE,$$

d'où $$BD \times AE = BA \times DC.$$

Ajoutant ces égalités membre à membre et remarquant que $AE + CE = AC$, on trouve :

$$BD \times AC = BC \times AD + BA \times DC.$$

## THÉORÈME III.

*Les diagonales AC, BD d'un quadrilatère inscrit ABCD sont entre elles comme la somme des produits des deux côtés, passant par chacune des extrémités de la première diagonale, est à la somme des produits des deux côtés qui aboutissent à chacune des extrémités de la seconde diagonale.*

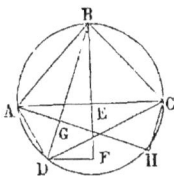

Traçons BF perpendiculaire à la diagonale AC du quadrilatère ABCD, jusqu'à la rencontre de DF, parallèle à cette diagonale, et désignons par D le diamètre du cercle circonscrit. Le triangle ABC étant inscrit dans ce cercle, on a : $AB \times BC = BE \times D$.

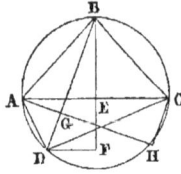

Le triangle ACD, inscrit dans le même cercle, donne aussi :

$$AD \times DC = EF \times D;$$

donc $AB \times BC + AD \times DC = BF \times D.$

En considérant les deux triangles ABD, BCD dans lesquels la diagonale BD décompose le quadrilatère et traçant AH perpendiculaire à BD, jusqu'à la rencontre de CA parallèle à cette diagonale, on trouve aussi :

$$AB \times AD + BC \times DC = AH \times D;$$

donc
$$\frac{AB \times BC + AD \times DC}{AB \times AD + BC \times DC} = \frac{BF}{AH}.$$

Les triangles rectangles DBF, ACH sont équiangles ; car les deux angles DBF, CAH sont égaux parce qu'ils ont leurs côtés perpendiculaires ; donc

$$\frac{BF}{AH} = \frac{BD}{AC},$$

et l'on a :
$$\frac{BD}{AC} = \frac{AB \times BC + AD \times DC}{AB \times AD + BC \times DC}.$$

Corollaire.—Les deux proportions précédentes font connaître les diagonales d'un quadrilatère inscrit dont les côtés sont donnés. On peut calculer ensuite le diamètre du cercle circonscrit et l'aire du quadrilatère.

# CHAPITRE IV.

## Des Polygones réguliers.

———

PROBLÈME I.—*Inscrire un carré dans un cercle.*

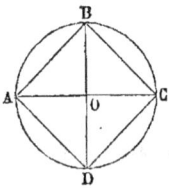

Tracez deux diamètres AC, BD perpendiculaires l'un sur l'autre et joignez les extrémités consécutives de ces diamètres. Le quadrilatère ABCD est un carré, puisque la circonférence est divisée en quatre arcs égaux par les diamètres perpendiculaires.

Le triangle ABO étant rectangle, on a :

$$AB^2 = AO^2 + BO^2 = 2\,AO^2\,;$$

donc *le carré inscrit est le double du carré du rayon.*

COROLLAIRE.—On déduit de l'égalité précédente la proportion :

$$AB : AO :: \sqrt{2} : 1,$$

qui sert à calculer l'un des termes AB, AO lorsque l'autre est donné.

SCHOLIE.—En divisant en 2, 4, 8, 16, etc., parties égales chacun des arcs sous-tendus par les côtés du carré, on inscrit les polygones réguliers de 8, 16, 32, etc., côtés.

PROBLÈME II.—*Inscrire un hexagone régulier dans un cercle.*
Je dis que le côté de l'hexagone régulier inscrit est égal

au rayon. En effet, soit AB un arc dont la corde égale le rayon AO; le triangle ABO est équilatéral et l'angle AOB égal au tiers de 2 droits ou au sixième de 4 droits. Donc l'arc AB est la sixième partie de la circonférence.

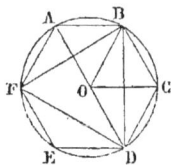

CorollaIRE.—*Le carré du côté du triangle équilatéral inscrit est égal au triple du carré du rayon.*

L'hexagone étant inscrit, si l'on joint les sommets de deux en deux, on a le triangle équilatéral BDF. Or le triangle rectangle ABD donne :

$$BD^2 = AD^2 - AB^2 = 4AO^2 - AO^2;$$
donc
$$BD^2 = 3AO^2,$$
et
$$BD : AO :: \sqrt{3} : 1.$$

ScholiE.—Par la division de l'arc, sous-tendu par le côté de l'hexagone, en 2, 4, 8, etc., parties égales, on inscrit les polygones réguliers de 12, 24, 48, etc., côtés.

ProblÈme III.—*Inscrire un décagone régulier dans un cercle.*

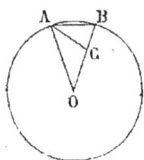

Je dis que le côté du décagone régulier est égal au plus grand segment OC du rayon OB divisé par le point C en moyenne et extrême raison. En effet, soit AB une corde égale à OC; je joins le point A aux points O et C; on a, par hypothèse :

$$BO : CO :: CO : BC,$$
ou
$$AO : AB :: CO : BC;$$

donc la droite AC divise l'angle BAO du triangle OAB en deux parties égales.

La même proportion

$$BO : AB :: AB : BC$$

prouve que les triangles OAB, CAB ont un angle commun compris entre des côtés proportionnels; donc ils sont équiangles et l'angle BAC, moitié de BAO, est égal à AOB. Chacun des angles BAO, ABO du triangle isocèle OAB étant le double de AOB, l'angle au centre AOB est contenu 5 fois dans 2 droits ou 10 fois dans 4 droits. Donc l'arc AB est égal au dixième de la circonférence et sa corde est le côté du décagone régulier.

COROLLAIRE.—R étant le rayon du cercle, le côté du décagone régulier est égal à $\dfrac{R\,(\sqrt{5}-1)}{2}$.

SCHOLIE.—Si l'on joint de deux en deux les sommets du décagone régulier, on forme le pentagone régulier.

En divisant en 2, 4, 8, etc. parties égales les arcs soustendus par les côtés du décagone, on inscrit les polygones réguliers de 20, 40, 80, etc., côtés.

PROBLÈME IV.—*Inscrire un pentédécagone régulier dans un cercle donné.*

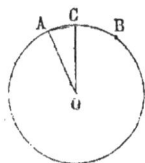

La fraction $\dfrac{1}{15}$ étant égale à la différence des fractions $\dfrac{1}{6}$ et $\dfrac{1}{10}$, prenez un arc AB égal au sixième de la circonférence AO et diminuez-le de l'arc BC égal au dixième de cette circonférence, le reste en sera le quinzième; donc la corde AC est le côté du pentédécagone régulier.

SCHOLIE.—On inscrit les polygones réguliers de 30, 60, 120, etc., côtés en divisant en 2, 4, 8, etc., parties égales les arcs sous-tendus par les côtés du pentédécagone.

PROBLÈME V.—*Étant donnés le rayon d'un cercle et le côté d'un polygone régulier inscrit, calculer le côté et l'aire du polygone circonscrit semblable.*

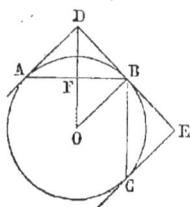

Soit ABC... le polygone inscrit; je trace les tangentes par les sommets A, B, C, etc., le polygone circonscrit ADEC... est régulier et semblable au polygone inscrit. Je désigne le rayon OB par $r$, le côté BA par $c$ et le côté DE par $x$. Les deux triangles rectangles DBO, BFO étant équiangles, on a :

$$DB : BF :: BO : FO,$$

ou

$$\frac{x}{2} : \frac{c}{2} :: r : \sqrt{r^2 - \frac{c^2}{4}};$$

donc

$$x = \frac{cr}{\sqrt{r^2 - \frac{c^2}{4}}}.$$

Soient $n$ le nombre de côtés du polygone, S sa surface; l'aire du triangle DEO étant égal à BO × BD, on a :

$$S = \frac{ncr^2}{\sqrt{r^2 - \frac{c^2}{4}}}.$$

SCHOLIE.—Si on suppose $n = 3$, $c = r\sqrt{3}$, on a : $x = 2r\sqrt{3}$, $S = 3r^2\sqrt{3}$ pour le côté et l'aire du triangle équilatéral circonscrit.

PROBLÈME VI.—*Étant donnés les périmètres* p, P *d'un polygone régulier inscrit et du polygone semblable circonscrit, calculer les périmètres* p, P *des polygones inscrit et circonscrit d'un nombre de côtés double.*

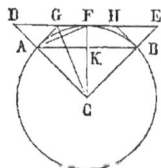

Soit AB le côté du polygone inscrit dans le cercle AC. Je trace le rayon CF perpendiculaire à AB et la tangente DE au point F, jusqu'à la rencontre des rayons CA, CB. La droite DE est le côté du polygone circonscrit semblable au polygone inscrit. Je joins le point A à F et je mène les tangentes AG, BH. Les droites AF, GH sont les côtés des polygones inscrit et circonscrit d'un nombre de côtés double.

1° Soit $n$ le nombre des côtés du polygone AB; on a :

$$p = AB \times n, \qquad P = ED \times n,$$
$$p' = AF \times 2n, \qquad P' = GH \times 2n.$$

La droite ED étant le double de DF, ces égalités donnent :

$$P' : P :: GH : DF;$$

mais, la ligne CG divisant l'angle FCD en deux parties égales,

on a : $\qquad\qquad$ GF : DG :: CF : CD :: $p$ : P,

et par suite :

$$2\,GF \text{ ou } GH : DF :: 2p : P + p;$$

donc $\qquad\qquad$ P' : P :: $2p$ : P $+p$,

proportion de laquelle on déduit :

$$P' = \frac{2\,P\,p}{P+p}.$$

2° Des deux égalités P$=$AB$\times n$, $p'=$AF$\times 2n$, il résulte que

$$P : p' :: AK : AF$$

Or les triangles rectangles AFK, CFG sont équiangles, puisque les angles FAK, FCG ont leurs côtés perpendiculaires, et l'on a :

$$AK : AF :: CK : CF :: p' : P';$$

donc $\qquad\qquad$ P : $p'$ :: $p'$ : P'

et $\qquad\qquad\qquad$ $p' = \sqrt{P \times P'}.$

Scholie. — On a : $P' - p' < \dfrac{1}{4}\,(P-p).$

Problème VII.—*Étant données les aires* A, B *des polygones réguliers semblables, inscrit et circonscrit au même cercle, calculer les aires* A', B' *des polygones réguliers, inscrit et circonscrit d'un nombre de côtés double.*

En faisant les mêmes constructions que dans le problème précédent on a :

$$A = n.\,ABC, \qquad B = n.\,DEC$$
$$A' = 2n.\,AFC, \qquad B' = 2n.\,GHC;$$

donc $A : A' :: ACK : AFC :: CK : CF,$

et $\quad A' : B :: AFC : DFC :: CA : CD.$

Or, les triangles équiangles ACK, DCF donnent :

$$CK : CF :: CA : CD;$$

donc $\qquad\qquad A : A' :: A' : B,$

et $\qquad\qquad A' = \sqrt{A.\,B}.$

On a aussi : $\quad B' : B :: GCH : DCF :: 2\,GF : DF;$

mais $\qquad GF : DG :: CF : CD :: CK : CF :: A : A',$

d'où $\qquad\qquad 2\,GF : DF :: 2\,A : A + A';$

donc $\qquad\qquad B' : B :: 2\,A : A + A',$

et . $\qquad\qquad B' = \dfrac{2\,AB}{A + A'}.$

SCHOLIE.—On a : $\quad B' - A' < \dfrac{1}{4}(B - A)$

PROBLÈME VIII.—*Étant donnés le rayon* r *et l'apothème* a *d'un polygone régulier, calculer le rayon* r' *et l'apothème* a' *du polygone régulier, équivalent au polygone donné et d'un nombre de côtés double.*

Soient C le centre et AB le côté du polygone donné ; on a : $AC = r$, $CD = a$. Pour construire le polygone équivalent au polygone donné et d'un nombre de côtés double je transforme le triangle ACD, moitié de ACB, en un triangle isocèle GCE qui lui soit équivalent. Alors GE est le côté et C le centre du polygone demandé ; donc $CE = r'$, $CF = a'$.

Les triangles ACD, GCE étant équivalents et ayant un angle commun, on a :

$$CE^2 = CA \times CD;$$

donc $\qquad\qquad r' = \sqrt{r.\,a}.$

Les triangles rectangles AHD, CFE sont équiangles et donnent :

$$CF : DH :: CE : AH,$$

ou

$$a' : a+r :: r' : \sqrt{2r(a+r)};$$

donc

$$a' = \frac{(a+r)\,r'}{\sqrt{2r(a+r)}} = \sqrt{\frac{a(a+r)}{2}}.$$

Scholie.—On a : $\quad r'-a' < \dfrac{1}{4}\,(r-a).$

Problème IX.—*Étant donnés le rayon* r *et l'apothème* a *d'un polygone régulier, calculer le rayon* r' *et l'apothème* a' *du polygone régulier isopérimètre d'un nombre de côtés double.*

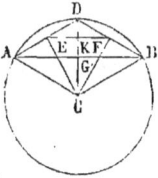

Soient C le centre et AB le côté du polygone donné; on a : $CA = r, CG = a.$ Tracez le rayon CD perpendiculaire sur AB et joignez le point D aux points A et B. La droite EF qui passe par les milieux E, F des cordes AD, BD est parallèle à AB et égale à la moitié de cette droite; donc c'est le côté du polygone isopérimètre d'un nombre de côtés double. L'angle ECF étant la moitié de l'angle ACB, le point C est aussi le centre du polygone régulier et l'on a :

$$CE = r', \qquad CK = a'.$$

La droite EF divise DG en deux parties égales; donc

$$CK = \frac{CD + CG}{2},$$

ou

$$a' = \frac{r + a}{2}.$$

Le triangle rectangle ECD donne aussi .

$$CE^2 = CD \times CK,$$

ou

$$r'^2 = r.\,a;$$

donc

$$r' = \sqrt{r.\,a'}.$$

Scholie.—On a : $r'-a' < \dfrac{1}{4}\,(r-a).$

# CHAPITRE V.

## Mesure de la Circonférence ;—Aire du Cercle.

––––––

**1**—On désigne sous le nom de *variable* toute quantité qui, dans une question donnée, peut recevoir successivement plusieurs valeurs.

Une variable est *indépendante* lorsque ses valeurs sont entièrement arbitraires ; elle est *dépendante* ou *fonction* d'autres quantités lorsque les valeurs qu'elle prend sont déterminées par celles de ces quantités.

Ainsi l'aire d'un triangle est une variable dépendante ou une fonction de la base et de la hauteur qui sont des variables indépendantes.

**2**—On appelle *limite* d'une quantité variable une quantité fixe dont elle approche indéfiniment sans pouvoir l'égaler.

Il résulte de cette définition que si une quantité variable a une limite, elle n'en a qu'une, puisqu'elle ne peut tendre simultanément vers deux quantités finies et inégales.

LEMME I.—*Si deux quantités variables* v, v' *tendent vers les limites* l, l' *et qu'en s'en approchant elles restent toujours égales ; leurs limites sont aussi égales.*

Car, les variables $v$, $v'$ étant constamment égales, on a :

$$l - v' = l - v;$$

donc $v'$ s'approche indéfiniment de la quantité fixe $l$, en même temps que $v$, et sa limite $l'$ est égale à $l$.

LEMME II.—*Si deux quantités variables* v, v′ *ont pour limite* 1 *et* 1′, *la somme* v+v′ *a pour limite* 1+1′.

En effet, on a :

$$(l+l') - (v+v') = (l-v) + (l'-v').$$

Or les différences $l-v$, $l'-v'$ diminuent indéfiniment, à mesure que $v$ et $v'$ tendent vers leurs limites $l$, $l'$; donc la somme $v+v'$ approche indéfiniment de la quantité fixe $l+l'$.

COROLLAIRE.—On démontre de même que la différence $v-v'$ a pour limite $l-l'$.

LEMME III.—*Si une quantité variable* v *a pour limite* 1 *et que* m *soit une quantité constante, le produit* v × m *a pour limite* 1 × m.

On a :         $lm - vm = (l-v)\,m.$

Or la différence $l-v$ diminue indéfiniment à mesure que $v$ approche de sa limite $l$; donc le produit $vm$ tend indéfiniment vers $lm$.

COROLLAIRE.—On démontre de même que le quotient $\dfrac{v}{m}$ a pour limite $\dfrac{l}{m}$.

Deux arcs sont *semblables* lorsqu'ils sont interceptés sur deux circonférences inégales par des angles au centre égaux.

Deux secteurs, deux segments sont *semblables* si les angles au centre correspondants sont égaux.

Une ligne courbe est *convexe* lorsqu'elle est tout entière d'un même côté de sa tangente en chacun de ses points.— La circonférence de cercle est une ligne convexe.

*Une ligne courbe convexe ne peut être rencontrée en plus de deux points par une ligne droite.*

Démonstration analogue à celle du périmètre du polygone convexe.

## THÉORÈME I.

*Toute ligne polygonale convexe ABCD est moindre qu'une ligne quelconque AEFGD qui l'enveloppe et a les mêmes extrémités A et D.*

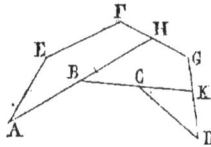

Je prolonge les droites AB, BC jusqu'à la rencontre de la ligne enveloppante, aux points H et K. La plus courte distance de deux points étant mesurée par la droite qui les joint, on a les inégalités :

$$AB + BH < AE + EF + FH,$$
$$BC + CK < BH + HG + GK,$$
$$CD < CK + KD.$$

En les ajoutant membre à membre et supprimant les lignes BH, CK communes aux deux membres de la nouvelle inégalité, on trouve :

$$AB + BC + CD < AE + EF + FH + HG + GK + KD.$$

Scholie.—On prouverait de même qu'une ligne polygonale convexe est moindre qu'une ligne quelconque qui l'enveloppe de toutes parts.

## THÉORÈME II.

1° *La circonférence est la limite des périmètres des polygones réguliers inscrits et circonscrits ;*

2° *Le cercle est la limite de leurs surfaces.*

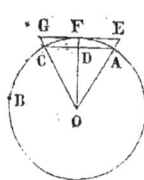

1° Soient $p$ et $P$ les périmètres des polygones réguliers de $n$ côtés, inscrit et circonscrit au cercle AO. Si on fait croître indéfiniment le nombre $n$ des côtés de ces polygones, la variable $p$ croît sans cesse, en restant toutefois moindre que circ. AO, tandis que la variable P décroît, en restant plus grande que circ. AO. Pour démontrer que cette circonférence est une limite commune aux deux variables $p$, P, il suffit de prouver que la différence P—$p$ diminue indéfiniment à mesure que le nombre $n$ augmente.

Soient AC le côté du polygone $p$ et EG celui du polygone P, on a :

$$P : p :: OF : OD,$$

d'où

$$P—p : P :: DF : OF.$$

et

$$P—p = \frac{P \times DF}{OF}.$$

Or la ligne DF est moindre que la corde de l'arc AF, c'est-à-dire moindre que le côté du polygone régulier de $2n$ côtés, et ce côté diminue indéfiniment à mesure que $n$ augmente; de plus le périmètre P va aussi en décroissant et le rayon OF est constant; donc P—$p$ décroît indéfiniment. Donc la circonférence est la limite des périmètres P et $p$.

2° S et $s$ étant les aires de ces mêmes polygones réguliers, on a :

$$S : s :: OF^2 : OD^2,$$

d'où

$$S—s : S :: OF^2—OD^2 : OF^2,$$

et

$$S—s = \frac{S \times AD^2}{OF^2}.$$

Mais AD est moindre que le côté du polygone régulier de $2n$ côtés, lequel diminue indéfiniment lorsqu'on fait croître le nombre $n$; donc la différence S—$s$ tend vers zéro; on sait aussi que la variable S est toujours plus grande que le cercle AO et la variable $s$ toujours moindre; donc le cercle est la limite des aires S et $s$.

### THÉORÈME III.

1° *Les circonférences sont entre elles comme leurs rayons;*

2° *Les cercles sont entre eux comme les carrés des rayons.*

1° Soient P et $p$ les périmètres des polygones réguliers de $n$ côtés, circonscrits l'un au cercle $r$ et l'autre au cercle R ;

si on suppose que le nombre $n$ croisse indéfiniment, les variables $\dfrac{P}{R}, \dfrac{p}{r}$ ont respectivement pour limites $\dfrac{circ.\,R}{R}$ et $\dfrac{circ.\,r}{r}$. Or, les périmètres de deux polygones réguliers, du même nombre de côtés, étant proportionnels à leurs rayons, les deux variables $\dfrac{P}{R}, \dfrac{p}{r}$ sont constamment égales; donc leurs limites sont les mêmes et l'on a :

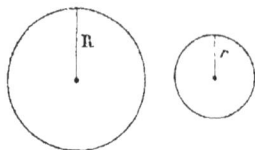

$$\frac{circ.\,R}{R} = \frac{circ.\,r}{r}.$$

2° On prouverait par un raisonnement analogue que

$$\frac{cercle\ R}{R^2} = \frac{cercle\ r}{r^2}.$$

COROLLAIRE I.—*Le rapport d'une circonférence à son diamètre est constant.*

En effet, de l'égalité

$$\frac{circ.\,R}{R} = \frac{circ.\,r}{r}$$

on déduit :
$$\frac{circ.\,R}{2\,R} = \frac{circ.\,r}{2\,r}.$$

Si on convient de désigner ce rapport par $\pi$, on a :

$$\frac{circ.\,R}{2\,R} = \pi;$$

d'où
$$circ.\,R = 2\,\pi R.$$

COROLLAIRE II.—Calculer la longueur d'un arc dont le rayon R et le nombre $n$ de degrés sont donnés.

La circonférence ou l'arc de 360° étant égal à $2\,\pi R$, la longueur de l'arc d'un degré est exprimée par $\dfrac{2\,\pi R}{360}$ et l'arc de $n$ degrés est égal à $\dfrac{\pi R n}{180}$.

## THÉORÈME IV.

1° *Deux arcs semblables sont entre eux comme leurs rayons.*

2° *Deux secteurs semblables sont entre eux comme les carrés des rayons.*

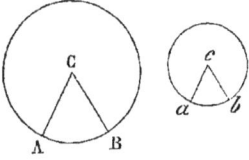

1° Supposons, dans les deux cercles AC, *ac*, les angles au centre ACB *acb* égaux entre eux, les arcs AB, *ab* qu'ils interceptent sont semblables.

Or $ab : circ.\ ac :: acb : 4\,dr.$

$AB : circ.\ AC :: ACB : 4\,dr.$

donc $ab : AB :: circ.\ ac : circ.\ AC :: ac : AC.$

2° On a aussi :

$sect.\ acb : cercle\ ac :: acb : 4\,dr.$

$sect.\ ACB : cercle\ AC :: ACB : 4\,dr.$

donc $sect.\ acb : sect.\ ACB :: cercle\ ac : cercle\ AC :: ac^2 : AC^2.$

COROLLAIRE.—Deux angles ACB, *acb* qui ont leurs sommets C, *c* aux centres de deux cercles différents CA, *ca*, sont entre eux comme les rapports $\frac{AB}{AC}$, $\frac{ab}{ac}$ des arcs qu'ils interceptent, aux rayons de ces arcs.

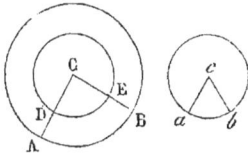

Si on décrit du point C comme centre, avec le rayon *ac*, l'arc DE entre les côtés de l'angle ACB, on a :

$$ACB : acb :: DE : ab :: \frac{DE}{ac} : \frac{ab}{ac}.$$

Or les arcs DE, AB sont semblables, et

$$DE : ac :: AB : AC;$$

donc $ACB : acb :: \frac{AB}{AC} : \frac{ab}{ac}.$

11

**THÉORÈME V.**

*L'aire du cercle est égale au produit de la circonférence par la moitié du rayon.*

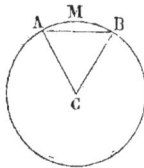

Soient S l'aire et P le périmètre d'un polygone régulier circonscrit au cercle dont le rayon est R; si le nombre des côtés de ce polygone croît indéfiniment, la variable S a pour limite le cercle R; on a aussi circ. $R \times \dfrac{R}{2}$ pour la limite de la variable $P \times \dfrac{R}{2}$.

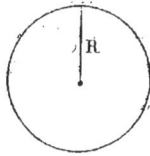

Or, l'aire de chaque polygone étant égale au produit de son périmètre par la moitié du rayon du cercle inscrit, les variables S et $P \times \dfrac{R}{2}$ sont constamment égales; donc leurs limites sont les mêmes et l'on a :

$$cercle\ R = circ.\ R \times \frac{R}{2}.$$

Corollaire I.—Si, dans cette expression de l'aire du cercle, on remplace circ. R. par $2\pi R$, on trouve :

$$cercle\ R = \pi R^2,$$

formule plus commode que la précédente pour la résolution des problèmes relatifs au cercle.

Corollaire II. — *L'aire d'un secteur est égale au produit de la longueur de son arc par la moitié du rayon.*
On a :
sect. ACB : cercle AC :: arc AB : circ.AC,
ou sect.ACB : circ.AC $\times$ AC :: arc AB : circ.AC;
donc      sect. ACB $=$ arc AB $\times$ AC.

Soient $r$ le rayon du cercle AC, $n$ le nombre des degrés

de l'arc AB; on a $\frac{\pi r n}{180}$ pour la longueur de cet arc; donc

le secteur ACB est égal à $\frac{\pi r n}{180} \times \frac{r}{2}$, c'est-à-dire à $\frac{\pi r^2 n}{360}$.

SCHOLIE.—Le segment AMB est égal à la différence du secteur ACB et du triangle ACB.

PROBLÈME.—*Calculer le rapport de la circonférence au diamètre avec une approximation donnée.*

Les deux formules

$$circ. \, R = 2\pi R, \qquad cercle \, R = \pi R^2,$$

desquelles on déduit :

$$\pi = \frac{circ. \, R}{2R}, \qquad \pi = \frac{cercle \, R}{R^2},$$

conduisent à quatre solutions du problème proposé; car on peut y considérer, comme donnée du problème, le rayon, la circonférence ou l'aire du cercle. Nous allons exposer celle dans laquelle on connaît la circonférence et qui est due au géomètre allemand SCHWAB.

Proposons-nous de calculer le valeur du nombre $\pi$ à $\frac{1}{10^m}$ près et prenons une circonférence égale à 2 mètres; en désignant par $x$ son rayon, nous aurons :

$$\pi = \frac{2}{2x} = \frac{1}{x}.$$

Démontrons d'abord que $x$ est la limite des rayons et des apothèmes des polygones réguliers dont le périmètre est égal à $2^m$.

Soient $r'$, $r''$, $r'''$,... les rayons et $a'$, $a''$, $a'''$,... les apothèmes des polygones réguliers de $n$, $2n$, $4n$,... côtés, dont le périmètre est égal à la circonférence donnée. Le périmètre de chacun de ces polygones étant moindre que la circonférence qui lui est circonscrite et plus grand que la circonférence inscrite, on a pour l'un quelconque d'entre eux :

$$2\pi r_k > 2\pi x > 2\pi a_k,$$

ou
$$r_k > x > a_k;$$

donc 1° le rayon $x$ de la circonférence donnée est compris entre l'apothème et le rayon de chaque polygone régulier isopérimètre.

On voit sur la figure ou par les formules $r'' = \sqrt{r'a''}$, $a'' = \dfrac{r'+a'}{2}$, que chaque rayon $r''$ est moindre que le précédent $r'$, tandis que l'apothème $a''$ est plus grand que $a'$. De là résulte que les rayons $r'$, $r''$, $r'''$,... forment une série décroissante dont les termes sont plus grands que $x$ et les apothèmes $a'$, $a''$, $a'''$,... une série croissante dont les termes sont, au contraire, moindres que $x$. Or, la différence de deux termes de même rang dans les deux séries décroît indéfiniment si l'on fait croître indéfiniment le nombre des côtés,

car on a : 
$$r'' - a'' < \frac{1}{4}(r' - a'),$$
$$r''' - a''' < \frac{1}{4}(r'' - a'') < \frac{1}{4^2}(r' - a'),$$
$$r'''' - a'''' < \frac{1}{4}(r''' - a''') < \frac{1}{4^3}(r' - a');$$

. . . . . . . . . . . . . . . .

donc 2° ces deux séries ont la même limite qui est le rayon $x$.

Il s'agit maintenant de calculer une valeur approchée de cette limite, telle que le nombre $\pi$ ou $\dfrac{1}{x}$ puisse être déterminé à $\dfrac{1}{10^m}$ près. Supposons $n = 4$ et calculons les rayons et les apothèmes du carré de l'octogone régulier, du polygone de 16 côtés,... ayant chacun un périmètre de 2 mètres. On a pour le carré :
$$a' = \frac{1}{4}, \qquad r' = \frac{\sqrt{2}}{4};$$

pour l'octogone :
$$a = \frac{r'+a'}{2}, \qquad r'' = \sqrt{r'.a''};$$

pour le polygone de 16 côtés :

$$a''' = \frac{r'' + a''}{2}, \quad r''' = \sqrt{r''.a'''};$$

et ainsi de suite. Si on s'arrête au polygone de 4k côtés, le nombre $\pi$ étant compris entre $\frac{1}{a_k}$ et $\frac{1}{r_k}$, il faut qu'on ait :

$$\frac{1}{a_k} - \frac{1}{r_k} < \frac{1}{10^m},$$

ou

$$r_k - a_k < \frac{a_k r_k}{10^m};$$

mais $a_k$ et $r_k$ sont moindres que $a$, c'est-à-dire moindres que $\frac{1}{4}$; donc on doit avoir :

$$r_k - a_k < \frac{1}{16.\,10^m}.$$

On satisfait à cette condition en déterminant $r_k$ et $a_k$ de sorte que l'on ait :

$$r_k - a_k < \frac{1}{10^{m+2}}.$$

Si on observe que la moyenne arithmétique des nombres $0$ et $\frac{1}{2}$ est $\frac{1}{4}$ et la moyenne géométrique des nombres $\frac{1}{2}, \frac{1}{4}$ est $\frac{\sqrt{2}}{4}$, on a cette règle pour calculer le nombre $\pi$ avec une approximation donnée :

*Formez une suite de nombres dont les deux premiers soient $0$ et $\frac{1}{2}$ et tels que chacun des suivants soit alternativement moyen arithmétique et moyen géométrique entre les deux précédents. Continuez le calcul jusqu'à ce que deux termes consécutifs aient les $m+2$ premières décimales communes, puis divisez le nombre 1 par l'un quelconque de ces termes, en calculant dans cette division $m$ chiffres décimaux. Le quotient sera la valeur de $\pi$, à $\frac{1}{10^m}$ près.*

Voici le tableau des valeurs des rayons et des apothèmes

166 LEÇONS DE GÉOMÉTRIE.

des polygones de 4, 8, 16,... 8192 côtés, pour calculer $\pi$ à un cent-millième près :

| Nombre des côtés. | Apothèmes. | Rayons. |
|---|---|---|
| 4 ... | $a_1 = 0,2500000$ ... | $r_1 = 0,3535534$ |
| 8 ... | $a_2 = 0,3017767$ ... | $r_2 = 0,3266407$ |
| 16 ... | $a_3 = 0,3142087$ ... | $r_3 = 0,3203644$ |
| 32 ... | $a_4 = 0,3162867$ ... | $r_4 = 0,3188217$ |
| 64 ... | $a_5 = 0,3180541$ ... | $r_5 = 0,3184377$ |

La première moitié des chiffres de $a_5$ et $r_5$ étant la même, on peut remplacer leur moyenne géométrique par leur moyenne arithmétique qui n'en diffère qu'au delà de la septième décimale. En opérant de même pour les termes suivants, on réduit le calcul à prendre des moyennes arithmétiques et l'on trouve :

| | | |
|---|---|---|
| 128 ... | $a_6 = 0,3182459$ ... | $r_6 = 0,3183418$ |
| 256 ... | $a_7 = 0,3182939$ ... | $r_7 = 0,3183178$ |
| 512 ... | $a_8 = 0,3183058$ ... | $r_8 = 0,3183118$ |
| 1024 ... | $a_9 = 8,3183088$ ... | $r_9 = 0,3183103$ |
| 2048 ... | $a_{10} = 0,3183096$ ... | $r_{10} = 0,3183099$ |
| 4096 ... | $a_{11} = 0,3183097$ ... | $r_{11} = 0,3183098$ |
| 8192 ... | $a_{12} = 0,3182098$ ... | $r_{12} = 0,3183098$. |

Donc la valeur de $\pi$ est :

$$\frac{1}{0,3183098} = 3,14159,$$

à un cent-millième près.

Scholie.—Archimède est le premier géomètre qui ait trouvé deux limites du nombre incommensurable $\pi$; ces limites sont $3\frac{10}{70}$ et $3\frac{10}{71}$. On emploie généralement la première $\frac{22}{7}$ qui surpasse $\pi$ de moins d'un centième.

Métius a donné pour valeur approchée de ce rapport la fraction $\frac{355}{113}$ qui n'en diffère pas d'un cent-millième. Enfin d'autres géomètres ont trouvé le nombre $\pi$ égal à 3,14159265358979....

# CHAPITRE VI.

## Construction de Figures équivalentes.

———

PROBLÈME I.—*Faire sur la droite* AB *un rectangle équiva-*
*lent au rectangle* FDE.

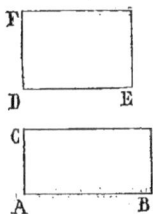

Soit AC la hauteur inconnue du rectangle demandé. Les deux rectangles CB,
FE devant être équivalents; il faut que
$$CA \times AB = FD \times DE,$$
c'est-à-dire que
$$AB : DE :: FD : CA.$$
Donc la hauteur CA est une quatrième
proportionnelle aux trois droites AB, DE, FD.


PROBLÈME II.—*Faire un rectangle équivalent à un carré*
*donné* A *et dont la somme de la base et de la hauteur soit égale*
*à une droite donnée* BC.

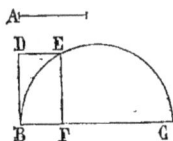

Décrivez une demi-circonférence sur
la droite BC comme diamètre; tracez BD
perpendiculaire sur BC et égale au côté
A du carré donné; menez la droite DE
parallèle à BC jusqu'à la rencontre de la
circonférence au point E et la droite EF perpendiculaire
au diamètre BC. Les deux segments BF, CF de la droite BC
sont les côtés du rectangle, car on a :
$$BF \times CF = EF^2 = A^2.$$


COROLLAIRE.—Le problème n'est possible qu'autant que

BD est au plus égale au rayon de la circonférence, c'est-à-dire que le côté du carré ne doit pas surpasser la moitié de la droite AB.

PROBLÈME III.—*Faire un rectangle équivalent à un carré donné* A *et dont la différence de la base et de la hauteur soit égale à une droite donnée* BC.

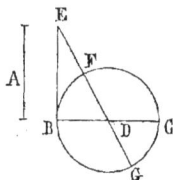

Décrivez une circonférence sur BC comme diamètre; tracez par le point B la tangente BE; prenez sur cette droite une longueur BE égale au côté A du carré donné et tirez la sécante EG par le centre D du cercle. Les droites EG, EF sont les deux côtés du rectangle.

En effet, leur différence FG est égale à BC et leur produit EF × EG est égal à BE².

PROBLÈME IV,—*Faire un carré équivalent à un triangle, à un parallélogramme, à un trapèze ou à un polygone régulier.*

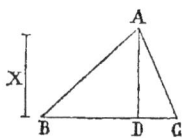

Soit X le côté du carré équivalent au triangle ABC, on a par hypothèse :
$$X^2 = \tfrac{1}{2} BC \times AD;$$
donc $\tfrac{1}{2} BC : X :: X : AD,$

c'est-à-dire que le côté du carré demandé est une moyenne proportionnelle entre la hauteur du triangle et la moitié de sa base.

On démontrerait de même 1° que le côté du carré équivalent à un parallélogramme est une moyenne proportionnelle entre sa base et sa hauteur; 2° que le côté du carré équivalent au trapèze est une moyenne proportionnelle entre la hauteur du trapèze et la droite qui joint les milieux de ses côtés non parallèles; 3° que le côté du carré équivalent à un polygone régulier est une moyenne proportionnelle entre le périmètre de ce polygone et la moitié de son apothème.

PROBLÈME V.—*Faire un triangle équivalent à un polygone donné.*

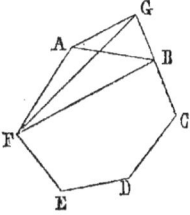

Soit ABCDEF ce polygone ; tracez la diagonale BF et la droite AG parallèle à cette diagonale ; joignez ensuite le sommet F au point G de rencontre de la droite AG avec le côté BC prolongé. Le triangle GBF est équivalent au triangle ABF, parce qu'ils ont la même base BE et les hauteurs égales ; donc le pentagone GCDEF est équivalent à l'hexagone donné.

Par une construction semblable on transforme le pentagone en un quadrilatère et celui-ci en un triangle équivalent à l'hexagone.

COROLLAIRE.—*Faire un carré équivalent à un polygone donné.*

Faites un triangle équivalent à ce polygone ; prenez une moyenne proportionnelle entre la hauteur du triangle et la moitié de sa base. Le carré construit sur cette moyenne est équivalent au triangle et par suite au polygone.

SCHOLIE.— Le problème de la *quadrature* d'une figure plane, c'est-à-dire la construction du carré équivalent à cette figure, est toujours possible lorsque son périmètre est rectiligne.—On ne peut construire qu'approximativement le carré équivalent à un cercle donné.

PROBLÈME VI.—*Faire un carré équivalent à la somme ou à la différence de deux carrés donnés.*

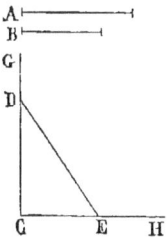

1° Pour construire un carré équivalent à la somme des carrés des droites A et B, faites un angle droit C ; prenez CD égale à A, CE égale à B et tracez la droite DE. Cette ligne est le côté du carré demandé ; car on a, dans le triangle rectangle CDE :

$$DE^2 = CD^2 + CE^2.$$

2° Pour faire un carré équivalent à la différence des carrés des droites A et B, tracez deux droites perpendiculaires CG, CH; prenez sur CH la droite CE égale à la plus petite B des deux lignes données et décrivez du point E comme centre, avec un rayon égal à A, un arc de cercle jusqu'à la rencontre de CG. La droite CD est le côté du carré demandé; car on a, dans le triangle rectangle DCE :

$$DC^2 = DE^2 - CE^2.$$

PROBLÈME VII.—*Faire un carré dont le rapport à un carré donné soit égal à celui de deux droites données.*

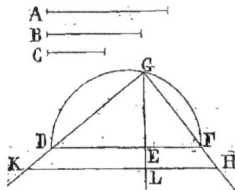

Soient A le côté du carré donné et B, C les deux droites données. Prenez sur une droite quelconque la ligne DE égale à B et à la suite la ligne EF égale à C. Décrivez sur DF comme diamètre une demi-circonférence; tracez EG perpendiculaire au diamètre DF et les cordes GF, GD. Prenez ensuite sur GF une longueur GH égale au côté A du carré donné et menez HK parallèle à DF, jusqu'à la rencontre de la droite GD. La ligne GK est le côté du carré demandé.

En effet, le triangle KGH étant rectangle au point G, on a :

$$GK^2 : GH^2 :: KL : LK.$$

Or, les parallèles KH, DF sont divisées en segments proportionnels par la droite GL, et

$$KL : LH :: DE : EF;$$

donc      $GK^2 : GH^2 :: DE : EF,$

ou      $GK^2 : A^2 :: B : C.$

COROLLAIRE.—Si le rapport des deux carrés était exprimé par celui de deux nombres, on prendrait pour les droites B et C des lignes proportionnelles aux deux nombres donnés et on ferait la construction précédente.

PROBLÈME VIII.—*Deux polygones semblables étant donnés, construire un polygone semblable et équivalent à leur somme ou à leur différence.*

Soient $a$, $b$ et $x$ trois côtés homologues des polygones donnés A, B et du polygone inconnu X. On a par hypothèse :

$$X = A \pm B$$

et $\qquad X : x^2 :: A : a^2 :: B : b^2.$

On en déduit : $\qquad X : x^2 :: A \pm B : a^2 \pm b^2$

et $\qquad x^2 = a^2 \pm b^2;$

donc, pour résoudre le problème, il faut chercher le côté $x$ d'un carré équivalent à la somme ou à la différence des carrés de $a$ et $b$, puis construire sur cette droite $x$ un polygone semblable à A.

PROBLÈME IX.—*Faire un polygone semblable à un polygone donné et tel que son rapport à ce polygone soit égal à celui de deux lignes données.*

Soient $a$ et $x$ deux côtés homologues du polygone donné A et du polygone demandé X. Soient aussi $b$ et $c$ les deux droites données. On a par hypothèse :

$$X : A :: x^2 : a^2$$

et $\qquad X : A :: b : c;$

donc $\qquad x^2 : a^2 :: b : c.$

De là résulte cette construction : Cherchez un carré qui soit au carré de $a$ comme la ligne $b$ est à la ligne $c$ et faites sur le côté de ce carré un polygone semblable au polygone donné A.

PROBLÈME X.—*Faire un polygone semblable à un polygone B et équivalent à un autre polygone B.*

Soient $a$ et $x$ deux côtés homologues du polygone A et du polygone inconnu X. On a par hypothèse :

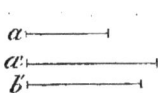

$$A : X :: a^2 : x^2.$$
et            $$X = B.$$

En désignant par $a'$ le côté du carré équivalent au polygone A, par $b'$ celui du carré équivalent au polygone B et remplaçant dans la proportion précédente A par $a'^2$, X ou B par $b'^2$, on trouve :

$$a'^2 : b'^2 :: a^2 : x^2$$

et par conséquent

$$a' : b' :: a : x.$$

De là résulte cette construction : Cherchez une quatrième proportionnelle aux droites $a'$, $b'$, $a$ et faites sur cette ligne un polygone semblable à A.

### PROBLÈMES A RÉSOUDRE.

**1**—Diviser un triangle en un nombre quelconque de parties équivalentes par des parallèles à l'un des côtés.

**2**—Diviser un trapèze en un nombre quelconque de parties équivalentes par des parallèles aux bases.

**3**—Inscrire dans un cercle donné un trapèze dont la hauteur et la surface sont données. (*Concours.*)

**4**—Inscrire un carré dans un triangle. Sur quel côté du triangle se trouve le plus grand carré inscrit?

**5**—Diviser, par une parallèle à la base, la surface d'un triangle en moyenne et extrême raison, c'est-à-dire de telle sorte que le trapèze soit une moyenne proportionnelle entre le triangle donné et le petit triangle. (*Concours.*)

**6**—Deux triangles équilatéraux étant donnés, trouver, sur la droite qui joint leurs centres, un point tel que la somme des carrés des distances de ce point aux côtés du premier triangle et la somme des carrés des distances du même point aux côtés du second triangle soient entre elles dans un rapport donné. (*Concours.*)

**7**—Diviser un quadrilatère en un nombre quelconque de parties qui soient entre elles comme des lignes données.

**8**—Trouver le lieu géomètrique des points tels que la somme des carrés des distances de chacun d'eux aux sommets d'un triangle soit constante.

**9**—La somme des carrés des distances d'un point quelconque aux sommets d'un polygone régulier de $n$ côtés est égale à $n$ fois la somme des carrés du rayon et de la distance du point donné au centre du polygone.

**10**—Dans un triangle quelconque la somme des trois perpendiculaires, tracées du centre du cercle circonscrit sur les côtés, est égale à la somme des rayons des cercles inscrit et circonscrit.

**11**—Le rayon du cercle circonscrit à un triangle est égal au quart de l'excès de la somme des rayons des trois cercles ex-inscrits sur le rayon du cercle inscrit.

**12**—La distance des centres des cercles inscrit et circonscrit à un triangle est une moyenne proportionnelle entre le rayon du cercle circonscrit et l'excès de ce rayon sur le diamètre du cercle inscrit.

**13**—La distance des centres du cercle circonscrit à un triangle et de l'un des cercles ex-inscrits est une moyenne proportionnelle entre le rayon du cercle circonscrit et la somme de ce rayon et du diamètre du cercle ex-inscrit.

**14**—La somme des carrés des distances du centre du cercle circonscrit à un triangle, aux centres des cercles inscrit et ex-inscrit est égale à 12 fois le carré du rayon du cercle circonscrit.

**15**—L'aire du dodécagone régulier est égale au triple du carré de son rayon.

**16**—Les diagonales d'un pentagone régulier se divisent mutuellement en moyenne et extrême raison.

**17**—Le côté du décagone étoilé est égal au côté du décagone régulier convexe, augmenté du rayon.

**18**—Le carré du côté du pentagone régulier est égal à la somme des carrés du côté du décagone régulier et du rayon.

**19**—Tracer, par un point pris dans un angle, une sécante telle que l'aire du triangle intercepté soit égale à un carré donné.

**20**—Construire un triangle dont les trois hauteurs son données.

**21**—Construire un triangle dans lequel on connaît un côté, la hauteur correspondante et le rectangle des deux autres côtés.

**22**—Circonscrire à un triangle donné le triangle maximum semblable à un triangle donné.

**23**—Diviser un triangle en deux parties équivalentes par une droite perpendiculaire sur un côté.

**24**—Trouver à l'intérieur d'un triangle un point tel que les droites qui le joignent aux sommets divisent le triangle en trois parties équivalentes.

**25**—La somme ou la différence de la diagonale et du côté d'un carré étant donnée, construire le carré.

**26**—Inscrire dans un cercle un rectangle équivalent à un carré donné.

**27**—Un cercle et un point étant donnés, tracer par le point une sécante qui divise la circonférence dans le rapport de 3 à 5 et calculer la longueur de la corde interceptée sur la droite.

**28**—Une droite, un cercle et un point A étant donnés, trouver sur la droite un point B tel que le carré de AB soit égal à la somme des puissances de A et B par rapport au cercle donné.

**29**—Deux circonférences concentriques étant données, démontrer que la somme des carrés des distances d'un point quelconque de l'une des circonférences aux extrémités d'un diamètre de l'autre est constante.

**30**—Deux quadrilatères sont équivalents lorsque leurs diagonales sont égales et font entre elles des angles égaux.

**31**—Tracer, par un point donné sur le plan d'un angle, une droite qui forme, avec les côtés de l'angle, un triangle d'une aire donnée.

**32**—Deux droites parallèles et deux points étant donnés, tracer par ce point deux droites qui se rencontrent sur l'une des parallèles et forment avec l'autre un triangle équivalent à un carré donné.

**33**—Construire un trapèze isoscèle dont on connaît la surface, la longueur des côtés égaux et la somme des bases.

**34**—Construire un triangle, connaissant sa surface, la base et le rayon du cercle circonscrit.

### LIEUX GÉOMÉTRIQUES.

**1**—Lieu géométrique des centres des cercles qui rencontrent, en des points diamétralement opposés, deux circonférences données.

**2**—Lieu géométrique des centres des cercles qui coupent orthogonalement deux cercles donnés.

**3**—Lieu géométrique des centres des cercles qui coupent un cercle donné en deux points diamétralement opposés et un autre cercle orthogonalement.

**4**—Trois cercles étant donnés, trouver le lieu géométrique des points tels que les polaires de chacun d'eux, par rapport aux trois cercles, concourent au même point.— Lieu du point de concours des polaires.

**5**—Lieu géométrique des points tels que la différence des carrés des tangentes, menées de chacun d'entre eux à deux cercles donnés, soit égale à un carré donné.

**6**—La position et la grandeur de deux droites étant données, trouver le lieu des points tels qu'en joignant chacun d'eux aux extrémités des droites données, on forme deux triangles proportionnels à deux droites $m$ et $n$.

**7**—Lieu géométrique des points tels que la somme des carrés des distances de chacun d'eux aux trois sommets d'un triangle soit égale à un carré donné.

# GÉOMÉTRIE DANS L'ESPACE.

## LIVRE V.

### DU PLAN ET DE LA LIGNE DROITE.

## CHAPITRE I.

### De la Perpendiculaire et des Obliques au Plan.

D'après la définition du plan, toute droite qui passe par deux points quelconques de cette surface coïncide avec elle dans toute son étendue. Il en résulte qu'une droite qui traverse un plan n'a qu'un point commun avec lui, car si elle en avait deux elle coïnciderait dans toute sa longueur avec le plan.

#### THÉORÈME I.

*Le lieu de l'intersection de deux plans* M *et* N *est une ligne droite.*

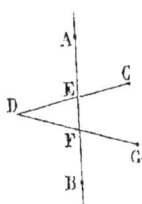

Je joins deux points quelconques A et B de cette intersection par la droite AB qui est située dans chacun des plans M et N, et je dis que ces deux surfaces ne peuvent avoir de point commun extérieur à la droite AB sans coïncider dans toute leur étendue.

Supposons, en effet, que ces plans aient un point commun C hors de la droite AB. Soit D un point quelconque du plan M, situé par rapport au point C de l'autre côté de AB; la droite DC qui le joint au point C, rencontre AB au point E, donc elle a deux points communs avec le plan N qui contient alors le point D.

En prenant un point quelconque G sur le plan M, du même côté de la droite AB que le point C, et le joignant à D, on démontrerait que G appartient aussi au plan N. Donc les plans M et N coïncident s'ils ont un point commun extérieur à la droite AB ; de là résulte que l'intersection de deux plans est une ligne droite.

CorOllaire.—On peut conclure de la démonstration précédente que *deux plans coïncident dans toute leur étendue 1° lorsqu'ils ont une droite et un point, extérieur à cette ligne, communs ; 2° lorsqu'ils ont trois points communs et non en ligne droite ; 3° lorsqu'ils ont deux droites communes, parallèles ou concourantes.*

Scholie.—La position d'un plan dans l'espace n'est pas déterminée lorsqu'il n'est assujetti qu'à passer par une droite, puisqu'il peut tourner autour de cette ligne et passer successivement par tous les points de l'espace. Au contraire un plan est déterminé, si on l'astreint à contenir 1° une droite et un point ; 2° trois points non en ligne droite ; 3° deux droites parallèles ou concourantes.

Pour représenter un plan qui, étant illimité, n'a pas de forme, on limite son étendue en y traçant un contour polygonal quelconque ; mais il faut le concevoir indéfiniment prolongé au-delà de cette ligne.

### THÉORÈME II.

*Si par une droite EF on mène différents plans EAB, EAC, EAD,... et que l'on trace, par un point A de cette droite, dans chacun de ces plans, les perpendiculaires AB, AC, AD,... sur EF, le lieu de ces perpendiculaires est un plan.*

Considérons le plan des deux droites AB, AC ; je dis qu'il

contient les autres perpendiculaires, c'est-à-dire qu'il rencontre un plan quelconque EAD passant par EF, suivant une droite AD perpendiculaire sur EF. En effet, je trace sur le plan BAC une droite BC qui rencontre les trois lignes AB, AD, AC et je joins les points d'intersection B, D, C à deux points E, F de la droite EF, également éloignés du point A. Les triangles BCE, BCF ont le côté BC commun; leurs côtés BE, BF sont égaux, puisque BA est perpendiculaire au milieu de EF dans le plan EAB; de même les côtés CE, CF sont égaux. Donc les triangles BCE, BCF sont égaux et leurs angles EBC, FBC le sont aussi.

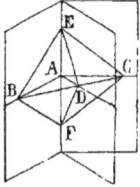

Les deux triangles EBD, FBD ont alors un angle égal compris entre deux côtés égaux chacun à chacun et le côté DE est égal à DF; donc la droite AD qui a deux points A et B également éloignés des extrémités de la droite EF est perpendiculaire sur cette ligne et le plan BAC est le lieu des perpendiculaires tracées par le point A sur EF.

SCHOLIE.—Ce plan est dit *perpendiculaire* sur la droite EF, et réciproquement celle-ci est *perpendiculaire* sur le plan. Le point A, dans lequel la droite EF rencontre le plan BAC, est le *pied* de la perpendiculaire.

COROLLAIRE.—Il résulte de la démonstration précédente 1° qu'*une droite est perpendiculaire sur un plan lorsqu'elle est perpendiculaire sur deux droites quelconques tracées par son pied sur le plan;* 2° que *par un point d'une droite on ne peut tracer qu'un plan perpendiculaire à cette ligne, et réciproquement.*

Lorsqu'une droite n'est pas perpendiculaire à un plan on lui donne le nom d'*oblique,* et le point où elle rencontre le plan est son *pied.*

SCHOLIE.—La droite EF perpendiculaire au plan BAC et

la droite BC qui, tracée sur ce plan, ne passe pas par le point A, ne peuvent appartenir au même plan. Donc *deux droites peuvent n'être pas parallèles et ne pas se rencontrer.*

## THÉORÈME III.

*Si on trace du point* A *la droite* AB *perpendiculaire sur le plan* MN *et différentes obliques* AC, AD, AE, *etc.,*

1° *La perpendiculaire* AB *est plus courte que toute oblique;*

2° *Deux obliques* AC, AD *qui s'écartent également du pied de la perpendiculaire sont égales;*

3° *De deux obliques inégalement éloignées du pied de la perpendiculaire, celle qui s'en écarte le plus est la plus grande.*

1° Dans le plan ABC la droite AB est perpendiculaire et AC oblique à la ligne BC; donc la droite AB, perpendiculaire au plan MN, est moindre que l'oblique AC.

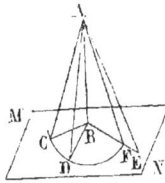

2° Si les distances BC, BD sont égales, l'oblique AC est égale à AD. En effet, les triangles ABC, ABD ont un angle droit compris entre deux côtés égaux chacun à chacun; donc ils sont égaux et les obliques AC, AD sont égales.

3° Soit la distance BE plus grande que BD, l'oblique AE est aussi plus grande que AD. En effet, prenez sur BE une longueur BF égale à BD et joignez le point A au point F. Les obliques AF, AD, qui s'écartent également du pied de la perpendiculaire, sont égales; or, dans le plan ABE, la plus grande des deux obliques AE, AF sur la droite BE est AE; donc AE est plus grande que AC.

COROLLAIRE I.—On mesure la distance d'un point à un plan par la perpendiculaire tracée du point sur le plan.

COROLLAIRE II.—Le lieu des pieds des obliques égales à AC et passant par le même point A est la circonférence de cercle décrite du pied de la perpendiculaire AB comme centre avec un rayon égal à BC. De là cette construction pour mener une perpendiculaire sur un plan par un point extérieur à ce plan : Marquez sur le plan donné trois points C, D, E également éloignés de A, et déterminez le centre de la circonférence passant par C, D, E; ce point est le pied de la perpendiculaire.

### THÉORÈME IV.

*Si un plan MN est perpendiculaire au milieu A d'une droite BC,*

1° *Tout point D du plan est également éloigné des extrémités de cette droite ;*

2° *Tout point E extérieur au plan est inégalement distant des mêmes extrémités B et C.*

Joignez le point D aux points A, B et C; la droite AD est perpendiculaire au milieu de BC, dans le plan DBC; donc le point D de cette droite est également éloigné des extrémités de BC.

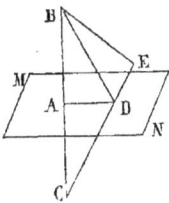

En second lieu, tracez les droites EB, EC; le plan EBC rencontre le plan MN suivant AD perpendiculaire au milieu de BC; donc le point E qui est extérieur à AD se trouve à des distances inégales de B et de C.

SCHOLIE.—Le plan MN mené par le milieu de la droite BC perpendiculairement à cette ligne, est le lieu des points qui sont chacun également éloignés des extrémités de BC.

### THÉORÈME V.

*Si on trace un plan ABC par la droite AB perpendiculaire sur le plan MN, toute droite DE, menée dans le plan MN perpendiculairement à l'intersection BC des deux plans, est aussi perpendiculaire sur le plan ABC*

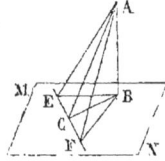

En effet, prenez les distances CE, CF égales, tracez les droites BE, BF et joignez les points C, D, E à un point quelconque A de la droite AB. Dans le plan MN, les deux obliques BE, BF sont également éloignées du pied de la droite BC perpendiculaire sur EF; donc elles sont égales. Les droites AE, AF qui sont obliques au plan MN et s'écartent également du pied de la perpendiculaire AB, sont aussi égales. Or la droite AC dont deux points A et C sont également distants des points E et F est perpendiculaire sur EF; donc la ligne EF qui est perpendiculaire sur les droites BC, AC, l'est aussi sur le plan ABC.

SCHOLIE.—Toute droite AC qui joint le point C à un point quelconque A de la ligne AB, est perpendiculaire sur EF.

# CHAPITRE II.

## Droites parallèles.—Droites et Plans parallèles.

---

### THÉORÈME I.

*Si deux droites* AB, CD *sont parallèles, tout plan* MN *perpendiculaire sur l'une* AB, *est aussi perpendiculaire sur l'autre* CD.

Le plan BACD des deux parallèles AB, CD, rencontre le plan MN suivant la droite AC. Or AB est, par hypothèse, perpendiculaire sur AC; donc CD, parallèle à AB, est aussi perpendiculaire sur AC. Tracez par le point C la droite EF perpendiculaire sur l'intersection AC des plans MN et BAC. Cette ligne EF est perpendiculaire sur le plan BAC; donc DC est aussi perpendiculaire à EF et à CA, et par suite au plan MN.

COROLLAIRE.—Par un point C on ne peut tracer qu'une parallèle à une droite AB.

En effet, menez par le point C un plan MN perpendiculaire sur AB; la parallèle tracée par ce point à la droite AB doit être perpendiculaire au plan MN; donc la droite AB n'a qu'une parallèle passant par le point C.

### THÉORÈME II.

*Si deux droites* AB, CD *sont perpendiculaires au même plan* MN, *elles sont parallèles.*

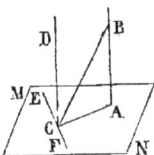

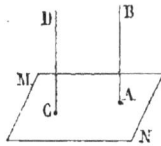

Car la parallèle à la droite AB, tracée par le point C dans lequel CD rencontre le plan MN, est perpendiculaire à ce plan et coïncide avec CD.

Corollaire.—Deux droites A, B dont chacune est parallèle à une troisième C, sont parallèles entre elles.

En effet, si on mène un plan perpendiculaire à C, il l'est aussi aux droites A et B parallèles à C ; donc ces lignes sont parallèles.

### THÉORÈME III.

*Une droite* AB *et un plan* MN *peuvent se rencontrer, si la ligne* AB *est parallèle à une droite* CD *tracée sur ce plan.*

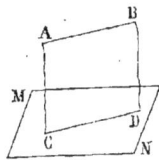

Le plan des deux parallèles AB, CD rencontre le plan MN suivant la droite CD ; donc la droite AB qui, dans le plan ABCD, est parallèle à CD, ne peut rencontrer le plan MN.

Scholie.—La droite AB et le plan MN sont dits *parallèles.*

Corollaire.—Si une droite AB et un plan MN sont perpendiculaires à la même droite AC, ils sont parallèles.

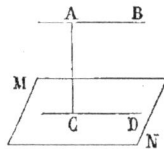

Car le plan BAC rencontre le plan MN suivant la droite CD perpendiculaire sur AC ; donc AB et CD sont parallèles et la droite AB est parallèle au plan MN.

### THÉORÈME IV.

*Si, par une droite parallèle à un plan* MN, *on fait passer un plan qui rencontre le plan* MN, *leur intersection* CD *est parallèle à* AB.

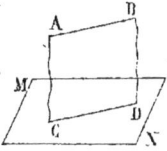

Les deux droites AB, CD qui sont dans le même plan ABCD ne peuvent se ren-contrer, puisque la ligne AB est parallèle au plan MN; donc AB et CD sont paral-lèles.

COROLLAIRE I.—Si, d'un point quelconque A d'une droite AB parallèle à un plan MN, on trace une perpendiculaire AC sur ce plan, cette droite est aussi perpendiculaire sur AB.

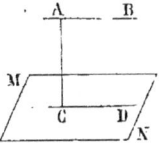

Le plan des deux droites AB, AC ren-contre le plan MN suivant CD, parallèle à AB; or la ligne AC est perpendiculaire sur CD; donc elle l'est aussi sur AB.

COROLLAIRE II.—Si par deux droites parallèles AB, CD, on mène deux plans qui se rencontrent, leur intersection EF est parallèle à ces droites.

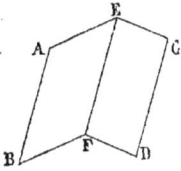

Car la droite AB est parallèle à CD et par suite au plan CF; donc le plan AF rencontre le plan CE suivant EF paral-lèle à AB et à CD.

## THÉORÈME V.

*Les parallèles* AC, BD, *comprises entre une droite* AB *et un plan* MN *parallèles, sont égales.*

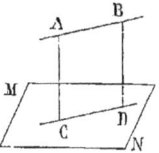

Le plan des deux parallèles AC, BD rencontre le plan MN suivant la droite CD parallèle à AB; donc le quadrilatère ABCD est un parallélogramme, et les droites AC, BD sont égales.

COROLLAIRE.—Une droite AB et un plan MN parallèles sont partout également distants.

Tracez, de deux points quelconques A et B de la droite AB, les perpendiculaires AC, DB sur le plan MN; ces lignes sont parallèles et égales; donc la droite AB et le plan MN sont partout également distants.

### THÉORÈME VI.

*Si la droite* AB *est parallèle au plan* MN, *la droite* CD, *tracée parallèlement à* AB *par un point* C *du plan* MN, *est située dans ce plan.*

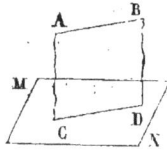

En effet, le plan qui passe par la droite AB et le point C rencontre le plan MN suivant une droite CD parallèle à AB; donc la parallèle à AB, tracée par le point C, est située dans le plan MN.

COROLLAIRE I.—Si deux plans CDE, FDE qui se rencontrent sont chacun parallèles à la même droite AB, leur intersection DE est aussi parallèle à cette droite.

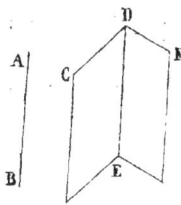

Car si on trace par un point quelconque de DE une parallèle à AB, cette droite est située dans chacun des plans et n'est autre que leur intersection.

# CHAPITRE III.

## Des Plans parallèles.

———

Deux plans sont *parallèles* lorsqu'ils ne se rencontrent pas, quelque prolongés qu'ils soient.

### THÉORÈME I.

*Deux plans* EF, GH *perpendiculaires à la même droite* AB *sont parallèles.*

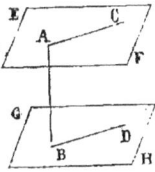

En effet, traçons, par cette droite, un plan quelconque qui rencontre les plans EF, GH suivant les droites AC, BD; ces lignes sont perpendiculaires sur AC et par suite parallèles; donc les plans EF, GH ne peuvent se rencontrer.

COROLLAIRE.—Si on trace par un point A les droites AB, AC, etc., parallèles au plan EF, le lieu de ces droites est un plan parallèle au plan EF.

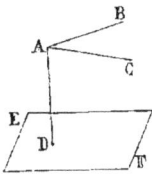

Menez AD perpendiculaire sur le plan EF, les droites AB, AC, etc., parallèles à ce plan, sont perpendiculaires sur AD; donc elles sont comprises dans un plan perpendiculaire sur AD et par suite parallèle à EF.

## THÉORÈME II.

*Les intersections* AB, CD *de deux plans parallèles* EF, GH *par un même plan* ABCD *sont parallèles.*

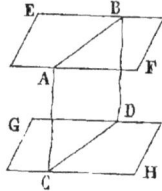

En effet, les droites AB, CD, situées dans deux plans parallèles, ne peuvent se rencontrer; or elles sont tracées sur le même plan ABCD, donc elles sont parallèles.

## THÉORÈME III.

*Si deux plans* EF, GH *sont parallèles, toute droite* AB, *perpendiculaire sur l'un* EF, *l'est aussi sur l'autre* GH.

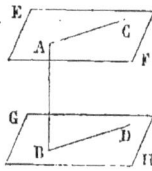

Menons par AB un plan quelconque BACD; les intersections de ce plan avec les plans parallèles EF, GH sont elles-mêmes parallèles. Or AB est perpendiculaire sur AC; donc elle est aussi perpendiculaire sur BD et par suite sur le plan GH.

COROLLAIRE.—Deux plans A et B, parallèles à un troisième C, sont parallèles entre eux.

Car, si on trace une perpendiculaire sur le plan C, cette droite est aussi perpendiculaire sur les plans A et B qui sont alors parallèles.

SCHOLIE.—On ne peut mener par un point qu'un seul plan parallèle à un plan donné.

## THÉORÈME IV.

*Les parallèles* AC, BD, *comprises entre deux plans parallèles* EF, GH, *sont égales.*

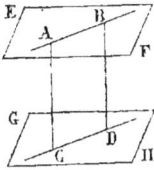

Soient AB et CD les intersections parallèles des deux plans EF, GH par le plan des deux droites AC, BD; le quadrilatère ABDC est un parallélogramme et les droites AC, BD sont égales.

CorollAIRE.—Deux plans parallèles EF, GH sont partout également distants.

De deux points quelconques A et B du plan EF tracez les perpendiculaires AC, BD sur le plan GH; ces droites sont parallèles et égales; donc les plans EF, GH sont partout également distants.

## THÉORÈME V.

*Deux droites AC, DF sont divisées par trois plans parallèles M, N, P en segments proportionnels.*

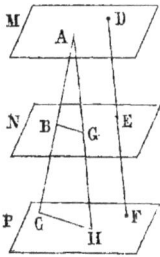

Tracez, par le point A, la droite AH parallèle à DF; le plan ACH rencontre les plans parallèles N, P suivant les droites parallèles BG, CH et l'on a, dans le triangle ACH :

AB : AG : : BC : GH;

or, les parallèles AG, DE, comprises entre les plans parallèles M et N, sont égales; de même la droite GH est égale à EF; donc

AB : DE : : BC : EF.

## THÉORÈME VI.

*Deux angles, dont les côtés sont parallèles, ont leurs plans parallèles et sont égaux ou supplémentaires.*

Soient la droite DE parallèle à AB et la droite DF parallèle à AC; les deux droites DE, DF sont parallèles au plan BAC; donc leur plan EDF est aussi parallèle au plan BAC.

Considérons les deux angles EDF, BAC dont les côtés sont parallèles et dirigés dans le même sens, et menons le plan BCFE parallèle à la droite AD qui joint les sommets de ces angles. Les deux droites EB, FC sont parallèles à DA et, par conséquent, parallèles entre elles; donc le quadrilatère ABED est un parallélogramme et les côtés AB, DE sont égaux. De même AC est égal à DF et BC égal à EF; donc les triangles ABC, DEF sont égaux et l'angle BAC est égal à EDF.

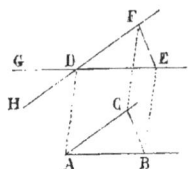

Les angles BAC, GDH dont les côtés sont parallèles et dirigés en sens contraire, sont égaux, puisque chacun d'eux est égal à l'angle EDF.

Les angles BAC, GDF qui ont les côtés AB, GD parallèles et dirigés en sens contraire, les côtés AC, DF parallèles et dirigés dans le même sens, sont supplémentaires; car l'angle BAC est égal à EDF, supplément de GDF.

# CHAPITRE IV.

## Des angles dièdres.

On appelle *angle dièdre* l'espace indéfini compris entre deux plans ABC, BDC qui se rencontrent. La ligne d'intersection BC est *l'arête* de l'angle, et les plans ABC, DBC, terminés à l'arête, en sont les *faces*.

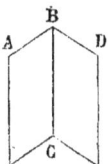

On désigne un angle dièdre par son arête, si elle n'appartient qu'à lui seul. Dans le cas contraire, on prend un système de quatre points, A, B, C, D, dont les extrêmes A et D sont situés sur les deux faces et les moyens B et C sur l'arête.

Deux angles dièdres sont *adjacents* lorsqu'ils ont l'arête et une face communes. Ils sont *opposés*, si les faces de l'un sont les prolongements des faces de l'autre.

LEMME.—*Si, par deux points quelconques F et K de l'arête de l'angle dièdre ABCD, on mène deux plans EFG, HKL, perpendiculaires sur cette arête, les angles EFG, HKL, formés par les intersections de ces plans et des faces de l'angle dièdre, sont égaux.*

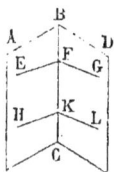

En effet, les plans EFG, HKL, perpendiculaires à la droite BC, sont parallèles; donc ils rencontrent chacune des faces de l'angle dièdre ABCD, suivant deux droites parallèles, et les angles EFG, HKL qui ont les côtés parallèles et dirigés dans le même sens, sont égaux.

SCHOLIE.—L'angle constant EFG dont les deux côtés sont perpendiculaires à l'arête BC a reçu le nom d'*angle rectiligne*, correspondant à l'angle dièdre ABCD.

### THÉORÈME I.

*Deux angles dièdres* ABCD, EFGH *sont égaux, si leurs angles rectilignes* ABD, EFH *sont égaux.*

Posons l'angle EFH sur son égal ABD; la droite FG, perpendiculaire au plan EFH, prend alors la direction de BC, perpendiculaire au plan ABD et les plans EFG, ABC coïncident, ainsi que les plans HFG, DBC; donc les angles dièdres BC, FG sont égaux.

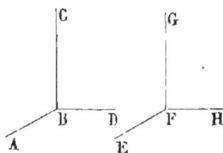

COROLLAIRE.—Si deux plans ABC, ABE se rencontrent suivant la droite AB, les angles dièdres CABF, EABD, opposés à l'arête, sont égaux.

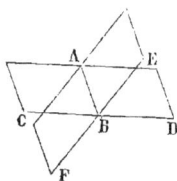

Car, si on mène le plan CBEDF perpendiculaire à l'arête AB, les angles rectilignes CBF, EBD, opposés au sommet, sont égaux; donc les angles dièdres CABF, EABD le sont aussi.

SCHOLIE.—Si les deux plans ABC, ABE font deux angles dièdres adjacents égaux, les quatre angles dièdres qu'ils forment sont égaux; on dit alors que les plans sont *perpendiculaires* l'un sur l'autre, et on donne le nom d'angle dièdre *droit* à chacun des quatre angles dièdres égaux. — L'angle rectiligne d'un angle dièdre droit est aussi droit.

### THÉORÈME II.

*Le rapport de deux angles dièdres quelconques* ABCD, EFGH *est égal à celui de leurs angles rectilignes* ABD, EFH.

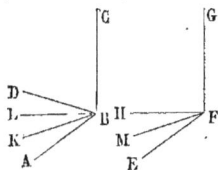

Supposons d'abord les angles rectilignes ABD, EFH commensurables
et leur commune mesure ABK contenue 3 fois dans ABD et 2 fois dans
EFH; nous aurons :

$$\frac{ABD}{EFH} = \frac{3}{2}.$$

Les plans qui passent par l'arête CB et chacune des lignes
BK, BL divisent l'angle dièdre ABCD en trois angles dièdres
égaux à ABCK, puisque leurs angles rectilignes sont égaux.
De même le plan GFM divise l'angle dièdre EFGH en deux
angles dièdres qui sont aussi égaux à l'angle ABCK ; donc

$$\frac{ABCD}{EFGH} = \frac{3}{2} = \frac{ABD}{EFH}.$$

On démontrera par le raisonnement ordinaire que ces
rapports sont encore égaux, lorsque les angles rectilignes
ABD, EFH n'ont pas de commune mesure.

COROLLAIRE.—Si l'on convient de prendre l'angle dièdre
droit pour l'unité des angles dièdres, *l'angle dièdre* ABCD *a
la même mesure que son angle rectiligne* ABD.
En effet, supposons l'angle dièdre EFGH droit,  son angle
rectiligne EFH est aussi droit; les rapports $\dfrac{ABCD}{EFGH}, \dfrac{ABD}{EFH}$,
qui expriment la mesure de l'angle dièdre ABCD et celle de
l'angle rectiligne ABD étant égaux, il en résulte que l'angle
dièdre a la même mesure que son angle rectiligne.

### THÉORÈME III.

*Si deux plans* ABC, ABE *se rencontrent,
deux angles dièdres adjacents* EBAD, EBAC
*valent ensemble deux angles dièdres droits.*
En effet, si on mène le plan CDEF perpendiculaire à l'arête AB, les angles recti-

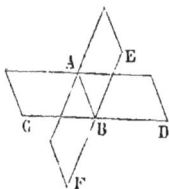

13

lignes adjacents EBC, EBD sont supplémentaires ; donc les angles dièdres EBAC, EBAD le sont aussi.

Corollaire.—La somme des angles dièdres formés par des plans quelconques, conduits suivant la même droite AB, est égale à quatre angles dièdres droits.

Car la somme de leurs angles rectilignes est égale à 4 angles droits.

### THÉORÈME IV.

*Si deux plans parallèles* AB, CD *sont rencontrés par un même plan* EF,

1° *Les angles dièdres correspondants, alternes-internes ou alternes-externes, sont égaux ;*

2° *Les angles dièdres, intérieurs ou extérieurs du même côté du plan sécant, sont supplémentaires.*

Les lignes d'intersection GH, KL de chacun des deux plans parallèles AB, CD et du plan sécant EF étant parallèles, menons le plan BGF perpendiculaire sur ces droites ; les lignes BN, DO suivant lesquelles il rencontre les deux plans AB, CD, sont parallèles et forment avec la sécante MF les angles rectilignes des huit angles dièdres dont les arêtes sont GH et KL.

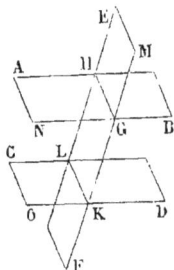

Les angles rectilignes correspondants, alternes-internes ou alternes-externes étant égaux, les angles dièdres correspondants, alternes-internes ou alternes–externes, sont aussi égaux. Comme les angles rectilignes, intérieurs ou extérieurs du même côté de la sécante, sont supplémentaires, les angles dièdres, intérieurs ou extérieurs, sont aussi supplémentaires.

Scholie.—Les cinq réciproques de cette proposition ne sont vraies qu'autant que les arêtes des deux angles dièdres que l'on compare sont parallèles.

### THÉORÈME V.

*Deux angles dièdres sont égaux ou supplémentaires si leurs arêtes sont parallèles et que leurs faces soient parallèles ou perpendiculaires chacune à chacune.*

Tracez un plan perpendiculaire sur les deux arêtes ; il rencontre les plans parallèles suivant des droites parallèles et les plans perpendiculaires suivant des droites perpendiculaires ; donc les angles rectilignes ont leurs côtés parallèles ou perpendiculaires, selon que les faces des angles dièdres sont parallèles ou perpendiculaires ; donc les angles dièdres sont égaux ou supplémentaires comme leurs angles rectilignes.

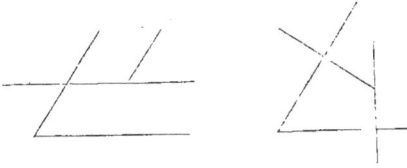

# CHAPITRE V.

## Des Plans perpendiculaires.

***

### THÉORÈME I.

*Si une droite* CD *est perpendiculaire sur le plan* AB, *tout plan* ECD *passant par cette droite est aussi perpendiculaire sur* AB.

En effet, tracez dans le plan AB et par le point C la droite CG perpendiculaire sur l'intersection EF des deux plans; la droite CD étant, par hypothèse, perpendiculaire sur le plan AB, l'angle droit DCG est le rectiligne de l'angle dièdre DEFG; donc le plan DEF est perpendiculaire sur le plan AB.

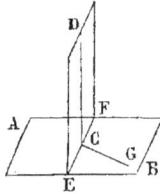

### THÉORÈME II.

*Si les plans* AB, DE *sont perpendiculaires, toute droite* CD, *tracée dans l'un d'eux* DE *perpendiculairement à leur intersection* EF, *est perpendiculaire sur l'autre plan* AB.

Tracez dans le plan AB, par le point C, la droite CG perpendiculaire sur l'intersection EF des deux plans; ces plans étant perpendiculaires, leur angle rectiligne DCG est droit; donc la droite DC, perpendiculaire sur les lignes EF, CG, est aussi perpendiculaire sur le plan AB qui passe par ces deux droites.

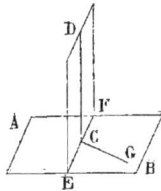

COROLLAIRE.—Le plan EFD, perpendiculaire sur le plan AB, est le lieu des perpendiculaires tracées par les différents points de la droite EF sur le plan AB.

SCHOLIE.—On appelle *projection* d'un point sur un plan le pied de la perpendiculaire tracée du point sur ce plan;—*projection* d'une droite sur un plan le lieu des projections de ses points; ce lieu est la droite suivant laquelle le plan conduit par la ligne donnée, perpendiculairement au plan donné, rencontre ce dernier plan.

### THÉORÈME III.

*Par une droite AB, non perpendiculaire sur le plan MN, on peut tracer un plan perpendiculaire sur le plan MN, mais on ne peut en tracer qu'un seul.*

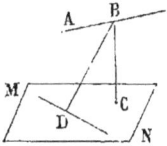

1° D'un point quelconque B de la droite AB, tracez BC perpendiculaire sur MN; le plan des deux droites AB, BC est perpendiculaire sur le plan MN;

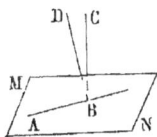

2° Tout autre plan ABD qui passe par AB est oblique au plan MN, puisque la perpendiculaire BD, tracée par le point B dans le plan ABD sur son intersection avec le plan MN, est oblique sur MN.

SCHOLIE.—Si la droite AB est perpendiculaire sur le plan MN, tout plan passant par AB est perpendiculaire sur MN.

### THÉORÈME IV.

*Si deux plans AC, BD, qui se rencontrent, sont perpendiculaires sur un troisième MN, leur intersection AB est aussi perpendiculaire sur MN.*

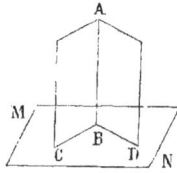

En effet, la perpendiculaire tracée sur le plan MN par le point B commun aux trois plans, devant se trouver dans chacun des plans AC, AD, cette ligne est leur inter- section ; donc AB est perpendiculaire sur le plan MN.

*L'angle formé par une oblique à un plan et par sa projection sur ce plan est le plus petit de tous les angles que l'oblique fait avec les droites tracées par son pied dans le plan donné.*

D'un point quelconque B de l'oblique AB au plan MN, tracez BC perpendiculaire sur MN et joi- gnez le point A au point C. L'angle BAC est moindre que tout autre angle BAD formé par AB et une droite quelconque AD, menée par le point A dans le plan MN. En effet, prenez AD égale à AC et joignez D à B; l'obli- que BD est plus grande que BC perpendiculaire sur le plan MN ; or les triangles BAC, BAD ont deux côtés égaux chacun à chacun et le côté BC est moindre que BD ; donc l'angle BAC est aussi moindre que BAD.

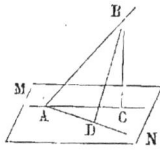

COROLLAIRE.—On mesure l'inclinaison d'une droite sur un plan par l'angle qu'elle fait avec sa projection sur ce plan.

*Si deux droites* AB, CD *ne sont pas situées dans le même plan,*

1° *On peut leur mener une perpendiculaire commune; mais on ne peut en tracer qu'une ;*

2° *Cette perpendiculaire est leur plus courte distance.*

1° Par un point quelconque F de la droite CD, menez

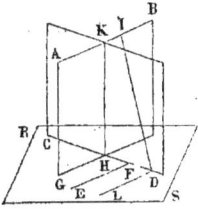

EF parallèle à AB; le plan RS qui passe par les deux droites CD, EF, est parallèle à AB. Tracez, par chacune des droites AB, CD, un plan perpendiculaire sur le plan RS; l'intersection KH des deux plans BAG, CDK est perpendiculaire sur le plan RS et, par suite, sur les droites AB, CD.

Toute autre droite ID, menée entre les deux lignes AB, CD, est oblique au moins à l'une de ces droites. En effet, menez DL parallèle à AB; la droite ID, extérieure au plan BAG, est oblique au plan RS, donc elle n'est pas perpendiculaire à la fois sur les lignes CD et LD, ni sur les droites CD et AB.

2° La droite KH est la plus courte distance de la droite AB au plan RS, donc c'est aussi la plus courte distance de AB à CD.

### THÉORÈME VII.

*Si, d'un point A pris à l'intérieur d'un angle dièdre BEFC, on trace les perpendiculaires AB, AC sur ses faces, l'angle de ces deux droites est le supplément de l'angle rectiligne du dièdre.*

La droite AB étant perpendiculaire sur le plan BEF et la droite AC sur le plan CEF, le plan BAC est perpendiculaire sur chacune des faces et, par suite, sur l'arête EF de l'angle dièdre. Donc l'angle BDC est le rectiligne de l'angle dièdre EF et il a pour supplément l'angle BAC, puisque les angles B et C du quadrilatère ABDC sont droits.

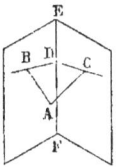

SCHOLIE.—Lorsque l'angle dièdre GEFC est obtus, si la per-

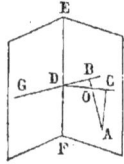

pendiculaire AB rencontre le prolongement de la face GEF, le quadrilatère convexe n'existe plus; mais les triangles rectangles BDO, ACO ayant un angle opposé au sommet, les deux angles CAO, BDO sont égaux et l'angle BAC est encore le supplément de l'angle rectiligne CDG.

### THÉORÈME VIII.

1° *Tout point* A *du plan bissecteur d'un angle dièdre est également éloigné des deux faces de cet angle.*

2° *Tout point* F, *pris à l'intérieur de l'angle dièdre et hors du plan bissecteur, est inégalement distant des deux faces du dièdre.*

Menez par le point donné, A ou F, les perpendiculaires sur les faces de l'angle dièdre, le plan de ces droites est perpendiculaire sur l'arête et rencontre les faces et le plan bissecteur suivant les droites CB, CD, CA.

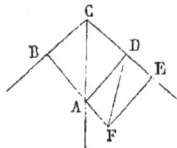

Cette construction étant terminée, faites une démonstration analogue à celle du théorème III, chap. III, liv. I.

### THÉORÈME IX.

*Si quatre plans passent par la même ligne droite* MN *et qu'on les coupe par un plan quelconque* ABE, *les rapports anharmoniques des quatre droites d'intersection* AB, AC, AD, AE *sont constants.*

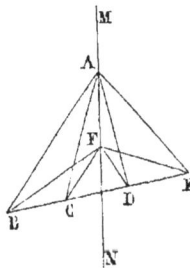

En effet, menez un plan FBE perpendiculaire sur la droite MN et soient BE, FB, FC, FD, FE les lignes suivant lesquelles il rencontre le plan ABE et les quatre plans qui passent par la droite MN. Le faisceau des quatre droites AB, AC, AD, AE et celui des quatre droites FB, FC, FD, FE ont une transversale commune BE;

donc leurs rapports anharmoniques qui sont deux à deux égaux aux rapports anharmoniques des quatre points B, C, D, E, sont égaux entre eux. Or, les rapports anharmoniques du faisceau FBCDE sont constants, quelle que soit la position du plan FBE perpendiculaire sur MN ; donc, etc.

SCHOLIE.—Les quatre plans qui passent par la même droite MN forment un *faisceau* dont les dièdres sont mesurés par les angles correspondants du faisceau des quatre droites FB, FC, FD, FE.

On appelle *rapports anharmoniques d'un faisceau de quatre plans* ceux du faisceau des quatre droites dont le plan est perpendiculaire à l'intersection des quatre plans.

COROLLAIRE.—Si une droite quelconque BE rencontre un faisceau de quatre plans, les rapports anharmoniques des points d'intersection B, C, D, E sont égaux à ceux du faisceau des quatre plans.

# CHAPITRE VI.

## Des Angles polyèdres.

------

**1**—On appelle *angle polyèdre* la portion de l'espace comprise entre plusieurs plans SAB, SBC, SCD, SDE, SEA qui passent par un même point S. Le point S en est le *sommet*, et les angles ASB, BSC,... en sont les *faces*. On donne le nom d'*arête* de l'angle polyèdre à l'intersection de deux faces consécutives.

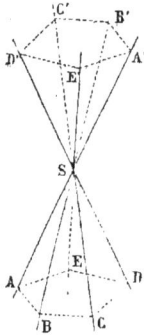

Si l'angle polyèdre n'a que trois faces, on le nomme angle *trièdre*.

**2**—Les prolongements des arêtes de l'angle polyèdre SABCDE, au-delà du sommet S, forment un autre angle polyèdre SA'B'C'D'E'. Ces deux angles polyèdres ont les faces égales deux à deux, et les angles dièdres deux à deux égaux ; mais la disposition des parties égales n'est pas la même, par rapport à deux faces égales quelconques. Cette différence dans l'ordre des parties égales fait que les deux angles polyèdres ne sont pas superposables. On leur donne le nom d'angles polyèdres *symétriques*.

**3**—Un angle polyèdre est *convexe* lorsqu'il est tout entier d'un même côté des plans, indéfiniment prolongés, qui le forment. Dans le cas contraire on dit qu'il est *concave*.

Si on mène par le sommet S d'un angle polyèdre convexe
SABCD un plan tel que les arêtes SA, SB, SC...
de cet angle se trouvent du même côté de ce
plan, tout plan qui lui sera parallèle rencon-
trera toutes les arêtes de l'angle polyèdre
SABCDE d'un même côté du sommet S.

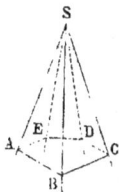

Tout plan ABCDE qui rencontre toutes les
arêtes d'un angle polyèdre convexe S coupe sa
surface suivant un polygone convexe ABCDE. Car l'angle
polyèdre étant tout entier d'un même côté de chacune de ses
faces, le polygone ABCDE est aussi tout entier d'un même
côté des droites qui le forment ; donc il est convexe.

### THÉORÈME I.

*Une face quelconque d'un angle polyèdre est moindre que la
somme de toutes les autres.*

1° Considérons l'angle trièdre SABC. Le théorème étant
évident pour la plus petite et la moyenne
des trois faces, il suffit de démontrer que la
plus grande face ASB est moindre que la
somme des deux autres. Faisons l'angle
BSD égal à BSC et traçons une droite BA
qui rencontre les trois lignes SB, SD, SA.

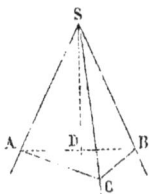

En prenant la droite SC égale à SD et menant le plan ABC, nous avons les triangles égaux BSD,
BSC; donc le côté BD est égal à BC et la différence AD des
deux côtés AB, BC du triangle ABC est moindre que le
côté AC.

Dans les triangles ASD, ASC le côté AD est moindre que
AC et les deux autres côtés sont égaux chacun à chacun ;
donc nous avons l'angle ASD < ASC,
et par suite        ASD + DSB ou ASB < ASC + CSB.

2° Si l'angle polyèdre a plus de trois faces, menons par

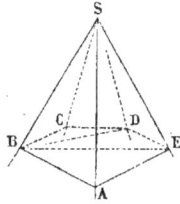

l'une de ses arêtes, par exemple SB, les plans diagonaux SBE, SBD; les trièdres SABE, SBDE, SBCD donnent successivement :

$$ASB < ASE + BSE,$$
$$BSE < ESD + BSD,$$
$$BSD < DSC + CSB.$$

Ajoutant ces inégalités membre à membre et réduisant, nous aurons :

$$ASB < ASE + ESD + DSC + CSB.$$

### THÉORÈME II.

*La somme des faces d'un angle polyèdre convexe est moindre que 4 angles droits.*

1° Soit l'angle trièdre SABC; prolongeons l'arête SA au-delà du sommet S; l'angle trièdre SA′BC donne :

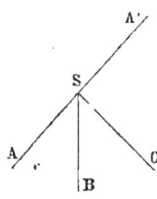

$$BSC < BSA' + CSA'.$$

En ajoutant aux deux membres de cette inégalité $ASB + ASC$ et remarquant que les angles ASB, BSA′ sont supplémentaires, ainsi que les angles ASC, CSA′, nous trouverons .

$$ASB + ASC + BSC < ASB + BSA' + ASC + CSA',$$
ou $$ASB + ASC + BSC < 4\ dr.$$

2° Considérons maintenant l'angle polyèdre convexe SABCDE. Soit SF l'intersection des deux faces ASB, DSC qui sont adjacentes à la même face BSC ; nous avons dans l'angle trièdre SBCF :

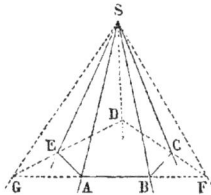

$$BSC < BSF + CSF;$$

donc la somme des faces de l'angle polyèdre SABCDE est moindre que celle des faces de l'angle polyèdre SAFDE qui a une face de moins. De même, si la droite SG est l'intersection des deux plans SAB, SDE, la somme des faces de l'angle polyèdre SAFDE est moindre que celle des faces de l'angle trièdre SDGF. Or cette dernière est plus petite que 4 angles ; donc, à fortiori, la somme des faces de l'angle polyèdre SABCDE est moindre que 4 *dr*.

### THÉORÈME III,

*Si d'un point* O *pris à l'intérieur d'un angle trièdre* SABC *on trace les droites* OD, OE, OF, *respectivement perpendiculaires sur les plans* SBC, SAC, SAB, *l'angle trièdre* ODEF *a pour faces les suppléments des angles dièdres de l'angle trièdre* S. *Réciproquement les faces de* S *sont les suppléments des angles dièdres de* O.

1° L'angle DOE est le supplément de l'angle dièdre SC, parce que son sommet O est compris entre les faces de cet angle dièdre et que ses côtés OD, OE sont perpendiculaires aux plans SBC, SAC qui forment le dièdre SC.

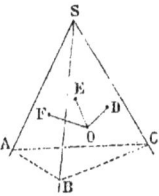

De même l'angle EOF est le supplément de l'angle dièdre SA et l'angle DOF celui de l'angle dièdre SB.

2° Le plan EOF est perpendiculaire sur les deux plans SAB, SAC et, par suite, sur leur intersection SA. De même l'arête SB est perpendiculaire sur le plan FOD et l'arête SC sur le plan DOE ; donc, d'après le cas précédent, si le point S est à l'intérieur de l'angle trièdre O, les faces de l'angle trièdre S sont les suppléments des dièdres de O.

Dans le cas contraire, on tracera par un point S′, pris à l'intérieur de l'angle trièdre O, des perpendiculaires S′A′, S′B′, S′C′ sur ses faces et l'angle trièdre S′ sera tel que ses faces auront pour suppléments les dièdres de O. Or les deux angles trièdres S et S′ ont les faces égales comme ayant leurs côtés parallèles dirigés dans le même sens ; donc, etc.

SCHOLIE.—Les deux angles trièdres SABC, ODEF sont dits *supplémentaires.*—Le théorème précédent est applicable à un angle polyèdre convexe quelconque.

**THÉORÈME IV.**

1° *Chaque angle dièdre d'un angle trièdre, augmenté de deux angles dièdres droits, est plus grand que la somme des deux autres ;*

2° *La somme des 3 angles dièdres est comprise entre 2 et 6 angles dièdres droits.*

1° Soient A, B, C les trois angles dièdres d'un angle trièdre ; les faces de l'angle trièdre supplémentaire sont :

$$2\,dr-A, \quad 2\,dr.-B, \quad 2\,dr.-C.$$

Or, chacune de ces faces étant moindre que la somme des deux autres, on a :

$$2\,dr.-A < 2\,dr.-B + 2\,dr.-C.$$

d'où l'on déduit :

$$B + C < A + 2\,dr.$$

2° La somme des faces de l'angle trièdre supplémentaire est moindre que $4\,dr.$; donc on a :

$$6\,dr.-(A+B+C) < 4\,dr.$$

et par suite : $\qquad\qquad A+B+C > 2\,dr.$

De plus, chaque angle dièdre étant moindre que $2\,dr.$, leur somme $A+B+C$ est moindre que $6\,dr.$

SCHOLIE.—On appelle *rectangle* un angle trièdre qui a un angle dièdre droit; *birectangle* celui qui a deux angles dièdres droits et *trirectangle* celui dont les trois angles dièdres sont droits.

**THÉORÈME V.**

*Si un angle trièdre S a deux angles dièdres SB, SC égaux, les faces ASC, ASB, opposées à ces angles, sont égales.*

Tracez, par un point quelconque A de l'arête SA les plans ABD, ACD, respectivement perpendiculaires sur les arêtes SB, SC ; leur intersection AD est perpendiculaire sur le plan BSC. Les triangles rectangles ABD, ACD ont le côté AD commun et les angles ABD, ACD égaux parce qu'ils sont les rectilignes des deux angles dièdres égaux SB, SC ; donc leurs hypothénuses AB, AC sont égales. Les triangles rectangles ABS, ACS qui ont l'hypothénuse commune et un côté égal chacun à chacun, sont aussi égaux ; donc l'angle ASB est égal à ASC.

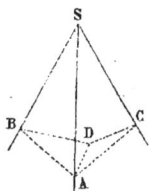

COROLLAIRE.—Si les trois angles dièdres d'un angle trièdre sont égaux, ses trois faces sont égales.

### THÉORÈME VI.

*Si deux angles dièdres SC, SB d'un angle trièdre S sont inégaux, la face ASB, opposée au plus grand angle SC, est plus grande que ASC, opposée à l'autre angle SB.*

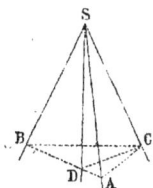

En effet, menons par la droite SC le plan SCD qui forme avec BSC un angle dièdre égal à l'angle dièdre SB. L'angle trièdre SBDC ayant deux dièdres égaux, les faces BSD, CSD, opposées à ces angles, sont égales ; or, nous avons, dans l'angle trièdre SACD, $\qquad$ ASC < ASD + DSC ;

donc, en remplaçant l'angle DSC par BSD, nous aurons :

$$ASC < ASB.$$

COROLLAIRE.—Les propositions contraires des deux précédentes sont évidentes.

SCHOLIE.—Deux angles trièdres symétriques sont superposables, si l'un de ces angles a deux faces égales ou deux angles dièdres égaux.

*Deux angles trièdres* S,S' *sont égaux, s'ils ont un angle dièdre égal compris entre deux faces égales chacune à chacune et disposées dans le même ordre.*

Soient l'angle dièdre SB $=$ S'B', l'angle ASB $=$ A'S'B' et l'angle BSC $=$ B'S'C'. Je dis que les deux angles trièdres S, S' sont égaux, si toutefois la disposition des parties égales est la même.

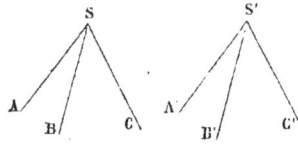

En effet, placez l'angle A'S'B' sur l'angle ASB qui lui est égal; les angles dièdres S'B', SB étant égaux, le plan B'S'C' coïncide avec le plan BSC et, comme les angles B'S'C', BSC sont égaux, le côté S'B' prend la direction de SB; donc les deux faces A'S'C', ASC coïncident et les deux angles trièdres sont égaux.

CoROLLAIRE.—On conclut de la démonstration précédente, que 1° les faces A'S'C', ASC sont égales; 2° les angles dièdres S'A', SA sont égaux, ainsi que les angles dièdres S'C', SC.

SCHOLIE.—Si la disposition des parties égales était différente, l'angle trièdre S serait égal au symétrique de l'angle trièdre S'.

*Deux angles trièdres* S, S' *sont égaux, s'ils ont une face égale adjacente à deux angles dièdres égaux chacun à chacun, et disposés dans le même ordre.*

Démonstration analogue à la précédente.

SCHOLIE.—Si la disposition des parties égales était différente, l'angle trièdre S serait égal au symétrique de l'angle trièdre S'.

### THÉORÈME IX.

*Deux angles trièdres S, S' sont égaux, s'ils ont les trois faces égales chacune à chacune, et disposées dans le même ordre.*

Soient l'angle ASB égal à A'S'B', l'angle BSC égal à B'S'C' et l'angle ASC égal à A'S'C'. L'égalité des deux angles trièdres S, S' serait évidente, si deux angles dièdres SA, S'A', qui sont compris entre des faces égales chacune à chacune et disposées dans le même ordre, étaient égaux.

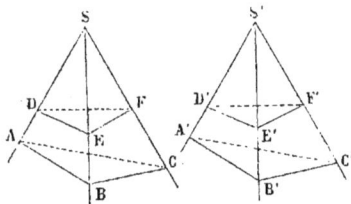

Pour démontrer l'égalité des angles dièdres SA, S'A', menez par un point quelconque A de l'arête SA le plan BAC perpendiculaire sur cette droite, prenez la ligne S'A' égale à SA et tracez le plan B'A'C' perpendiculaire sur S'A'; je dis que les angles rectilignes BAC, B'A'C' des angles dièdres SA, S'A' sont égaux. En effet, les triangles rectangles SAB, S'A'B' sont égaux, parce qu'ils ont un côté égal adjacent à deux angles égaux chacun à chacun; donc le côté SB = S'B' et le côté AB = A'B'. A cause de l'égalité des triangles rectangles SAC, S'A'C', on a aussi le côté SB = S'B' et le côté AC = A'C'. Les triangles SBC, S'B'C' ont alors un angle égal compris entre deux côtés égaux et, par conséquent, le côté BC est égal à B'C'; donc les triangles ABC, A'B'C' ont les trois côtés égaux chacun à chacun et l'angle BAC est égal à B'A'C'.

Scholie.—J'ai supposé, dans la démonstration précédente, que le plan BAC rencontre les arêtes SB, SC, ce qui a lieu toutes les fois que les angles ASB, ASC sont aigus.

Dans le cas contraire, prenez sur les arêtes des deux

14

angles trièdres S, S' des longueurs égales SD, SE, SF, S'D, S'E', S'F' et tracez les plans DEF, D'E'F'. Les triangles isocèles SDE, S'D'E' sont égaux, parce qu'ils ont un angle égal compris entre deux côtés égaux chacun à chacun; donc le côté DE est égal à D'E'. On a de même DF = D'F' et EF = E'F'; donc les triangles DEF, D'E'F' sont égaux et l'angle EDF est égal à E'D'F'.

Les deux angles trièdres DSEF, D'S'E'F' ont alors les faces égales chacune à chacune, et disposées dans le même ordre; de plus, les angles SDE, SDF sont aigus; donc on peut leur appliquer la démonstration précédente, pour prouver l'égalité des angles dièdres SD, S'D'.

COROLLAIRE I.—Si la disposition des faces égales n'était pas la même dans les angles trièdres S, S', ces angles ne seraient que symétriques.

COROLLAIRE II.—*Deux angles trièdres sont égaux ou symétriques, s'ils ont les trois arêtes parallèles chacune à chacune, et dirigées dans le même sens ou en sens contraire.*

Car leurs faces sont égales deux à deux et disposées dans le même ordre ou d'une manière différente.

### THÉORÈME X.

*Deux angles trièdres S, S' sont égaux, s'ils ont les dièdres égaux chacun à chacun et disposés dans le même ordre.*

Soient T l'angle trièdre supplémentaire de S et T' celui de S'. Les deux angles trièdres S, S' ayant leurs dièdres égaux chacun à chacun et disposés dans le même ordre, les angles T, T' ont leurs faces égales chacune à chacune et disposées dans le même ordre; donc leurs angles dièdres sont égaux. J'en conclus que les faces de l'angle trièdre S qui sont les suppléments des angles dièdres de T, sont égales aux faces de S' qui sont aussi les suppléments des angles dièdres de T'; donc S et S' sont égaux.

Scholie.—Si la disposition des dièdres égaux n'était pas la même, l'angle trièdre S serait égal au symétrique de S'.

## PROBLÈMES A RÉSOUDRE.

**1**—Tracer par un point donné une droite perpendiculaire à un plan donné.

**2**—Tracer par un point donné un plan perpendiculaire à une droite donnée.

**3**—Mener par un point donné une droite perpendiculaire à une droite donnée.

**4**—Tracer par un point donné une droite rencontrant deux droites non situées dans le même plan.

**5**—Toute droite également inclinée sur trois droites qui passent par son pied dans un plan est perpendiculaire à ce plan.

**6**—Mener par une droite donnée un plan parallèle à une autre droite.

**7**—Mener par un point un plan parallèle à deux droites données.

**8**—Mener une droite parallèle à une droite donnée et qui rencontre deux droites non situées dans le même plan.

**9**—Deux plans, menés perpendiculairement à un troisième par deux droites parallèles, sont parallèles. — Les projections de deux droites parallèles sur le même plan sont parallèles.

**10**—Si une droite est perpendiculaire à un plan, la projection de cette droite sur un plan quelconque est perpendiculaire sur la ligne d'intersection des deux plans

**11**—La somme des angles dièdres d'un angle polyèdre de $n$ faces est comprise entre $2(n—2)\ dr.$ et $2\,n\,dr.$

**12**—Deux angles polyèdres sont égaux, s'ils ont, à l'exception d'un angle dièdre et des deux faces adjacentes, les angles dièdres égaux, les faces égales et que la disposition des parties égales soit la même.

**13**—Deux angles polyèdres sont égaux si, à l'exception

d'une face et des deux angles dièdres adjacents, les faces sont égales, les angles dièdres égaux et disposés dans le même ordre.

**14**—Deux angles polyèdres sont égaux si, à l'exception de trois faces ou de trois angles dièdres consécutifs, les faces et les angles dièdres sont égaux et disposés dans le même ordre.

**15**—Couper un angle polyèdre à quatre faces par un plan tel que la section soit un parallélogramme.

### LIEUX GÉOMÉTRIQUES.

**1**—Si, par le pied d'une oblique à un plan, on trace des droites quelconques dans ce plan et qu'on mène, par un point donné sur l'oblique, la perpendiculaire à chacune de ces droites, quel sera le lieu des pieds de ces perpendiculaires ?

**2**—Quel est le lieu des points tels que chacun d'eux soit également distant de trois points donnés ?

**3**—Un plan et deux points qui lui sont extérieurs étant donnés, trouver le lieu des points tels que la somme ou la différence des carrés des distances de chacun d'eux aux deux points donnés soit constante.

**4**—Deux plans parallèles ou non et un point qui leur est extérieur étant donnés, si on trace par ce point une droite quelconque jusqu'à la rencontre des deux plans, quel est le lieu du point harmonique conjugué du point donné par rapport aux deux points d'intersection de la droite et des deux plans.

**5**—Quel est le lieu géométrique du milieu d'une droite de longueur constante dont les extrémités sont assujetties à rester sur deux autres droites rectangulaires et non situées dans le même plan ?

# LIVRE VI.

## Des Polyèdres.

**1**—Un *polyèdre* est un corps terminé en tous sens par des plans; les polygones que ces plans forment par leurs intersections sont les *faces* du polyèdre et leur ensemble constitue sa *surface*.

On a donné en particulier les noms de *tétraèdre*, d'*hexaèdre*, d'*octaèdre*, de *dodécaèdre* et d'*icosaèdre* aux polyèdres dont le nombre des faces est égal à *quatre*, à *six*, à *huit*, à *douze* et à *vingt*.

On appelle *angles* d'un polyèdre les angles polyèdres formés par ses faces,—*sommets* d'un polyèdre les sommets de ses angles,—*arêtes* d'un polyèdre les côtés de ses faces,—*diagonale* toute droite qui joint deux sommets non situés sur la même face.

**2**—Un polyèdre est *régulier*, lorsque ses angles sont égaux et que ses faces sont des polygones réguliers égaux.

**3**—Un polyèdre est *convexe*, s'il est tout entier d'un même côté de chacun des plans, indéfiniment prolongés, qui le limitent. Dans le cas contraire, on dit qu'il est *concave*.

Une ligne droite ne peut rencontrer la surface d'un polyèdre convexe en plus de deux points, et un plan la coupe toujours suivant un polygone convexe, puisque ce polygone est tout entier d'un même côté des droites qui le forment.

**4**—On distingue parmi les polyèdres : 1° le *prisme*, 2° la *pyramide*.

1° LEMME—*Si, par les sommets d'un polygone quelconque* ABCDE, *on trace d'un même côté du plan* ABC *les droites* AF, BG, CH, DK, EL *parallèles et égales, leurs extrémités sont les sommets d'un polygone égal et parallèle au polygone donné.*

En   ffet, les droites AF, BG étant égales et parallèles, le quadrilatère ABGF est un parallélogramme; donc FG est égale et parallèle à AB; de même les droites GH, HK, etc., sont respectivement égales et parallèles aux droites BC, CD, etc. Donc les deux polygones AD, FK sont égaux et parallèles.

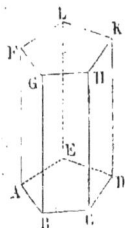

SCHOLIE.—On appelle *prisme* le polyèdre BCDEFGHKL qui a deux faces AD, FK égales et parallèles, et dont les autres faces sont des parallélogrammes.

Les faces égales et parallèles sont les *bases* du prisme, et l'ensemble des autres faces forme sa *surface latérale*. La droite qui mesure la distance des deux bases est la *hauteur* du prisme.

Un prisme est *droit* ou *oblique* lorsque les plans de ses faces latérales sont perpendiculaires ou obliques sur les bases.—Les faces latérales d'un prisme droit sont des rectangles.

Un prisme est *triangulaire*, *quadrangulaire*, *pentagonal*, etc., selon que sa base est un *triangle*, un *quadrilatère*, un *pentagone*, etc.

Si on coupe un prisme par un plan non parallèle à sa base, on appelle *prisme tronqué* la portion du prisme comprise entre l'une des bases et le plan sécant.

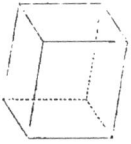

Lorsque les bases d'un prisme sont des parallélogrammes, on l'appelle *parallélipipède*, de sorte que le parallélipipède est compris sous six faces qui sont des parallélogrammes.

Si le parallélipipède est droit et que ses bases soient des rectangles, on lui donne le nom de parallélipipède *rectangle*. On appelle *dimensions* d'un parallélipipède rectangle les trois arêtes qui passent par le même sommet.— Le parallélipipède rectangle, dont les six faces sont des carrés, est un *cube* ou *hexaèdre régulier*.

2° Si on coupe un angle polyèdre S par un plan ABCDE qui rencontre toutes les arêtes, le polyèdre SABCDE, formé par les faces de l'angle S et par le plan sécant, a reçu le nom de *pyramide*.

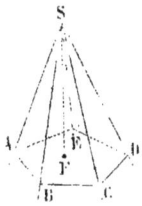

Le polygone ABCDE est la base de la pyramide qui a pour *surface latérale* l'ensemble des faces triangulaires SAB, SBC, etc. On donne au point S le nom de *sommet* de la pyramide, et celui de *hauteur* à la droite SF qui mesure la distance du sommet à la base.

La pyramide est *triangulaire, quadrangulaire, pentagonale*, etc., selon que la base est un *triangle*, un *quadrilatère*, un *pentagone*, etc.—On dit qu'elle est *régulière*, lorsqu'elle a pour base un polygone régulier et que la droite qui joint le centre de ce polygone au sommet de la pyramide est perpendiculaire sur la base.

Si on coupe une pyramide par un plan quelconque, la portion de ce polyèdre comprise entre la base et le plan sécant est appelée *pyramide tronquée* ou *tronc* de pyramide.

# CHAPITRE I.

## Du Prisme et du Parallélipipède.

---

### THÉORÈME I.

Les sections MNOPQ, RSTUV, faites dans un prisme ABCH par deux plans parallèles, sont des polygones égaux.

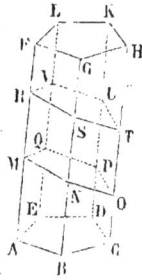

En effet, les intersections MN, RS des deux plans parallèles par la face AG du prisme sont parallèles; en outre, elles sont égales, comme étant comprises entre les deux droites parallèles AF, BG. De même les droites ST, TU, etc., sont respectivement parallèles et égales aux droites NO, OP, etc. Les angles RST, MNO qui ont les côtés parallèles et dirigés dans le même sens, sont égaux. Pareillement l'angle STU est égal à NOP, etc. ; donc les deux polygones MNOPQ, RSTUV sont égaux.

Corollaire I.—Toute section faite dans un prisme par un plan parallèle à la base est égale à cette base.

Corollaire II.—Toute section faite par un plan dans un parallélipipède est un parallélogramme.

Scholie.—On donne le nom de *section droite* à toute section faite dans un prisme par un plan perpendiculaire aux arêtes latérales.

**THÉORÈME II.**

1° *Les faces opposées d'un parallélipipède sont parallèles et égales;*

2° *Les angles trièdres opposés sont symétriques.*

° Les bases AC, EG du parallélipipède AG sont, d'après la définition de ce polyèdre, égales et parallèles. Je dis qu'il en est de même de deux faces opposées quelconques BG et AH.

En effet, les faces du parallélipipède étant des parallélogrammes, les droites BF, AE sont égales et parallèles; il en est de même de BC et AD. Or, les angles EAD, FBC qui ont les côtés parallèles et dirigés dans le même sens, sont égaux et leurs plans sont parallèles; donc les parallélogrammes BG, AH ont un angle égal compris entre deux côtés égaux chacun à chacun et sont égaux.

2° Je dis que les angles trièdres opposés B et A sont symétriques. Car, si je forme le symétrique HD'E'G' de l'angle HDEG, en prolongeant ses arêtes au-delà du sommet H, les deux angles trièdres BACF, HD'E'G' ont les arêtes parallèles deux à deux et dirigées dans le même sens; donc leurs faces parallèles sont égales et disposées dans le même ordre. Donc ces angles trièdres sont égaux.

SCHOLIE.—On peut prendre pour bases d'un parallélipipède deux faces opposées quelconques, puisqu'elles sont égales et parallèles.

**THÉORÈME III.**

*Les diagonales d'un parallélipipède sont inégales et se divisent mutuellement en deux parties égales.*

Considérons deux diagonales quelconques AG, CE du pa-

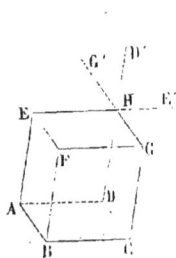

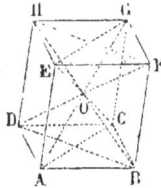

rallélipipède AG; les arêtes AE, CG de ce polyèdre sont égales et parallèles; donc le quadrilatère ACGE est un parallélogramme et ses diagonales AG, CE qui sont inégales, se divisent mutuellement en deux parties égales au point O.

CorollaIRE.—Si le parallélipipède est rectangle, les deux quadrilatères ACGE, BDFH sont des rectangles égaux; donc les diagonales du parallélipipède rectangle sont égales et se divisent mutuellement en deux parties égales.

ScholIE.—On appelle *centre* d'un parallélipipède le point de rencontre de ses diagonales, parce qu'il divise en deux parties égales toute droite tracée par ce point jusqu'à la rencontre de la surface du parallélipipède.

### THÉORÈME IV.

*La somme des carrés des diagonales d'un parallélipipède est égale à la somme des carrés des douze arêtes.*

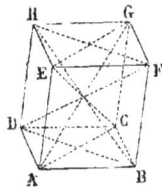

Menons, par les arêtes opposées AE et CG, BF et DH du parallélipipède AG, les plans ACGE, BDHF. Le quadrilatère ACGE étant un parallélogramme, nous avons :

$$AG^2 + CE^2 = 2AE^2 + 2AC^2.$$

Le parallélogramme BDHF donne aussi :

$$BH^2 + DF^2 = 2BF^2 + 2BD^2.$$

n ajoutant ces égalités membre à membre et remarquant que BF est égale à AE, nous aurons :

$$AG^2 + BH^2 + CE^2 + DF^2 = 4AE^2 + 2AC^2 + 2BD^2.$$

Mais AC et BD sont les diagonales du parallélogramme ABCD; donc

$$AC^2 + BD^2 = 2AB^2 + 2AD^2$$

par suite

$$AG^2 + BH^2 + CE^2 + DF^2 = 4AE^2 + 4AB^2 + 4AD^2.$$

Corollaire.—Si le parallélipipède est rectangle, ses diagonales sont égales, et l'égalité précédente se réduit à

$$AG^2 = AE^2 + AB^2 + AD^2,$$

c'est-à-dire que le carré d'une diagonale est égale à la somme des carrés des trois arêtes issues d'un même sommet.

Scholie.—Le carré de la diagonale d'un cube est égal au triple du carré de son côté.

# CHAPITRE II.

## Mesure du Parallélipipède et du Prisme.

---

### THÉORÈME I.

*Deux prismes sont égaux, lorsqu'ils ont un angle trièdre égal compris entre les faces égales chacune à chacune.*

Supposons, dans les deux prismes AK, A'K', l'angle trièdre
A égal à l'angle trièdre A', le polygone ABCDE égal au polygone A'B'C'D'E' et les parallélogrammes ABGF, AELF respectivement égaux aux parallélogrammes A'B'G'F', A'E'L'F'.

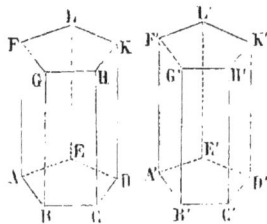

Pour démontrer l'égalité de ces deux prismes, plaçons le polygone A'B'C'D'E' sur ABCDE; les angles trièdres A et A' étant égaux, le plan B'A'F' s'applique sur BAF, le plan E'A'F' sur EAF et la droite A'F' prend la direction de AF. Or le plan G'B'C'H' est parallèle à la droite A'F'; donc il coïncide avec le plan GBCH parallèle à AF; de même le plan H'C'D'E' s'applique sur HCDK, etc. En outre, les droites AF, BG, etc., A'F', B'G', etc., sont égales; donc les deux polygones F'G'H'K'L', FGHKL coïncident et les prismes AK, A'K' sont égaux.

COROLLAIRE.—*Deux prismes droits sont égaux, s'ils ont les bases égales et les hauteurs égales.*

Car ils ont les angles trièdres deux à deux égaux et compris entre trois faces égales chacune à chacune.

On peut aussi démontrer leur égalité par la superposition directe.

SCHOLIE.—Si $n$ est le nombre des côtés de la base ABCDE du prisme AK, il faut $2n-3$ conditions pour l'égalité des deux polygones ABCDE, A′B′C′D′E′ et, par suite, $2n$ conditions pour l'égalité des deux prismes AK, A′K′.

### THÉORÈME II.

*Deux parallélipipèdes rectangles qui ont des bases égales sont entre eux comme leurs hauteurs.*

Considérons les deux parallélipipèdes rectangles ABCDE, ABCDK qui ont la même base ABCD et dont les hauteurs sont AE, AK. Supposons d'abord ces hauteurs commensurables et leur plus grande commune mesure AO contenue 5 fois dans AE, 3 fois dans AK ; nous aurons

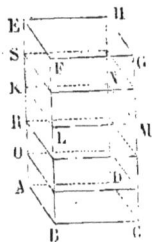

$$\frac{AE}{AK} = \frac{5}{3}.$$

Menons, par les points de division de la droite AE, des plans parallèles à la base AC ; les sections sont égales à la base, et le parallélipipède ABCDE est divisé en 5 parallélipipèdes rectangles, égaux à ABCDO, parcequ'ils ont les bases égales et les hauteurs égales. Or le parallélipipède ABCDK en contient 3 ; donc

$$\frac{ABCDK}{ABCDE} = \frac{3}{3} = \frac{AE}{AK}.$$

On démontre, par le raisonnement ordinaire, que ces rapports sont encore égaux lorsque les hauteurs n'ont pas de commune mesure.

### THÉORÈME III.

*Deux parallélipipèdes rectangles* P, P′ *qui ont une dimension commune sont entre eux comme les produits des deux autres dimensions.*

Soient $a$, $b$, $c$ les trois dimensions du parallélipipède P et $a'$, $b'$ $c'$ celles de P'. Si on construit un parallélipipède rectangle P'' ayant pour dimensions $a$, $b$, $c'$ et qu'on le compare au polyèdre P, on voit qu'ils ont une face égale dont les dimensions sont $a$ et $b$; donc

$$\frac{P}{P''} = \frac{c}{c'},$$

Les parallélipipèdes P'' et P' ont aussi une face égale qui a pour dimensions $a$ et $c'$; donc

$$\frac{P''}{P'} = \frac{b}{b'}.$$

En multipliant les égalités précédentes membre à membre et supprimant le facteur P'', commun aux deux termes du premier rapport, on a :

$$\frac{P}{P'} = \frac{b}{b'} \times \frac{c}{c'}.$$

### THÉORÈME IV.

*Deux parallélipipèdes rectangles P, P' sont entre eux comme les produits de leurs trois dimensions.*

Soient $a$, $b$, $c$ les dimensions du parallélipipède de P; $a'$, $b'$, $c'$ celles de P' et $a$, $b$, $c'$ celles d'un troisième parallélipipède P'' que l'on compare successivement aux deux autres. Les parallélipipèdes P, P'' ont une face égale qui a pour dimensions $a$ et $b$; donc

$$\frac{P}{P''} = \frac{c}{c'}.$$

Les parallélipipèdes P'' et P' ont une dimension commune $c'$; donc

$$\frac{P''}{P'} = \frac{a}{a'} \times \frac{b}{b'}.$$

En multipliant les égalités précédentes membre à membre et réduisant, on a :

$$\frac{P}{P'} = \frac{a}{a'} \times \frac{b}{b'} \times \frac{c}{c'}.$$

COROLLAIRE 1.—Si *on convient* de prendre pour unité de volume le cube fait sur l'unité de longueur, et que P' soit ce cube, ses dimensions $a'$, $b'$, $c'$ sont égales à l'unité linéaire et l'égalité

$$\frac{P}{P'} = \frac{a}{a'} \times \frac{b}{b'} \times \frac{c}{c'}$$

démontre que le nombre abstrait qui exprime la mesure du parallélipipède rectangle P est égal au produit des trois nombres qui représentent les mesures des dimensions $a$, $b$, $c$ de ce parallélipipède. On énonce ordinairement ce résultat de la manière suivante : *le volume d'un parallélipipède rectangle est égal au produit de ses trois dimensions.*

COROLLAIRE II.—*En convenant* aussi de prendre pour unité de surface le carré fait sur l'unité linéaire et remarquant que le produit $\frac{a}{a'} \times \frac{b}{b'}$ est alors la mesure d'une des faces du parallélipipède P, on a ce nouvel énoncé du théorème précédent : *le volume d'un parallélipipède rectangle est égal au produit de sa base par sa hauteur.*

SCHOLIE.—L'unité de volume, c'est-à-dire le *mètre cube*, se subdivise en 1,000 *décimètres cubes* ; le décimètre cube en 1,000 *centimètres cubes*, et le centimètre cube en 1,000 *millimètres cubes*.

### THÉORÈME V

*Le volume d'un parallélipipède est égal au produit de sa base par sa hauteur.*

1° Considérons le parallélipipède droit ABCDEFGH qui a

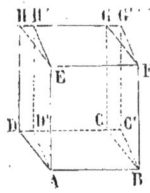

pour base le parallélogramme ABCD et pour
hauteur AE. Menons par AE et par BF des
plans perpendiculaires à l'arête AB; les sections AEH'D', BFG'C' sont des rectangles
égaux, puisque les faces BE, CH du parallélipipède donné sont perpendiculaires au plan
ABCD; donc le parallélipipède AG' est rectangle, et je dis
qu'il est équivalent au parallélipipède AG. Les deux primes
triangulaires droits ADD'E, BCC'F ont les bases ADD', BCC'
égales et les hauteurs AE, BF égales; donc ils sont égaux,
et, si on les retranche successivement de la figure entière,
les parallélipipèdes AG, A'G' qu'on trouve pour restes, sont
équivalents.

Or, le parallélipipède rectangle AG' a pour mesure AB ×
AD' × AE; donc le parallélipipède droit AG a aussi pour me-
sure AB × AD' × AE, c'est-à-dire le produit de sa base AB ×
AD' par sa hauteur AE.

2° Soit le parallélipipède oblique AG; menons par les
sommets E et F les plans EKN, FLM perpendiculaires à
l'arête EF, les sections EKNO, FLMP sont des parallélogrammes égaux, et le polyèdre EFLKNOPM est un parallélipipède droit, ayant pour hauteur EF et pour base le parallélogramme EKNO; je dis qu'il est équi-
valent au parallélipipède AG. En effet,
les deux polyèdres ADHEKNO, BCGFLMP
ont les deux faces EN, FM égales; je
superpose ces deux faces. Les droites
KA, LB qui ont la même longueur
AB-BK et qui sont respectivement perpendiculaires sur les plans des faces EN, FM, prennent la
même direction, et leurs extrémités A, B coïncident. Il en
est de même des points C et D, G et H. Donc les polyèdres
EKD, FLC sont égaux, et les parallélipipèdes AG, KP qu'on
trouve en diminuant la figure entière de ces polyèdres, sont
équivalents.

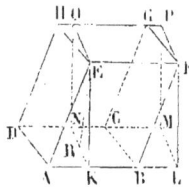

Soit ER la hauteur du parallélogramme EKNO, le parallélipipède droit KP a pour mesure EF×EO×ER ; donc le volume du parallélipipède AG est égal à EF × EO × ER, c'est-
à-dire au produit de sa base EF × EO par sa hauteur ER.

COROLLAIRE.—Deux parallélipipèdes qui ont des bases équivalentes sont entre eux comme leurs hauteurs. Réciproquement, deux parallélipipèdes qui ont les hauteurs égales sont
entre eux comme leurs bases.

### THÉORÈME VI.

*Le plan, mené par deux arêtes opposées d'un parallélipipède,
le divise en deux prismes triangulaires équivalents.*

Dans le parallélipipède AG les deux arêtes AE, CG sont
parallèles, et le plan de ces deux droites
divise le parallélipipède en deux prismes
triangulaires ABCEFG, ACDEGH, car les
faces latérales de ces polyèdres sont des
parallélogrammes et leurs bases sont des
triangles égaux et parallèles. Je dis que
ces prismes sont équivalents.

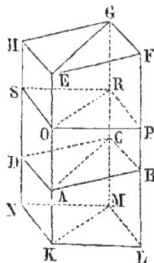

1° Supposons le parallélipipède AG
droit ; les deux prismes triangulaires
sont aussi droits et égaux parce qu'ils ont leurs bases
égales et la même hauteur ;

2° Si le parallélipipède est oblique, prenons, sur la droite
indéfinie AE, une longueur OK égale à AE et menons par
les points O, K des plans perpendiculaires à l'arête AE ; les
sections sont deux parallélogrammes égaux et le polyèdre
KR est un parallélipipède droit que le plan ACGE divise en
deux prismes triangulaires droits KLMO, KMNO. Ces prismes
sont égaux parce qu'ils ont la même hauteur KO et des bases
égales KLM, KMN. Démontrons maintenant que chacun des
prismes obliques est équivalent à l'un des prismes droits.

Les deux polyèdres ABCKLM, EFGOPR sont égaux ; car si

15

nous plaçons le triangle OPR sur KLM qui lui est égal, la droite OE, perpendiculaire sur le plan OPR, prend la direction de KA perpendiculaire sur le plan KLM et, comme ces lignes ont la même longueur AE—AO, leurs extrémités A et E coïncident. On prouverait de même la coïncidence des points B, F et celle des points C, G. Donc les polyèdres ABCKLM, EFGOPR sont égaux et, si on les retranche successivement du polyèdre EGFKLM, les prismes triangulaires ABCE, KLMO qu'on trouve pour restes sont équivalents. Pareillement le prisme oblique ACDE est équivalent au prisme droit KMNO. Donc les deux prismes ABCE, ACDE sont équivalents.

COROLLAIRE.—Le prisme triangulaire ABCE est équivalent à la moitié du parallélipipède AG qui a la même hauteur que le prisme et une base double.

### THÉORÈME VII.

*Le volume d'un prisme est égal au produit de sa base par sa hauteur.*

Soit d'abord le prisme triangulaire ABCE. Menons par l'arête BD un plan parallèle à CAF et par l'arête CE un plan parallèle à BAF. Le parallélipipède AK est le double du prisme ABE et son volume est égal au produit de sa base 2ABC par sa hauteur FG; donc le prisme ABE a pour mesure ABC $\times$ FG, c'est-à-dire le produit de sa base par sa hauteur.

Considérons, en second lieu, le prisme polygonal ABCK. Traçons par l'arête AF et chacune des droites CH, DK qui lui sont parallèles, des plans qui partagent le polyèdre en prismes triangulaires de même hauteur que le prisme polygonal, et dont les bases sont les triangles ABC, ACD, ADE. En désignant par H la hauteur commune à ces prismes, nous aurons

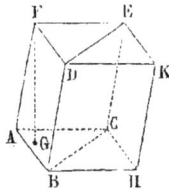

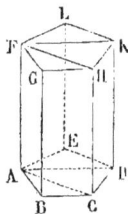

Prisme $ABC = ABC \times H.$
Prisme $ACD = ACD \times H.$
Prisme $ADE = ADE \times H$

Donc le prisme polygonal est égal à $(ABC + ACD + ADE) \times H$, c'est-à-dire au produit de sa base par sa hauteur.

Corollaire.—Deux prismes qui ont des bases équivalentes sont entre eux comme leurs hauteurs. Réciproquement, deux prismes de même hauteur sont entre eux comme leurs bases.

# CHAPITRE III.

## De la Pyramide; — sa Mesure.

---

1° *Tout plan* abcde *parallèle à la base* ABCDE *d'une pyramide* SABCDE *divise les arêtes latérales et la hauteur en segments proportionnels.*

2° *La section* abcde *faite dans la pyramide est semblable à la base.*

1° Si par le sommet S de la pyramide on mène le plan MN parallèle à la base, les arêtes SA, SB, etc., et la hauteur SF sont divisées en segments proportionnels par les trois plans parallèles AD, ad, MN; donc on a

$$Sa : aA :: Sb : bB :: \text{etc} \ldots :: Sf : fF.$$

2° Les triangles SAB, SBC, SCD, etc., étant respectivement semblables aux triangles Sab, Sbc, Scd, etc., on a

$$AB : ab :: SB : sb$$
$$BC : bc :: SB : sb :: SC : sc$$
$$CD : cd :: SC : sc :: \text{etc.}$$

Donc
$$AB : ab :: BC : bc :: CD : cd :: \text{etc.}$$

L'angle ABC est égal à abc parce qu'ils ont leurs côtés parallèles et dirigés dans le même sens; de même l'angle BCD est égal à bcd; l'angle CDE à cde, etc. Donc les deux polygones abcde, ABCDE qui ont les angles égaux et les côtés homologues proportionnels sont semblables.

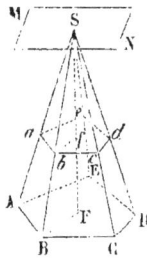

Corollaire.—La section *abcde* étant semblable à la base, on a

$$abcde : ABCDE :: Ab^2 : AB^2.$$

Or
$$ab : AB :: Sb : SB :: sf : SF.$$

Donc
$$abcde : ABCDE :: sf^2 : SF^2.$$

De là ce théorème : *Les sections, faites dans une pyramide par deux plans parallèles, sont entre elles comme les carrés de leurs distances au sommet de la pyramide.*

### THÉORÈME II.

*Si deux pyramides S, S' ont des hauteurs égales et qu'on les coupe par des plans parallèles aux bases et également distants des sommets, les sections sont entre elles comme les bases.*

Supposons la hauteur SE de la pyramide SABC égale à la hauteur S'E' de la pyramide S'A'B'C'D'; prenons sur ces lignes des longueurs égales Se, S'e'; menons ensuite par le point *e* le plan *abc* parallèle à ABC, par le point *e* le plan *a'b'c'd'* parallèle à A'B'C'D'.

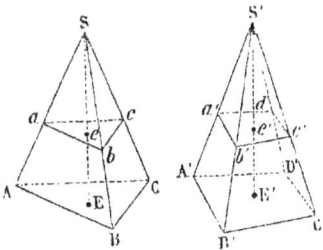

Nous avons dans la pyramide SABC,
$$abc : ABC :: Se^2 : SE^2$$
et dans la pyramide S'A'B'C'D',
$$a'b'c'd' : A'B'C'D' :: S'e'^2 : S'E'^2.$$

Donc
$$abc : ABC :: a'b'c'd' : A'B'C'D'.$$

Corollaire.—Si les bases des deux pyramides sont équivalentes, les sections *abc*, *a'b'c'd'* le sont aussi.

### THÉORÈME III.

*Deux pyramides sont égales, lorsqu'elles ont un angle dièdre adjacent à la base, égal et compris entre deux faces égales chacune à chacune et disposées dans le même ordre.*

Supposons dans les pyramides SABCD, S'A'B'C'D', l'angle dièdre AB égal à l'angle dièdre A'B', le polygone ABCD égal à A'B'C'D' et le triangle SAB égal à S'A'B'.

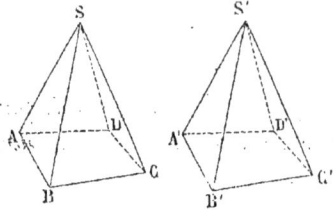

Pour démontrer l'égalité des deux pyramides S, S', plaçons le polygone ABCD sur A'B'C'D'; les angles dièdres AB, A'B' étant égaux et la disposition des faces égales étant la même dans les deux pyramides, le plan SAB s'applique sur S'A'B'. Or les deux triangles SAB, S'A'B' sont égaux, donc le côté AS prend la direction de A'S' et les deux points S, S' coïncident. De là résultent la coïncidence des faces SBC, S'B'C', celle des faces SDC, S'D'C' et enfin celle des faces SAD, S'A'D'; donc les deux pyramides S, S' sont égales.

SCHOLIE.—Si $n$ est le nombre des côtés de la base de la pyramide SABC, il faut $2n-3$ conditions pour l'égalité des polygones ABCD, A'B'C'D' et, par suite, $2n$ conditions pour l'égalité des pyramides S, S'.

### THÉORÈME IV.

*Deux pyramides triangulaires qui ont les bases équivalentes et les hauteurs égales sont équivalentes.*

Soient SABC, S'A'B'C' deux pyramides triangulaires, placées sur le même plan; supposons leurs bases ABC, A'B'C' équivalentes et leurs hauteurs égales à la droite AT, perpendiculaire sur le plan des bases, je dis que ces pyramides sont équivalentes.

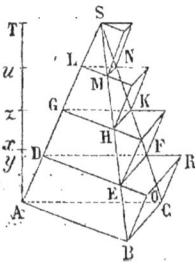

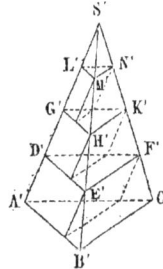

En effet, admettons qu'elles soient inégales et que SABC soit la plus grande; représentons leur différence par un prisme ayant pour base le triangle ABC et pour hauteur la droite A$x$; divisons la droite AT en parties égales, moindres que A$x$ et menons par les points de division $y$, $z$, $u$ des plans parallèles aux bases; chacun de ces plans détermine dans les deux pyramides des sections équivalentes, puisque les bases sont équivalentes. Traçons par le côté BC de la base de la plus grande pyramide un plan parallèle à l'arête SA jusqu'à la rencontre du plan de la section suivante DEF; ces plans forment avec les faces de l'angle trièdre ABCD un prisme triangulaire dont une partie est extérieure à la pyramide. En faisant la même construction sur chacune des sections DEF, GHK, LMN, nous aurons autant de prismes qu'il y a de divisions dans la hauteur AT et leur somme sera plus grande que la pyramide SABC.

Si nous construisons de même un prisme sous chaque section de la pyramide S'A'B'C', en menant par les droites E'F', H'K', M'N' des plans parallèles à l'arête S'A', nous aurons autant de prismes inscrits dans la pyramide S'A'B'C' qu'il y a de divisions, moins une, dans la hauteur AT et la somme de ces prismes sera moindre que la pyramide; donc l'excès de la somme des prismes circonscrits à SABC sur la somme des prismes inscrits dans S'A'B'C' doit être plus grand que la différence des deux pyramides, c'est-à-dire plus grand que le volume du prisme ABC$x$.

Or le premier prisme circonscrit SLMN est équivalent au premier prisme inscrit L'M'N'G', parce qu'ils ont des bases équivalentes et des hauteurs égales; de même le second prisme circonscrit LGHK est équivalent au second prisme inscrit G'H'K'D', etc. Donc la différence des deux sommes de prismes est égale au prisme ABCD construit sur la base ABC de la plus grande pyramide; mais, ce prisme devant être plus grand que le prisme ABC$x$, on aurait

$$ABC \times Ay > ABC \times Ax,$$

ce qui est absurde, puisque A$y$ est moindre que A$x$. Donc les deux pyramides SABC, S'A'B'C' ne peuvent être in-égales.

*Le volume d'une pyramide est égal au tiers du produit de sa base par sa hauteur.*

Soit d'abord la pyramide triangulaire SABC; menons par le sommet S un plan parallèle à la base ABC et par l'arête AC un plan parallèle à la droite SB, la pyramide SABC est le tiers du prisme triangulaire SDEABC. En effet, le prisme est égal à la somme des pyramides SABC, SACED; or la pyramide quadrangulaire SACED est divisée, par le plan SAE, en deux pyramides triangulaires SADE, SACE équivalentes, puisqu'elles ont le même sommet S et que leurs bases ADE, ACE, placées sur le même plan, sont égales. De plus, les deux pyramides SABC, SADE ont des bases égales ABC, SDE et la même hauteur SO que le prisme; donc elles sont équivalentes et le prisme SDEABC est le triple de la pyramide SABC.

Le prisme ayant pour mesure le produit ABC × SO, le volume de la pyramide triangulaire SABC est égal à $\frac{1}{3}$ABC × SO.

Considérons, en second lieu, la pyramide polygonale SABCDE et menons des plans par SA et chacune des arêtes SC, SD; la pyramide donnée se trouve divisée en autant de pyramides triangulaires que le polygone ABCDE a de côtés moins deux et qui ont toutes la même hauteur SO que la pyramide poly-gonale. Or, nous avons

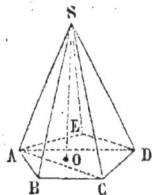

Pyr. SABC $= \frac{1}{3}$ABC × SO

$$\text{Pyr. SACD} = \tfrac{1}{3}\text{ACD} \times \text{SO}$$
$$\text{Pyr. SADE} = \tfrac{1}{3}\text{ADE} \times \text{SO}$$

donc le volume de la pyramide SABCDE est égal à $\tfrac{1}{3}$ (ABC + ACD + ADE) × SO, c'est-à-dire au tiers du produit de sa base par sa hauteur.

COROLLAIRE I.—Toute pyramide est égale au tiers d'un prisme de même base et de même hauteur.

COROLLAIRE II.—Pour mesurer le volume d'un polyèdre quelconque, décomposez-le en pyramides, en joignant tous ses sommets à un point quelconque de l'intérieur. Déterminez ensuite le volume de chacune de ces pyramides et faites la somme de leurs mesures.

S'il existe à l'intérieur du polyèdre un point également distant de toutes ses faces et qu'on le prenne pour le sommet des pyramides, le volume du polyèdre est égal au produit de sa surface par le tiers de la distance de ce point à une face quelconque.

### THÉORÈME VI.

*Si on coupe une pyramide par un plan parallèle à sa base, le volume du tronc de pyramide est égal à la somme des volumes de trois pyramides, ayant pour hauteur commune la hauteur du tronc et pour bases respectives la base inférieure du tronc, sa base supérieure et une moyenne proportionnelle entre ces deux bases.*

Considérons d'abord le tronc de pyramide triangulaire ABCDEF dont les bases ABC, DEF sont parallèles et traçons les plans ACE, CDE qui partagent le tronc en trois pyramides triangulaires EABC, CDEF, EACD. La première, EABC, a pour base le triangle ABC et pour hauteur celle du tronc, puisque son sommet E est sur le plan DEF. La seconde pyramide

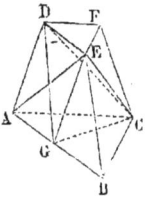

CDEF a pour base le triangle DEF et pour hauteur celle du tronc, puisque son sommet C est situé sur le plan ABC. Quant à la troisième pyramide EACD, transformons-la en une autre GACD de même base ACD et de même hauteur, en transportant son sommet E au point G où l'arête AB est rencontrée par la droite EG parallèle à AD.

Or la pyramide GACD a la même hauteur que le tronc et sa base AGC est moyenne proportionnelle entre les triangles ABC, DEF; en effet, les triangles AGC, ABC ayant un angle commun GAC, nous avons

$$ABC : AGC :: AB \times AC : AG \times AC :: AB : AG.$$

Les triangles AGC, DEF ont aussi un angle égal,

donc $\quad AGC : DEF :: AG \times AC : DE \times DF : AC : DF;$

mais les triangles équiangles ABC, DEF donnent

$$AB : DE \text{ ou } AG :: AC : DF,$$

donc $\quad\quad\quad ABC : AGC :: AGC : DEF.$

Soit, en second lieu, le tronc de pyramide polygonal ABCDEFGH ; construisons sur le plan ABC une pyramide triangulaire S'A'B'C' de même hauteur que la pyramide SABCD, et dont la base A'B'C' soit équivalente à ABCD, les deux pyramides SA, S'A' sont équivalentes. Le plan EFG détermine, dans ces pyramides, deux sections équivalentes EFGH, E'F'G'; donc la pyramide S'E'F'G' est équivalente à la pyramide SEFGH et, par suite, le tronc de pyramide triangulaire est équivalent à celui de la polygonale. Donc, etc.

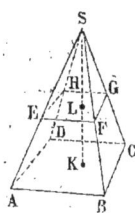

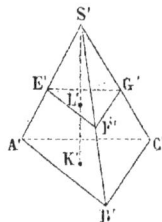

COROLLAIRE.—Soient B, $b$ les bases du tronc de pyramide et $h$ sa hauteur, son volume est égal à $\frac{1}{3}h(B+b+\sqrt{Bb})$.

*Le volume d'un tronc de prisme triangulaire ABCDEF est égal à la somme des volumes de trois pyramides ayant pour base commune la base inférieure ABC du tronc et pour sommets respectifs les sommets D, E, F de la base supérieure du prisme tronqué.*

En effet, menons les plans ACE, CDE qui décomposent le tronc de prisme en trois pyramides triangulaires EABC, EACD, ECDF. La première, EABC, a pour base le triangle ABC et pour sommet le point E. La seconde, EACD, considérée comme ayant le triangle ADC pour base et le point E pour sommet, est équivalente à la pyramide BACD; et celle-ci peut être regardée comme ayant le triangle ABC pour base et le point D pour sommet. La troisième pyramide ECDF est équivalente à la pyramide ABCF, parce que leurs bases EFC, BFC sont équivalentes et que leurs sommets D, A sont sur une droite parallèle au plan des bases. Or la pyramide ABCF peut être considérée comme ayant pour base le triangle ABC et pour sommet le point F. Donc le prisme triangulaire tronqué DABC est égal à la somme de trois pyramides ayant pour base commune le triangle ABC et pour sommets les points D, E, F.

CorollAIRE.—Soient $h$, $h'$, $h''$ les distances des points D, E, F au plan ABC et $b$ la base du prisme tronqué; son volume est égal à $\frac{1}{3} b (h + h' + h'')$.

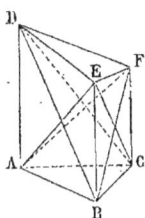

# CHAPITRE IV.

## De la Similitude.

Deux polyèdres sont *semblables* s'ils ont les angles égaux et les faces, adjacentes aux angles égaux, semblables chacune à chacune.

Les sommets de deux angles égaux sont des points *homologues*. On appelle arêtes *homologues* celles dont les extrémités sont des points homologues; faces *homologues* celles qui ont pour sommets des points homologues ou qui sont semblables.

Les arêtes homologues de deux polyèdres semblables sont proportionnelles.

### THÉORÈME I.

*Deux pyramides sont semblables lorsqu'elles ont un angle dièdre, adjacent à la base, égal et compris entre deux faces semblables chacune à chacune et disposées dans le même ordre.*

Soient l'angle dièdre AB de la pyramide SABCD égal à l'angle

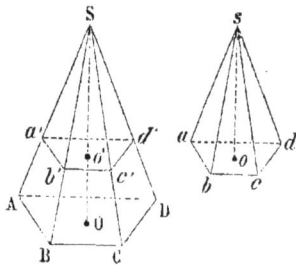

dièdre *ab* de la pyramide *sabcd*, la base ABCD semblable à *abcd* et le triangle SAB semblable à *sab;* je dis que les pyramides sont semblables.

En effet, prenez sur l'arête SA la droite S*a′* égale à *sa* et tracez par le point A le plan *a′b′c′d′* parallèle à la base ABCD.

Les pyramides SABCD, S$a'b'c'd'$ sont semblables, car leurs faces sont deux à deux semblables et leurs angles trièdres sont aussi deux à deux égaux, comme ayant leurs arêtes parallèles et dirigées dans le même sens.

Or les triangles S$a'b'$, $sab$, semblables au triangle SAB, sont égaux parce qu'ils ont un côté égal adjacent à deux angles égaux; de même les polygones $a'b'c'd'$, $abcd$ sont égaux puisqu'ils sont semblables à ABCD et que leurs côtés homologues $a'b'$, $ab$ sont égaux; donc les pyramides S$a'b'c'd'$, $sabcd$ qui ont un angle dièdre, adjacent à la base, égal et compris entre deux faces égales chacune à chacune et disposées dans le même ordre, sont égales et la pyramide $sabcd$ est semblable à SABCD.

Corollaire I.—Les hauteurs SO, $so$ des pyramides semblables SABC, $sabc$ sont proportionnelles à deux arêtes homologues.

En effet, le plan $a'b'c'$ étant parallèle à ABC, on a :

$$SO : So' :: SA : sa,$$
ou
$$SO : so :: SA : sa.$$

Corollaire II.—Si on coupe une pyramide SABCD par un plan $a'b'c'd'$ parallèle à sa base ABCD, les deux pyramides SABCD, S$a'b'c'd'$ sont semblables.

Car les deux angles dièdres AB, $a'b'$, adjacents aux bases, sont égaux et compris entre deux faces semblables chacune à chacune et disposées dans le même ordre.

Scholie.—Si $n$ est le nombre des côtés de la base ABCD, il faut $2n-4$ conditions pour la similitude des polygones ABCD, $abcd$ et, par suite, $2n-1$ conditions pour la similitude des pyramides SA, $sa$, tandis qu'il en faut $2n$ pour leur égalité.

*Deux polyèdres semblables peuvent être décomposés en un même nombre de pyramides semblables et disposées dans le même ordre*

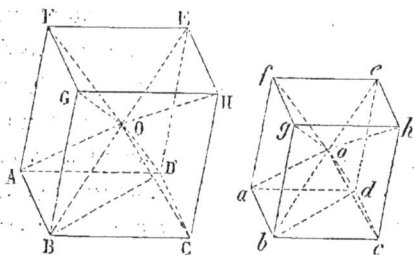

Soient ABE, *abe* deux polyèdres semblables; décomposez le premier ABE en autant de pyramides qu'il a de faces, en joignant tous les sommets à un point quelconque O, pris à l'intérieur de ce polyèdre. Pour déterminer, dans le second *abe*, l'homologue *o* du point O, menez par l'arête *ab*, à l'intérieur de ce polyèdre, un plan formant avec la face *abc* un angle dièdre égal à l'angle dièdre OABC, faites dans ce plan l'angle *oab* égal à OAB et prenez le point *o* de telle sorte que

$$\frac{oa}{OA} = \frac{ab}{AB}.$$

En joignant ce point à tous les sommets du polyèdre *abe*, vous le décomposerez aussi en autant de pyramides qu'il a de faces.

Les deux pyramides OABCD, *oabcd* sont semblables, parce qu'elles ont un angle dièdre, adjacent à la base, égal et compris entre deux faces semblables chacune à chacune et disposées dans le même ordre; donc le triangle OBC est semblable à *obc* et l'angle dièdre OBCD est égal à *obcd*. Les deux pyramides suivantes OBCHG, *obchg* sont semblables par la même raison, car leurs bases BH, *bh* sont semblables par hypothèse, les triangles OBC, *obc* le sont aussi et l'angle dièdre OBCH, différence des deux angles dièdres ABCH, ABCO, est égal à l'angle dièdre *obch*, différence des deux angles dièdres *abch*, *abco*.

On prouverait de même la similitude des autres pyramides qui ont pour bases les faces semblables des deux polyèdres donc ces polyèdres sont décomposés en un même nombre de pyramides semblables et disposées dans le même ordre.

COROLLAIRE.—Si on trace dans deux faces semblables telles que ABCD, *abcd* les diagonales homologues BD, *bd* et les plans OBD, *obd*, les pyramides semblables OABCD, *oabcd* sont décomposées en tétraèdres deux à deux semblables, parce qu'ils ont un angle, adjacent à la base, égal et compris entre deux faces semblables et disposées dans le même ordre; donc *deux polyèdres semblables peuvent être décomposés en un même nombre de tétraèdres semblables et disposés dans le même ordre.*

SCHOLIE.—On peut prendre le point O sur la surface du polyèdre ABE; si ce point coïncide avec l'un des sommets, les arêtes des pyramides, issues du point O, sont des diagonales du polyèdre ABE; *donc les diagonales homologues de deux polyèdres semblables sont proportionnelles à deux arêtes homologues.*

### THÉORÈME III.

1° *Deux polyèdres homothétiques directs sont semblables;*

2° *Deux polyèdres homothétiques inverses ont les faces homologues semblables et les angles polyèdres homologues symétriques.*

1° Si l'on joint un point quelconque O aux sommets d'un polyèdre ABCDEFGKH et qu'on prenne sur les droites OA, OB, OC,.... des points *a*, *b*, *c*,.... tels que

$$\frac{oa}{oA}=\frac{ob}{oB}=\frac{oc}{oC}=\ldots.=r,$$

je dis que le polyèdre *abcdefgkh* est semblable à ABCDEF.

En effet, considérons une face quelconque FGKH du polyèdre donné et menons par le point *f* un plan parallèle à FGKH; ce plan divise les arêtes OF, OG, OH, OK de la pyramide OFGKH en parties proportionnelles et passe par les points *g*, *h*, *k*; donc les points homologues des sommets du polygone FGHK sont dans un même plan et le polygone *fghk* qu'ils déterminent est semblable à FGHK. On prouverait de même que les autres faces homologues sont semblables.

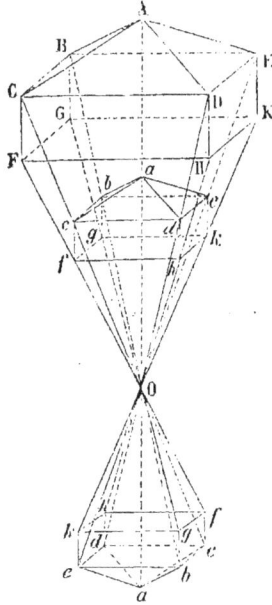

Pour démontrer l'égalité de deux angles polyèdres homologues tels que A et *a*, remarquons que leurs arêtes homologues sont parallèles et dirigées dans le même sens; il résulte de là que ces angles polyèdres ont les faces homologues égales et les angles dièdres homologues égaux; donc ils sont égaux et les polyèdres homothétiques directs ABC...., *abc*...., qui ont les faces homologues semblables, les angles polyèdres égaux, sont semblables.

2° Si l'homothétie est inverse, c'est-à-dire que les points *a*, *b*, *c*... soient sur les prolongements de OA, OB, OC...., on démontre comme ci-dessus la similitude des faces homologues des deux polyèdres; mais les angles polyèdres homologues tels que A, *a* ont leurs arêtes homologues parallèles et dirigées en sens contraire, de sorte que l'angle *a* est égal au symétrique de A. Donc les polyèdres homothétiques inverses ABC...., *abc*.... ont les faces homologues semblables et les angles polyèdres homologues symétriques.

### THÉORÈME IV.

*Deux polyèdres sont homothétiques lorsque les droites qui joignent les sommets du premier à un point* p *sont parallèles et proportionnelles à celles qui joignent les sommets du second à un autre point* p'.

Démonstration analogue à celle du théorème V, chap. V, livre III.

SCHOLIE.—On appelle les points *p*, *p'* *pôles conjugués* des polyèdres homothétiques. Deux pôles conjugués sont en ligne droite avec le centre de similitude; ils se trouvent d'un même côté du centre de similitude ou de différents côtés, selon que l'homothétie est directe ou inverse.

COROLLAIRE.—Si on suppose le point *p* à l'intérieur du premier polyèdre, son conjugué *p'* sera aussi à l'intérieur du second et les deux polyèdres seront décomposés en un même nombre de pyramides homothétiques; donc *deux polyèdres composés d'un même nombre de pyramides semblables et disposées dans le même ordre sont semblables.*

### THÉORÈME V.

*Si deux polyèdres à centre sont homothétiques directs, ils sont aussi homothétiques inverses et réciproquement.*

Appliquer la démonstration du théorème VI, chap. V, livre III, à deux parallélipipèdes homothétiques.

SCHOLIE.—La distance des centres des polyèdres est divisée harmoniquement par les deux centres d'homothétie directe et inverse.

### THÉORÈME VI.

*Deux polyèdres homothétiques à un troisième sont homothétiques entre eux.*

Démonstration analogue à celle du théorème VII, chap. V, livre III.

SCHOLIE.—Trois polyèdres homothétiques étant donnés, parmi les trois systèmes qu'ils forment il n'y en a qu'un nombre impair dont l'homothétie soit directe.

### THÉORÈME VII.

*Les centres de similitude de trois polyèdres, deux à deux homothétiques, sont en ligne droite.*

Démonstration analogue à celle du théorème VIII, chap. V, livre III.

COROLLAIRE.—Si trois polyèdres à centres sont homothétiques, ils ont trois centres de similitude externes et trois centres de similitude internes. Donc ces polyèdres ont un axe d'homothétie directe passant par les trois centres externes et trois axes d'homothétie inverse sur chacun desquels se trouvent deux centres internes et le centre externe correspondant au troisième centre interne.

### THÉORÈME VIII.

*Les six centres de similitude de quatre polyèdres* P, P', P'', P''', *deux à deux homothétiques, sont dans un même plan.*

Supposons que $O'$, $O''$, $O'''$ soient les centres de similitude du polyèdre P et de chacun des trois autres P', P'', P'''; que $O_1''$, $O_1'''$ soient les centres de similitude du polyèdre P' et de chacun des deux autres P'', P''', et enfin que $O_2'''$ soit celui des polyèdres P'', P'''. L'axe d'homothétie des polyèdres P, P', P'' qui passe par les points $O'$, $O''$, $O_1''$ et celui des polyèdres P, P', P''' qui passe par les points $O'$, $O'''$, $O_1'''$ se rencontrent au point $O'$. L'axe d'homothétie des polyèdres P, P'', P''', déterminé par les points $O''$, $O'''$, $O_2'''$, est situé dans le plan des deux axes

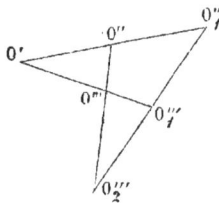

O′O″, O′O‴. Il en est de même de l'axe d'homothétie des polyèdres P′, P″, P‴; donc les quatre axes et, par suite, les
six centres de similitude sont dans un même plan.

SCHOLIE. — Si les quatre polyèdres sont homothétiques
directs, ils ont quatre axes d'homothétie directe situés dans
le même plan qu'on appelle *plan d'homothétie directe.* —
Lorsque, parmi les polyèdres donnés, trois seulement sont
homothétiques directs, il y a un axe d'homothétie directe et
trois axes d'homothétie inverse ; le plan qui les contient est
dit *plan d'homothétie directe et inverse.* Enfin lorsque deux
polyèdres sont homothétiques inverses et que les deux autres le sont aussi, ces quatre polyèdres ont quatre axes
d'homothétie inverse compris dans un même plan, nommé
*plan d'homothétie inverse.*

COROLLAIRE. — Si quatre polyèdres à centres sont homothétiques, ils ont six centres d'homothétie directe, six centres
d'homothétie inverse et, par conséquent, quatre axes d'homothétie directe et douze axes d'homothétie inverse.
  Ces polyèdres ont un plan d'homothétie directe contenant
les six centres externes ; quatre plans d'homothétie directe
et inverse dont chacun contient trois centres externes situés
sur le même axe d'homothétie et les trois centres internes
correspondants aux trois autres centres externes ; ils ont
aussi trois plans d'homothétie inverse qui contiennent chacun deux centres externes non situés sur le même axe d'homothétie et les quatre centres internes correspondant aux
quatre autres centres externes.

## THÉORÈME IX.

*Deux pyramides semblables* P, p *sont entre elles comme les
cubes de deux arêtes homologues* A *et* a.
  Soient B, b les bases des deux pyramides P, p et H, h leurs

hauteurs; chacune des pyramides ayant pour mesure le tiers du produit de sa base par sa hauteur, on a

$$\text{. P} : p :: \text{B} \times \text{H} : b \times h.$$

Or les bases B, $b$ sont semblables et les hauteurs proportionnelles à deux arêtes homologues; donc

$$\text{B} : b :: \text{A}^2 : a^2,$$

et
$$\text{H} : h :: \text{A} : a.$$

En multipliant ces deux proportions terme à terme, on trouve

$$\text{B} \times \text{A} : b \times h :: \text{A}^3 : a^3,$$

d'où il résulte que

$$\text{P} : p :: \text{A}^3 : a^3.$$

CorollaIRE.—*Deux polyèdres semblables* P, p *sont entre eux comme les cubes de deux arêtes homologues* A *et* a.

Je décompose les deux polyèdres en un même nombre de pyramides semblables et je désigne par V, V', V''..... celles qui forment le polyèdre P, par $v$, $v'$, $v''$..... les pyramides correspondantes du polyèdre $p$. Les pyramides étant deux à deux semblables et les arêtes homologues des deux polyèdres, proportionnelles, on a

$$\text{V} : v :: \text{A}^3 : a^3,$$
$$\text{V}' : v' :: \text{A}^3 : a^3,$$
$$\text{V}'' : v'' :: \text{A}^3 : a^3,$$
$$\cdots \cdots \cdots$$

et, par conséquent,

$$\frac{\text{V}}{v} = \frac{\text{V}'}{v'} = \frac{\text{V}''}{v''} = \cdots = \frac{\text{A}^3}{a^3};$$

donc
$$\frac{\text{V} + \text{V}' + \text{V}''}{v + v' + v''} = \cdots = \frac{\text{A}^3}{a^3},$$

ou
$$\text{P} : p :: \text{A}^3 : a^3.$$

ScholIE.—Les surfaces de deux polyèdres semblables sont entre elles comme les carrés des arêtes homologues.

# CHAPITRE V.

## Symétrie.

———

**1**—Si on trace par un point $c$ une droite quelconque e qu'on prenne sur cette ligne deux points $a$, $a'$ également éloignés de $c$, on dit que les points $a$ et $a'$ sont *symétriques par rapport au point $c$,* appelé *centre de symétrie.*

Deux figures sont *symétriques par rapport à un centre,* lorsque leurs points sont deux à deux symétriques par rapport à ce centre.

**2**—Deux points $a$, $a'$ sont symétriques par rapport à une droite $xy$, appelée axe de symétrie, si la droite $aa'$ qui les joint est perpendiculaire sur cet axe et divisée par lui en deux parties égales.

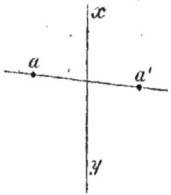

Deux figures sont *symétriques par rapport à un axe,* lorsque leurs points sont deux à deux symétriques par rapport à cet axe.

**3**—Deux points $a$, $a'$ sont *symétriques par rapport à un plan* MN, nommé *plan de symétrie,* lorsque la droite $aa'$ qui les joint est perpendiculaire sur ce plan et divisée par lui en deux parties égales.

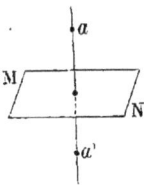

On dit que deux figures sont *symétriques par rapport à un plan,* lorsque leurs points sont deux à deux symétriques par rapport à ce plan.

Les points symétriques, dans ces trois genres de symétrie, sont appelés *homologues.*

## THÉORÈME I.

*Deux polyèdres symétriques par rapport à un centre ont les faces homologues égales et les angles polyèdres homologues, symétriques.*

En effet, deux polyèdres, symétriques par rapport à un centre, sont homothétiques inverses par rapport à ce point et le rapport de similitude est égal à l'unité; donc leurs faces homologues sont égales et leurs angles homologues symétriques.

COROLLAIRE 1.—*Deux polyèdres P, P' sont égaux s'ils sont les symétriques d'un même polyèdre P'' par rapport à deux centres différents.*

Car les polyèdres P, P' ont les faces égales et les angles polyèdres égaux chacun à chacun.

COROLLAIRE II.—*Le plan déterminé par deux arêtes opposées BD', DB' d'un parallélipipède AA', divise ce polyèdre en deux prismes triangulaires, symétriques par rapport au point O d'intersection de ses diagonales.*

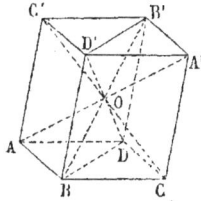

Car ce point divise chacune des diagonales en deux parties égales.

## THÉORÈME II.

*Deux polyèdres P, P', symétriques par rapport à un axe xy, sont égaux.*

En effet, supposons le polyèdre P lié invariablement à l'axe xy et faisons-le tourner autour de cette droite; dans ce mouvement, les points A, B, C,.... de la surface du polyèdre P décrivent des arcs semblables qui ont leurs centres sur l'axe et dont les plans sont perpendiculaires à cette droite. Lorsque

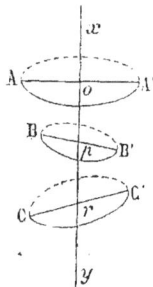

le point A a parcouru une demi-circonférence et coïncide avec son symétrique A′, les points B, C,…. se confondent aussi avec leurs symétriques B′, C′,…. et les deux polyèdres P, P′ coïncident ; donc ils sont égaux.

### THÉORÈME III.

*Deux polyèdres* P, P′ *symétriques par rapport à un plan* MN *ont les faces homologues égales et les angles homologues symétriques.*

En effet, tracez par un point quelconque O du plan MN une droite $xy$ perpendiculaire à ce plan, et faites tourner le polyèdre P′ autour de cette droite jusqu'à ce que chacun de ses points ait décrit une demi-circonférence autour de $xy$. Je dis que, dans cette nouvelle position, le polyèdre P′ est le symétrique de P par rapport au point O. Soient $a$, $a′$ deux points homologues des polyèdres P, P′; $b$ le milieu de la droite $aa′$ et $a′′$ la position que prend le point $a′$ dans le plan $aa′xy$, après avoir décrit la demi-circonférence $ca′$ qui a son centre $c$, situé sur l'axe $xy$ et dont le plan est perpendiculaire à cette droite. Les triangles $oab$, $oca′′$ ont un angle droit compris entre deux côtés égaux chacun à chacun, donc les hypoténuses $oa$, $oa′′$ sont égales et l'angle $bao$ est égal à $coa′′$. Or les angles $bao$, $aox$ sont alternes internes par rapport aux droites parallèles $aa′$, $xy$, donc l'angle $aox$ est égal à $coa′′$ et les deux droites $oa$, $oa′′$ sont le prolongement l'une de l'autre. Il résulte de là que le point $a′′$ est le symétrique de $a$ par rapport au centre $o$; donc les polyèdres P, P′ sont symétriques par rapport au point $o$ et leurs faces homologues sont égales, leurs angles homologues symétriques.

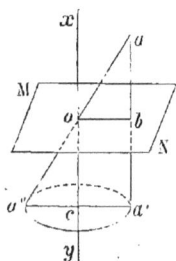

COROLLAIRE I.—Si trois polyèdres P, P′, P″ sont tels que P, P′ soient symétriques par rapport à un plan et P, P″ symétriques par rapport à un point, les polyèdres P′, P″ sont égaux.

SCHOLIE.—La symétrie de deux polyèdres par rapport à un axe n'est relative qu'à leur position, puisqu'ils sont égaux ; mais la symétrie par rapport à un centre ou à un plan modifie la forme des polyèdres en changeant l'ordre de leurs parties homologues. Nous allons étudier les propriétés relatives à ces derniers polyèdres que nous appellerons simplement *symétriques* sans indication de centre et de plan de symétrie.

Un polyèdre n'a qu'un seul symétrique.

### THÉORÈME IV.

*Deux polyèdres P, P′ symétriques peuvent être décomposés en un même nombre de pyramides symétriques.*

En effet, plaçons ces deux polyèdres de sorte qu'ils soient homothétiques inverses, prenons deux points homologues O, O′ à l'intérieur de chacun d'entre eux et joignons le point O à tous les sommets du polyèdre P, le point O′ à ceux du polyèdre P′ ; les deux polyèdres seront décomposés en un même nombre de pyramides homothétiques inverses et, par conséquent, symétriques, puisque le rapport d'homothétie est égal à l'unité.

COROLLAIRE.—Si on trace les diagonales homologues dans les faces homologues des deux polyèdres, ces polyèdres pourront être considérés comme étant composés d'un même nombre de tétraèdres symétriques ayant pour sommets les points homologues O et O′.

### THÉORÈME V.

*Deux polyèdres symétriques sont équivalents.*

Prenons d'abord deux pyramides symétriques et plaçons

les de telle sorte que leurs bases coïncident et que leurs sommets S, S′ soient de différents côtés du plan de la base commune ABCD. Les sommets étant deux points symétriques par rapport au plan ABC, les hauteurs SF, SF′ des pyramides sont égales; donc ces pyramides sont équivalentes.

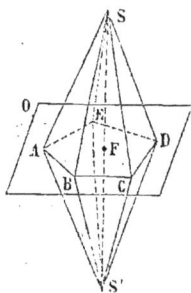

Considérons, en second lieu, deux polyèdres symétriques quelconques et décomposons-les en un même nombre de pyramides symétriques. Les pyramides symétriques étant équivalentes, les deux polyèdres sont aussi équivalents.

### PROBLÈMES A RÉSOUDRE.

**1**—Les plans bissecteurs des angles dièdres d'un tétraèdre passent par le même point.

**2**—Les plans perpendiculaires au milieu des arêtes d'un tétraèdre passent par le même point.

**3**—Déterminer à l'intérieur d'un tétraèdre un point tel qu'en le joignant à tous les sommets, on décompose le tétraèdre en quatre pyramides triangulaires équivalentes.

**4**—Les droites qui joignent les sommets d'un tétraèdre au point de rencontre des médianes des faces opposées concourent au même point.—Ce point est le centre de gravité du tétraèdre.

**5**—Couper un prisme triangulaire de telle sorte que la section soit un triangle équilatéral.

**6**—Par deux points donnés sur deux arêtes d'un prisme triangulaire, mener un plan qui divise le prisme en deux parties équivalentes.

**7**—La somme des distances des sommets d'un tétraèdre à un plan est égale à quatre fois la distance du centre de gravité du tétraèdre au même plan.

**8**—La somme des carrés des distances d'un point quelconque aux sommets d'un parallélipipède est égale à 8 fois le carré de la distance de ce point au centre du parallélipipède, plus la somme des carrés des distances de ce centre aux sommets.

**9**—Le plan bisecteur d'un angle dièdre d'un tétraèdre ou de son supplément divise l'arête opposée en segments proportionnels aux faces adjacentes.

**10**—Si par le sommet S du tétraèdre SABC on trace la droite SD formant des angles égaux avec les faces SAB, SAC, SAD et qu'on joigne les sommets A, B, C de la base au point D, dans lequel cette droite rencontre ABC, les triangles DAB, DBC, DAC sont proportionnels aux faces SAB, SBC, SAC.

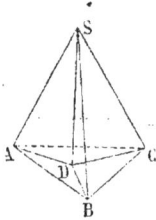

**11**—Diviser un tronc de pyramide à bases parallèles en deux parties proportionnelles à deux lignes données $m$ et $n$, par un plan parallèle aux bases.

**12**—Quelle serait la mesure d'une pyramide, d'un parallélipipède, d'un prisme, si l'on prenait pour unité de volume le tétraèdre régulier dont le côté est égal à l'unité de longueur ?

**13**—Les droites qui joignent les milieux des arêtes opposées d'un tétraèdre concourent au même point.

**14**—Tout plan qui passe par les milieux de deux arêtes opposees d'un tétraèdre le divise en deux parties équivalentes.

**15**—Le tétraèdre qui a pour sommets les points de rencontre des médianes des faces d'un tétraèdre donné est semblable à ce tétraèdre.—Quel est le rapport de leurs volumes?

# LIVRE VII.

## DES SURFACES COURBES.

## CHAPITRE I.

### Du Plan tangent.

**1**—Lorsqu'une ligne droite ou courbe se meut dans l'espace, le lieu géométrique des positions qu'elle y occupe successivement est une surface; aussi on donne à cette ligne le nom de *génératrice* de la surface et celui de *directrices* aux lignes qui dirigent le mouvement de la génératrice.

Nous ne considérerons que des surfaces dont la génératrice est de forme invariable.

On distingue deux espèces de surfaces courbes : 1° les surfaces dont la génératrice est une ligne droite et qu'on appelle *réglées*; 2° celles qui ne peuvent être engendrées par une ligne droite et auxquelles on a conservé d'une manière spéciale le nom de surfaces *courbes*.

**2**—Il faut remarquer parmi les surfaces réglées, 1° la surface *conique*; 2° la surface *cylindrique*.

Une surface *conique* est engendrée par le mouvement d'une droite AB qui passe constamment par un point fixe A et s'appuie sur une *directrice courbe* BCD.

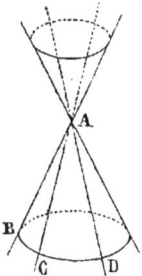

Le point fixe A est le centre de la surface conique; il la divise en deux parties qu'on appelle les *nappes* de cette surface.

Lorsqu'on coupe une surface conique A dont la directrice est une courbe fermée par un plan BCD qui rencontre toutes les génératrices sur la même nappe, le corps compris entre la surface conique et le plan sécant est un *cône*. La section BCD est la *base* de ce cône, qui a pour *sommet* le centre de la surface et pour *hauteur* la distance de son sommet à sa base.

On dit qu'un cône est *circulaire* lorsqu'il a pour base un cercle; un cône circulaire est *droit*, si la droite qui joint le sommet au centre de la base est perpendiculaire sur la base. Dans le cas contraire, le cône circulaire est *oblique*.

Une surface *cylindrique* est engendrée par une droite AA' qui se meut parallèlement à une droite fixe MN, en s'appuyant constamment sur une *directrice courbe* ABC.

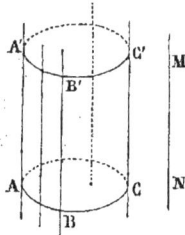

La droite MN est la *directrice droite* de la surface cylindrique.

Lorsqu'on coupe une surface cylindrique dont la directrice courbe est une ligne fermée par deux plans parallèles ABC, A'B'C' qui rencontrent toutes les génératrices, le corps compris entre la surface cylindrique et les deux plans parallèles est un *cylindre*. Il a pour *bases* les sections ABC, A'B'C' et pour *hauteur* la distance de ses bases.

Un cylindre est *circulaire* lorsqu'il a pour base un cercle. Le cylindre circulaire est *droit* ou *oblique* selon que la droite qui joint les centres des bases est perpendiculaire ou oblique aux plans des bases.

On appelle *section droite* toute section faite dans un cylindre par un plan perpendiculaire aux génératrices.

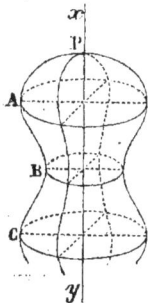

**3**—Parmi les surfaces courbes proprement dites, on distingue la *surface de révolution*, qui est engendrée par une ligne quelconque ABC tournant autour d'une droite fixe $xy$ à laquelle elle est liée d'une manière invariable.

On donne le nom d'*axe de rotation* à la droite $xy$ et celui de *pôle* à tout point P d'intersection de la surface et de l'axe de rotation. Les surfaces de révolution dont nous étudierons les propriétés sont : 1° la *surface sphérique*; 2° la *surface conique de révolution*; 3° la *surface cylindrique de révolution*.

La surface *sphérique* est engendrée par une demi-circonférence AMB tournant autour de son diamètre AB ; on appelle *sphère* le corps terminé par cette surface.

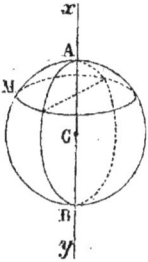

Tous les points de la surface sphérique étant également distants du centre C de la génératrice AMB, on donne au point C le nom de *centre* de la sphère. Les droites qui joignent le centre aux différents points de la surface sphérique sont des *rayons* égaux.

Toute droite passant par le centre d'une sphère et terminée aux deux points où elle rencontre la surface est un *diamètre*. Tous les diamètres sont égaux.

La *surface conique de révolution* est engendrée par une droite qui rencontre l'axe de rotation et forme avec lui un angle constant.

La *surface cylindrique de révolution* est engendrée par une droite parallèle à l'axe de rotation.

### THÉORÈME I.

*Le lieu des tangentes, menées par un point A d'une surface aux différentes courbes tracées par ce point sur la surface, est un plan.*

Je trace, par le point A, sur la surface, la génératrice BAC et deux lignes quelconques ADE, AFG. Pour démontrer que la droite AT″, tangente à la courbe AFG, est située dans le plan des deux droites AT, AT′ qui sont respectivement tangentes aux courbes BAC, ADE, je considère la génératrice dans une autre position HDK. Soient D et F les points où elle rencontre les lignes ADE, AFG. Lorsque la génératrice passe de la position HDK à la position BAC, les points D et F viennent se confon-

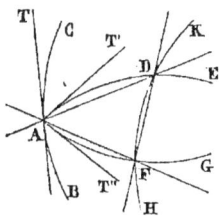

dre avec A ; alors la sécante AF coïncide avec la tangente AT″, la sécante AD avec la tangente AT′ et la sécante DF avec la tangente AT. Or les droites AF, AD, DF sont constamment dans le même plan, donc les tangentes AT″, AT′, AT sont aussi dans un même plan.

SCHOLIE I.—Ce plan est dit *tangent* à la surface. Le point A, commun à la surface et au plan, est leur *point de contact*.

La droite, menée par le point de contact perpendiculairement au plan tangent, est *normale* à la surface.

SCHOLIE II.—Pour mener le plan tangent en un point d'une surface, tracez par ce point et sur la surface deux courbes quelconques, puis les tangentes à ces courbes, et conduisez un plan par ces deux droites.

COROLLAIRE I.—*Le plan, tangent à une surface réglée, contient la génératrice rectiligne qui passe par le point de contact.*

En effet, si la génératrice BAC est une ligne droite, le raisonnement précédent prouve que les droites AF, AD, DF, étant situées dans le même plan, leurs positions limites, c'est-à-dire les droites AT″, AT′, AB, sont aussi dans un même plan.

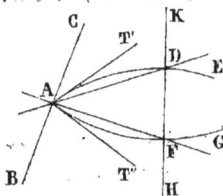

COROLLAIRE II.—Pour mener le plan tangent en un point d'une surface réglée, tracez par ce point et sur la surface une courbe quelconque, puis la tangente à cette courbe, et conduisez un plan par cette droite et la génératrice rectiligne du point donné.

### THÉORÈME II.

*Les sections* ABC, A′B′C′, *faites dans une surface conique quelconque* S *par deux plans parallèles, sont des courbes homothétiques.*

En effet, si on mène par le centre S un plan MN, parallèle aux plans parallèles ABC, A'B'C', ces trois plans divisent les génératrices SA, SB, SC, etc., en parties proportionnelles et l'on a

$$\frac{SA'}{SA}=\frac{SB'}{SB}=\frac{SC'}{SC}=\text{etc.}$$

donc les lignes ABC, A'B'C' sont homothétiques et leur centre de similitude est le point S.

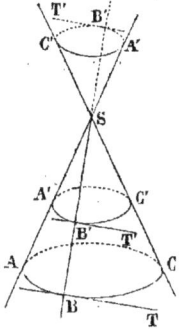

COROLLAIRE I.—L'homothétie est inverse, si le centre de la surface est situé entre les deux plans parallèles; elle est directe dans le cas contraire.

COROLLAIRE II.—Les deux sections ABC, A'B'C' étant homothétiques, leurs tangentes BT, B'T' aux points homologues B et B' sont parallèles. Donc *le plan tangent en un point B d'une génératrice SB de la surface conique, est tangent en tout autre point B' de cette droite.*

### THÉORÈME III.

*Les sections ABC, A'B'C', faites dans une surface cylindrique quelconque ABCA' par des plans parallèles, sont des courbes égales.*

En effet, par un point quelconque O du plan de la section ABC, tracez la droite OO' parallèle aux génératrices, jusqu'à la rencontre du plan de l'autre section A'B'C'. Tout plan AA'OO' qui passe par la droite OO' et par une génératrice quelconque AA' de la surface cylindrique coupe les plans des deux sections suivant deux droites AO, A'O' parallèles et égales, car le quadrilatère AA'OC' est un parallélogramme. Superposez les plans ABC, A'B'C', en plaçant le point O sur O' et le

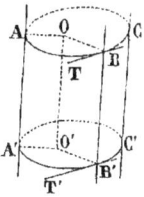

point A sur A′, les courbesABC, A′B′C′ coïncideront, puisque leurs rayons parallèles, tels que OB, O′B′, sont égaux.

Corollaire I.—Les tangentes BT, B′T′ aux points homologues B, B′ des deux sections sont parallèles. Donc *le plan tangent en un point B d'une génératrice BB′ de la surface cylindrique est tangent en tout autre point B′ de cette droite.*

Corollaire II.—*Les bases d'un cylindre sont égales.*

### THÉORÈME IV.

*Les sections faites dans une surface de révolution par des plans perpendiculaires à l'axe sont des circonférences de cercle, et l'axe est le lieu géométrique de leurs centres.*

Soient *xy* l'axe et AMB la génératrice d'une surface de révolution; d'un point quelconque M de la ligne AMB je trace la droite MC perpendiculaire sur l'axe. La génératrice AMB étant invariablement liée à l'axe *xy*, la droite MC dont la grandeur est constante décrit un plan perpendiculaire à *xy* et le point M trace dans ce plan une circonférence de cercle dont le point C est le centre. Donc toute section MNR faite par un plan perpendiculaire à l'axe est une circonférence de cercle qui a son centre sur l'axe.

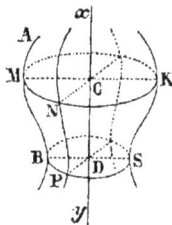

Scholie I. Les sections perpendiculaires à l'axe d'une surface de révolution sont appelées les *parallèles* de la surface.

On donne le nom de *méridien* à tout plan passant par l'axe et celui de *ligne méridienne* à l'intersection de la surface de révolution par le plan méridien. *Toutes les lignes méridiennes sont égales.*

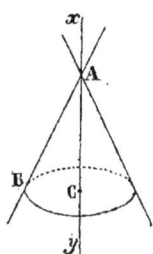

Scholie II.—Lorsqu'on coupe une surface conique de révolution par un plan BC perpendiculaire à l'axe *xy*, on a le *cône circulaire droit* qu'on peut regarder comme étant engendré par le triangle rectangle ABC tournant autour du côté AC de l'angle droit ACB. L'hypoténuse AB est l'*apothème* du cône.

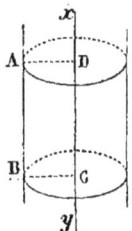

Si on coupe une surface cylindrique de révolution par deux plans AD, BC perpendiculaires à l'axe *xy*, on forme le *cylindre circulaire droit* qu'on peut concevoir comme étant engendré par le rectangle ABCD tournant autour de son côté CD.

### THÉORÈME V.

*Toute section faite par un plan dans la sphère* CA *est un cercle.*

1° Si le plan sécant passe par le centre de la sphère, il rencontre sa surface en des points également éloignés du centre. Donc la section est un cercle ayant le même centre et le même rayon que la sphère.

2° Soit DEF la section faite par un plan qui ne passe pas par le centre de la sphère CA; tracez le diamètre AB perpendiculaire sur le plan DEF de la section; tout plan ADB mené par cette droite rencontre la surface sphérique suivant un cercle dont le rayon est égal à celui de la sphère. En faisant tourner ce cercle autour du diamètre AB, il engendre la sphère; donc le diamètre AB est un axe et la section DEF un parallèle de cette surface de révolution.

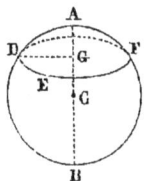

Scholie I.—On appelle *grand cercle* toute section faite dans la sphère CA par un plan qui passe par le centre C; *petit*

17

*cercle* toute section dont le plan ne passe pas par le centre de la sphère.

Le centre G d'un petit cercle DEF et le centre C de la sphère sont sur une même droite AB perpendiculaire au plan du petit cercle.

On donne le nom de *zone* à la portion de surface sphérique comprise entre deux cercles parallèles. La zone a pour *bases* les deux cercles et pour *hauteur* la perpendiculaire qui mesure la distance de ses bases.—Si l'un des cercles est nul, la zone n'a qu'une base.

Scholie II.—Si on considère un cercle quelconque DEF comme étant un parallèle, le diamètre AB de la sphère, perpendiculaire sur le plan de ce cercle, est un axe de révolution et ses extrémités A et B sont deux pôles de la surface sphérique.

On donne à la droite AD le nom d'*axe* et à ses extrémités A et B le nom de *pôles du cercle* DEF; de là il résulte que *les cercles parallèles ont le même axe et les mêmes pôles.*

Corollaire I.—*Par deux points de la surface d'une sphère on peut tracer une circonférence de grand cercle.*

Car le plan qui passe par les deux points donnés et le centre de la sphère la coupe suivant un grand cercle.

Si les deux points de la surface et le centre ne sont pas en ligne droite, on ne peut tracer qu'une circonférence de grand cercle. Dans le cas contraire, on peut mener par les deux points une infinité de grands cercles ayant chacun pour diamètre la droite qui joint les deux points donnés.

Dans les théorèmes suivants, nous ne considérerons que le plus petit des deux arcs de grand cercle qui joignent deux points donnés sur la sphère.

Corollaire II.—*Tout grand cercle* ABD *divise la sphère* AC *et sa surface en deux parties égales.*

Car si on fait tourner la zone inférieure ABDEN autour

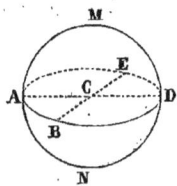

du diamètre AD jusqu'à ce qu'elle soit au-dessus du plan ABD et que sa base ABDE coïncide avec la base ABDE de la zône ABDEM, ces zones devront coïncider, sinon la surface de la sphère aurait des points inégalement éloignés du centre C.

COROLLAIRE III.—*Deux grands cercles se divisent mutuellement en deux parties égales.*

En effet, leur intersection, passant par le centre de la sphère, est un diamètre commun aux deux cercles.

## THÉORÈME VI.

1° *Deux petits cercles égaux sont également distants du centre de la sphère.* 2° *De deux petits cercles inégaux le plus grand est le plus rapproché du même centre.*

Car le plan qui passe par le centre C de la sphère et par les centres F, G des deux petits cercles, rencontre la sphère suivant un grand cercle ABED et les deux petits cercles suivant leurs diamètres AB, DE; donc 1° les distances CF, CG sont égales si la corde DE est égale à AB; 2° la droite CG est moindre que CF lorsque la corde DE est plus grande que AB.

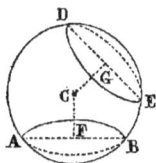

## THÉORÈME VII.

*Le plan tangent à une surface de révolution est perpendiculaire au méridien qui passe par le point de contact.*

Soit xy l'axe d'une surface de révolution; tracez par un point A de cette surface le parallèle AB, le méridien ACD et leurs tangentes respectives AT, AT'. Le parallèle AB étant perpendiculaire sur l'axe et par suite sur le méridien ACD, sa tangente AT est perpendiculaire sur le plan BAC; donc le plan tangent TAT' et le méridien ACD sont perpendiculaires l'un sur l'autre.

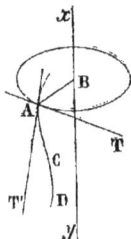

Corollaire I.—La normale à une surface de révolution rencontre l'axe de cette surface.

Corollaire II.— *Tout plan* TAT' *tangent à une sphère est perpendiculaire sur le rayon* CA *du point de contact* A.

En effet, si on trace par le point A les droites AT, AT' tangentes à deux grands cercles quelconques ADB, AEB passant par le diamètre AB, le rayon CA, perpendiculaire sur chacune de ces tangentes, est aussi perpendiculaire sur le plan tangent TAT'.

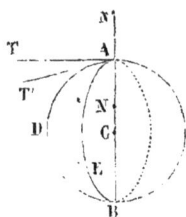

Corollaire III.— Par un point N intérieur ou extérieur à la sphère CA, on peut tracer deux normales NA, NB, dont les directions coïncident, parce qu'elles passent par le centre C de la sphère.

### THÉORÈME VIII.

*Tous les points de la circonférence* ABC *d'un parallèle d'une surface de révolution* PABC *sont également éloignés d'un pôle quelconque* P *de cette surface.*

En effet, si on trace du centre O de la circonférence ABC les rayons OA, OB, OC, etc., et qu'on joigne le pôle P aux points A, B, C, etc., les droites PA, PB, PC, etc., obliques au plan ABC, sont égales parce qu'elles s'écartent également de la droite PO perpendiculaire sur le même plan. Donc le pôle P est également distant des points de la circonférence du parallèle ABC.

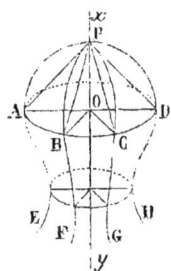

Scholie I.—Les arcs PA, PB, PC, etc., des lignes méridiennes passant par les points A, B, C, etc., sont égaux, d'après le mode de génération de la surface.

Scholie.—Si la surface de révolution est sphérique et que

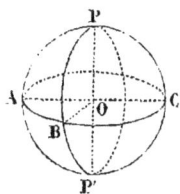

le parallèle ABC soit un grand cercle, les arcs PA, PB, etc., sont des quarts de circonférence ou des *quadrants*, puisque les angles au centre POA, POB, etc., sont droits.

La propriété dont jouit le pôle d'un cercle d'être également éloigné des points de la circonférence de ce cercle permet de tracer les arcs de cercle sur une sphère comme sur un plan. On prend pour la distance des pointes du compas la droite qui joint le pôle à un point de la circonférence qu'on veut décrire; dans le cas d'une circonférence de grand cercle cette droite est égale à la corde d'un quadrant, c'est-à-dire au côté du carré inscrit dans ce cercle.

Des deux pôles d'un petit cercle, nous ne considérerons désormais que celui qui est situé sur le même hémisphère que ce cercle, et nous appellerons *distance polaire* d'un cercl l'arc de grand cercle mené de son pôle à un point quelconque de sa circonférence.

# CHAPITRE II.

## Du Triangle sphérique.

———

**1**—On appelle *angle de deux arcs de grands cercles* l'angle dièdre formé par leurs plans. Cet angle a pour *côtés* les arcs de grands cercles et pour *sommet* leur point d'intersection.

**2**—Un *polygone sphérique* est une portion de la surface de la sphère, comprise entre plusieurs arcs de grands cercles.

Ces arcs de grands cercles sont les *côtés* du polygone ; les angles qu'ils forment et les sommets de ces angles sont les *angles* et les *sommets* du polygone sphérique.

Le polygone sphérique qui a trois côtés est le *triangle sphérique*.

**3**—On dit qu'un polygone sphérique est *convexe*, lorsqu'il est situé d'un même côté de chacune des circonférences de grands cercles qui le forment. Dans le cas contraire, il est *concave*.

Le périmètre d'un polygone sphérique convexe ne peut être rencontré en plus de deux points par un arc de grand cercle. (Démonstration analogue à celle qu'on a faite pour le polygone rectiligne convexe. Liv. I, chap. VI.)

**4**—Les plans des arcs de grands cercles qui forment un

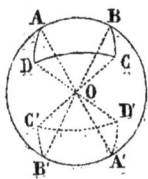

polygone sphérique ABCD déterminent au centre O de la sphère un angle polyèdre OABCD dont les angles dièdres sont les angles mêmes du polygone et dont les faces AOB, BOC, etc., ont pour mesures les côtés correspondants AB, BC, etc., de ABCD.

Si on prolonge les arêtes de l'angle polyèdre OABCD au-delà du sommet O, l'angle polyèdre symétrique OA'B'C'D' intercepte sur la surface de la sphère un polygone A'B'C'D' dont les angles et les côtés sont égaux à ceux du polygone ABCD; mais la disposition des parties égales étant inverse dans les deux polygones, comme dans les deux angles polyèdres symétriques, ces polygones ne sont pas superposables; on dit aussi qu'ils sont *symétriques*.

**5**—Soit OABC un angle trièdre dont le sommet O est situé au centre de la sphère OA; si d'un point quelconque M, pris à l'intérieur de cet angle, on trace les droites MA', MB', MC', respectivement perpendiculaires aux faces BOC, COA, AOB et qu'on mène parallèlement à ces droites, dans le même sens, les rayons Oa, Ob, Oc, les angles trièdres Oabc, MA'B'C' sont égaux et les angles trièdres Oabc, OABC, supplémentaires.

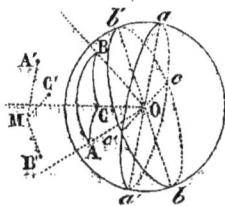

Les triangles ABC, abc, interceptés sur la surface de la sphère par les angles trièdres OABC, Oabc, sont aussi *supplémentaires*, c'est-à-dire que les angles de l'un sont les suppléments des côtés de l'autre, puisque les côtés de chaque triangle mesurent les faces de l'angle trièdre correspondant.

Les triangles ABC, abc jouissent aussi de cette propriété que les sommets de l'un sont les pôles des côtés de l'autre. En effet, la droite Oa étant perpendiculaire sur le plan BOC, le point a est un pôle de l'arc de grand cercle BC et des deux pôles de BC c'est celui qui ne se trouve pas du même côté de l'arc BC que le sommet A du triangle ABC, car les rayons O*a*, OA sont de différents côtés du plan BOC. Il en est de même des deux autres sommets *b* et *c* du triangle *abc* par rapport aux côtés AC, AB du triangle ABC.

On prouverait pareillement que les sommets A, B, C du triangle ABC sont les pôles des côtés de *abc*. Pour cette raison on a donné aux triangles supplémentaires ABC, *abc* le nom de triangles *polaires*.

### THÉORÈME I.

*L'angle* BAD *de deux arcs de grands cercles* AB, AD *a pour mesure l'arc de grand cercle* BD, *tracé de son sommet* A *comme pôle entre les côtés.*

Le point A étant le pôle de l'arc de grand cercle BD, chacun des arcs AB, AD est un quadrant et les angles au centre AOB, AOD sont droits. Donc l'angle BOD est le rectiligne de l'angle dièdre BACD et l'arc BD qui mesure l'angle rectiligne BOD, mesure aussi l'angle BAD, formé par les deux arcs de grands cercles AB, AD.

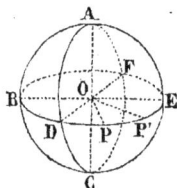

COROLLAIRE I.—Si on prend sur la circonférence BD et dans le même sens chacun des arcs BP, DP′, égal à un quadrant, le point P est un pôle de l'arc AB′, le point P′ un pôle de l'arc AD et l'arc de grand cercle PP′ est égal à BD. Donc *l'angle* BAD *a pour mesure l'arc de grand cercle qui joint les pôles* P *et* P′ *de ses côtés.*

COROLLAIRE II.—Le lieu des pôles des grands cercles qui forment avec le grand cercle BAC un angle égal à BAD est la circonférence décrite du point P comme pôle avec la distance polaire PP′.

Le lieu des axes des mêmes cercles est la surface conique

dé révolution dont le point O est le centre, OP l'axe et OP' l'une des génératrices.

CoROLLAIRE III.—Si on prolonge les arcs BA, DA au delà de leur point d'intersection A, les angles BAD, EAF, opposés au sommet sont égaux et les angles adjacents BAD, DAE sont supplémentaires.

## THÉORÈME II.

*Chaque côté d'un polygone sphérique convexe* ABCDE *est moindre que la moitié de la circonférence d'un grand cercle.*

Car, si on supposait un côté quelconque AE de ce poly-gone plus grand qu'une demi-circonfé-rence de grand cercle, l'arc AB pro-longé rencontrerait AE en un second point F situé entre les points A et E, de sorte que le polygone sphérique ne se-rait pas tout entier d'un même côté de la circonférence AB; ce qui contredit l'hy-pothèse. Donc, etc.

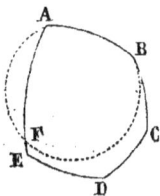

ScHOLIE I.—La réciproque est fausse

ScHOLIE II.—Nous ne considérerons que des polygones sphériques convexes; par conséquent chacun de leurs côtés sera moindre qu'une demi-circonférence de grand cercle.

## THÉORÈME III.

1° *Chaque côté d'un triangle sphérique* ABC *est moindre que la somme des deux autres.*

2° *La somme des trois côtés est moindre que la circonférence d'un grand cercle.*

En effet, si on joint le centre O de la sphère aux trois

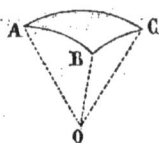

sommets du triangle, on forme l'angle trièdre OABC dont les faces sont mesurées par les côtés correspondants du triangle ABC; or l'angle AOB est moindre que la somme des deux angles BOC, COA; donc l'arc AB est aussi moindre que la somme des arcs BC, CA.

En second lieu, la somme des trois angles AOB, BOC, COA est moindre que 4 *dr.*, donc le périmètre du triangle ABC est moindre que la circonférence d'un grand cercle.

COROLLAIRE.—La même démonstration, appliquée à un polygone convexe, prouve 1° que chaque côté est moindre que la somme des autres côtés; 2° que le périmètre du polygone est moindre que la circonférence d'un grand cercle.

### THÉORÈME IV.

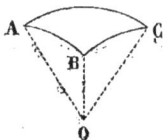

1° *Chaque angle d'un triangle sphérique ABC est plus grand que l'excès de la somme des deux autres sur deux angles droits.*

2° *La somme des trois angles de ce triangle est plus grande que deux angles droits et moindre que six.*

En effet, chaque angle dièdre de l'angle trièdre OABC qu'on forme en joignant le centre de la sphère aux sommets du triangle ABC est plus grand que l'excès de la somme des deux autres dièdres sur deux dièdres droits, et la somme des trois angles dièdres est plus grande que deux dièdres droits, mais moindre que six.

SCHOLIE.—Un triangle sphérique est *rectangle* lorsqu'il a un angle droit et l'on appelle *hypoténuse* le côté opposé à l'angle droit.

On donne le nom de *birectangle*, de *trirectangle* à un triangle qui a deux ou trois angles droits.

### THÉORÈME V.

*Si un triangle sphérique ABC a deux angles égaux B et C, les côtés AC, AB opposés à ces angles, sont égaux.*

Car, en joignant les sommets du triangle ABC au centre O de la sphère, on forme un angle trièdre OABC dans lequel les angles dièdres OC, OB sont égaux; donc les faces AOC, AOB opposées à ces angles sont égales et les arcs AC, AB sont égaux.

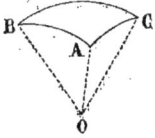

SCHOLIE.—Un triangle équiangle est équilatéral.

### THÉORÈME VI.

*Si le triangle sphérique ABC a deux angles inégaux B et C, le côté AB, opposé au plus grand angle B, est plus grand que le côté AC, opposé à l'autre angle.*

En effet, si on joint les sommets du triangle ABC au centre O de la sphère, on forme un angle trièdre OABC dans lequel l'angle dièdre OC est plus grand que l'angle dièdre OB; donc la face AOB est plus grande que la face AOC et l'arc AB plus grand que AC.

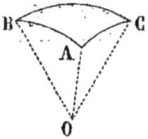

SCHOLIE.—Les réciproques des deux théorèmes précédents sont évidentes.

### THÉORÈME VII.

*Deux triangles ABC, A′B′C′, tracés sur la même sphère ou sur des sphères égales, sont égaux ou symétriques, lorsqu'ils ont un angle égal compris entre deux côtés égaux chacun à chacun.*

Soient l'angle A égal à A′, le côté AB égal à A′B′ et le côté AC égal à A′C′; supposons d'abord les parties égales des deux triangles disposées dans le même ordre, et joignons le centre O de la

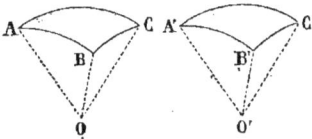

sphère OA aux sommets du triangle ABC, le centre O' de la sphère O'A' aux sommets du triangle A'B'C'. Les deux angles trièdres OABC, O'A'B'C' sont égaux parce qu'ils ont un angle dièdre égal compris entre deux faces égales chacune à chacune et disposées dans le même ordre; de plus, les rayons O'A', OA des deux sphères sont égaux par hypothèse; par conséquent, si nous superposons les angles trièdres OABC, O'A'B'C', le sommet A' coïncidera avec A, le sommet B' avec B et le sommet C' avec C. Donc les triangles ABC, A'B'C' sont égaux.

Si la disposition des parties égales n'est pas la même dans les triangles ABC, A'B'C', on démontre, par un raisonnement analogue au précédent, que le triangle A'B'C' est égal au symétrique de ABC.

### THÉORÈME VIII.

*Deux triangles, tracés sur la même sphère ou sur des sphères égales, sont égaux ou symétriques, s'ils ont un côté égal adjacent à deux angles égaux chacun à chacun.*

Démonstration analogue à la précédente.

### THÉORÈME IX.

*Deux triangles, tracés sur la même sphère ou sur des sphères égales, sont égaux ou symétriques, s'ils ont les trois côtés égaux chacun à chacun.*

Démonstration analogue à la précédente.

### THÉORÈME X.

*Deux triangles, tracés sur la même sphère ou sur des sphères égales, sont égaux ou symétriques, s'ils ont trois angles égaux chacun à chacun.*

Démonstration semblable à la précédente.

COROLLAIRE I.—Si on appelle, comme dans la géométrie

plane, triangles sphériques *semblables* ceux qui sont équiangles et dont les côtés, adjacents aux angles égaux, sont
proportionnels, la proposition précédente démontre que
deux triangles semblables ne peuvent appartenir à la même
sphère sans être égaux.

COROLLAIRE II.—Si un angle trièdre OABC a son sommet
au centre O de deux sphères concentri-
ques OA, OA′, il intercepte sur leurs surfaces deux triangles ABC, A′B′C′ qui sont
semblables.

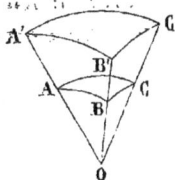

En effet, ces triangles sont évidemment
équiangles; de plus, leurs côtés AC, A′C′
sont des arcs semblables, proportionnels aux rayons OA,
O′A′; il en est de même des côtés BC, B′C′ et des côtés AB,
A′B′; donc on a

$$\frac{A'C'}{AC} = \frac{B'C'}{BC} = \frac{A'B'}{AB},$$

et les triangles A′B′C′, ABC sont semblables.

### THÉORÈME XI.

*Si deux triangles sphériques ont un angle inégal compris
entre deux côtés égaux, le côté opposé au plus grand des deux
angles est plus grand que le côté opposé à l'autre angle.*

Démonstration analogue à celle du théorème VI, chap. V,
livre I.

COROLLAIRE.—Si deux triangles ont un côté inégal et les
deux autres égaux chacun à chacun, l'angle opposé au plus
grand côté est plus grand que l'angle opposé à l'autre côté.
C'est une conséquence des théorèmes IX et XI.

# CHÁPITRE III.

## Intersection et contact de deux Cercles d'une Sphère. — De la plus courte distance de deux Points de la Sphère.

———

**1**—Si, d'un point A de la surface d'une sphère, on trace le grand cercle BAB' perpendiculaire sur le cercle BCD, chacun des arcs AB, AB' est perpendiculaire sur la circonférence BCD, de sorte que, par un point d'une sphère, on peut mener deux arcs perpendiculaires sur la même circonférence.

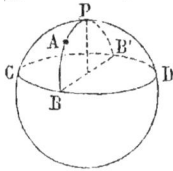

Ces deux arcs ne sont égaux que lorsque le point donné A coïncide avec le pôle du cercle BCD et alors tous les arcs de grands cercles qui passent par ce point sont perpendiculaires sur la circonférence BCD.

**2**—Deux circonférences de cercle tracées sur la même sphère sont *sécantes*, lorsqu'elles ont deux points communs. Au contraire, elles sont *tangentes* en un point, lorsqu'elles ont la même tangente.

Les pôles P, P' de deux circonférences tangentes CA, C'A et le point de contact A sont sur un arc de grand cercle dont le plan est perpendiculaire à la tangente commune AT. Car, les rayons CA, C'A étant perpendiculaires à AT, le plan CAC' qui passe par les deux pôles P, P' est aussi perpendiculaire à la tangente commune.

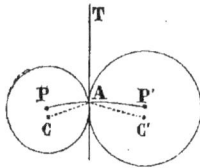

## THÉORÈME I.

*Si d'un point* A *de la surface d'une sphère, on trace les arcs de grands cercles* AB, AB' *perpendiculaires et un arc de grand cercle* AC *oblique sur la circonférence* BCD, *l'arc* AC *est plus grand que* AB *et moindre que* AB'.

En joignant le pôle P du cercle BCD au point C par un arc de grand cercle, on forme un triangle sphérique PAC dans lequel on a

$$PC \text{ ou } PA + AB < PA + AC,$$

et, par conséquent,

$$AB < AC.$$

Le même triangle sphérique donne aussi

$$AC < AP + PC,$$
ou
$$AC < AB'.$$

SCHOLIE.—AB est le plus petit et AB' le plus grand des arcs de grands cercles qu'on puisse tracer du point A sur la circonférence BCD.

## THÉORÈME II.

*Si d'un point* A *pris sur la surface d'une sphère, on mène les arcs de grands cercles perpendiculaires et différents arcs de grands cercles obliques sur une circonférence,*

1° *Deux arcs obliques également éloignés d'un arc perpendiculaire sont égaux ;*

2° *De deux arcs obliques, inégalement éloignés du plus petit arc perpendiculaire, le plus éloigné est le plus grand.*

1° Soit AB le plus petit arc de grand cercle, tracé par le point A perpendiculairement au cercle BCE; prenons à partir de B deux arcs égaux AC, AD et traçons les arcs de grands cercles AC, AD. Pour démontrer l'égalité de ces arcs, joignons les points C et D au pôle P du cercle BCE par des arcs de grands cercles; les deux triangles sphériques PAC, PAD ont le côté PA commun, le côté PC égal à PD par hypothèse, et l'angle APC égal à APD parce que le plan PAB, perpendiculaire au milieu de l'arc CD, divise l'angle CPD en deux parties égales; donc les triangles PAC, PAD ont toutes leurs parties égales chacune à chacune, et l'oblique AC est égale à l'oblique AD.

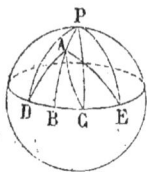

2⁰ Si l'arc BE est plus grand que BC, l'arc de grand cercle AE est plus grand que AC. En effet, les deux triangles sphériques PAE, PAC ont le côté AP commun, le côté PE égal à PC et l'angle APE plus grand que APC; donc l'arc AE est plus grand que l'arc AC.

SCHOLIE.—Par un point d'une sphère, on ne peut tracer sur une circonférence que deux arcs de grands cercles obliques et égaux.

### THÉORÈME III.

*Deux circonférences tracées sur la même sphère sont extérieures l'une à l'autre lorsque l'arc de grand cercle qui joint leurs pôles est plus grand que la somme de leurs distances polaires.*

Soient P le pôle et PA la distance polaire de l'un des cercles; prenez sur le prolongement de PA l'arc AB égal à l'excès de l'arc de grand cercle qui joint les pôles des deux cercles sur la somme de leurs distances polaires; prenez ensuite l'arc BP′ égal à la distance polaire du second cercle; le point P′ sera le pôle de ce cercle. Or l'arc P′B est moindre que P′A, le plus petit des deux arcs menés par P′ perpendiculairement à la circonférence PA. Donc la circonférence P′B a tous ses points extérieurs à la circonférence PA.

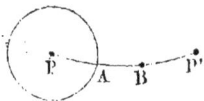

Scholie.—La démonstration de ce théorème est identique à celle du théorème III, chap. III, liv. II.

### THÉORÈME IV.

*Deux circonférences tracées sur la même sphère sont tangentes extérieurement, si l'arc de grand cercle qui joint leurs pôles est égal à la somme de leurs distances polaires.*

Démonstration analogue à celle du théorème IV, chap. III, livre II.

### THÉORÈME V.

*Deux circonférences tracées sur la même sphère sont sécantes, lorsque l'arc de grand cercle qui joint leurs pôles est moindre que la somme de leurs distances polaires et plus grand que leur différence.*

Démonstration analogue à celle du théorème V, chap. III, livre II.

### THÉORÈME VI.

*Deux circonférences tracées sur la même sphère sont tangentes intérieurement, lorsque l'arc de grand cercle qui joint leurs pôles est égal à la différence de leurs distances polaires.*

Démonstration analogue à celle du théorème VI, chap. III, livre II.

### THÉORÈME VII.

*Deux circonférences tracées sur la même sphère sont intérieures l'une à l'autre, lorsque l'arc de grand cercle qui joint leurs pôles est moindre que la différence de leurs distances polaires.*

Démonstration analogue à celle du théorème VII, chap. III, livre II.

### THÉORÈME VIII.

*La ligne la plus courte qui, sur la sphère, joint le pôle P d'une circonférence BAC à un point quelconque de cette courbe est constante.*

En effet, soit PMB la ligne la plus courte qu'on puisse tracer sur la sphère, du pôle P à la circonférence OAC; en la faisant tourner autour de l'axe PA, cette ligne engendre une surface de révolution qui n'est autre que la zône PBC, puisque tous les points de la génératrice PMB sont également distants du centre de la sphère, et le point B décrit la circonférence BAC. Donc les plus courtes distances du pôle P aux différents points de la circonférence BAC sont égales.

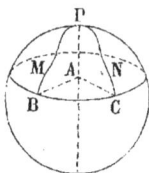

**THÉORÈME IX.**

*La ligne la plus courte qu'on puisse tracer sur la sphère d'un point A de sa surface à un autre point B est le plus petit arc de grand cercle AB qui joint ces deux points.*

En effet, je dis que tout point C de l'arc AB est situé sur la ligne la plus courte qu'on puisse tracer sur la sphère, du point A au point B. Pour le démontrer, je suppose d'abord l'arc AB moindre qu'une demi-circonférence et je trace des points A et B comme pôles, avec les distances polaires AC, BC, deux cercles qui sont tangents extérieurement, puisque l'arc de grand cercle AB qui joint leurs pôles est égal à la somme de leurs distances polaires. La plus courte distance du point A au point B, mesurée sur la surface de la sphère, est composée de trois parties qui sont 1° la plus courte distance du pôle A à la circonférence AC; 2° la plus courte distance du pôle B à la circonférence BC; 3° la plus courte distance des deux circonférences AC et BC.

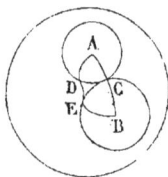

Or le pôle A est également distant de tous les points de la circonférence AC, de même le pôle B est également distant des points de la circonférence BC; donc la ligne minima, tracée sur la sphère, du point A au point B, passe par le point C, puisque pour ce point seul la distance des deux circonférences est nulle.

Donc l'arc de grand cercle AB est la ligne la plus courte qu'on puisse tracer sur la sphère du point A au point B.

En second lieu, si les deux points A et B sont les extrémités d'un diamètre de la sphère, les deux circonférences AC, BC coïncident dans toute leur étendue, de sorte que la plus courte distance des deux points A et B est l'une des demi-circonférences de grands cercles qui joignent les deux points A et B.

# CHAPITRE IV.

## Distance d'un Point à une Sphère.—Intersection et contact de deux Sphères.

———

**1**—Si, par un point A extérieur ou intérieur à une sphère BO, on trace les normales AB, AB' et différentes droites AC, AD,.... jusqu'à la rencontre de la surface sphérique, les droites AC, AD,... sont *obliques* à cette surface et l'on dit que deux obliques s'écartent également ou inégalement d'une normale AB, lorsque les arcs de grands cercles BC, BD,..., tracés du pied de la normale aux extrémités des obliques, sont égaux ou inégaux.

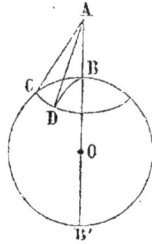

**2**—Deux surfaces quelconques sont tangentes en un point, lorsqu'en ce point elles ont le même plan tangent.

### THÉORÈME I.

*Si d'un point A on trace les deux normales et une oblique quelconque AE à une sphère, l'oblique est plus grande que l'une des normales et moindre que l'autre.*

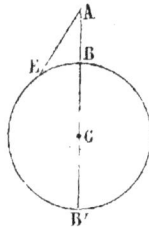

En effet, le plan passant par l'oblique AE et la normale AB', rencontre la sphère suivant un grand cercle CB. Or les droites AB, AB' sont normales et la droite AE oblique à ce cercle; donc AE est plus grande que la normale minima AB et moindre que la normale maxima AB'.

SCHOLIE.—La normale AB est la plus courte distance et la normale AB′ la plus grande distance du point A à la surface de la sphère.

### THÉORÈME II.

*Si du point A on trace les normales et différentes obliques à une sphère OB,*

1° *Deux obliques également éloignées de la normale minima sont égales;*

2° *De deux obliques inégalement éloignées de la normale minima, la plus grande est la plus éloignée.*

1° Tracez la normale minima AB, et prenez deux arcs de grands cercles BC, BD égaux entre eux; je dis que les obliques AC, AD sont égales. En effet, si on fait tourner le plan ADB′ autour de la droite AD′ jusqu'à ce qu'il coïncide avec le plan ACB′, la circonférence BDB′ s'applique sur BCB′ et les deux obliques AD, AC coïncident à cause de l'égalité des arcs BD, BC.

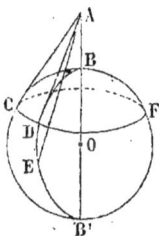

2° Si l'arc BE est plus grand que BC, l'oblique AE est plus grande que AC. En effet, prenez sur BE l'arc BD égal à BC et tracez l'oblique AE qui est égale à AC; des deux obliques AD, AE au même cercle BE, la plus grande est AE; donc, etc.

COROLLAIRE.—Le lieu des pieds des obliques égales à AD tracées du point A à la sphère BO est la circonférence de cercle décrite du pied de la normale AB comme pôle avec la distance polaire BD.

Les obliques égales AD, AE,... sont situées sur une surface conique de révolution dont le centre est le point A; la circonférence CDF est l'une des lignes d'intersection de cette surface conique et de la sphère. On démontrera plus loin que la sphère est encore rencontrée par la surface conique suivant une autre circonférence de cercle.

### THÉORÈME III.

*Deux sphères sont extérieures l'une à l'autre, lorsque la dis-*
*tance de leurs centres est plus grande que la somme de leurs*
*rayons.*

Démonstration analogue à celle du théorème III, chap. III,
livre II.

### THÉORÈME IV.

*Deux sphères sont tangentes extérieurement, si la distance de*
*leurs centres est égale à la somme de leurs rayons.*

Démonstration analogue à celle du théorème IV, chap. III,
livre II.

### THÉORÈME V.

*Deux sphères se rencontrent suivant une circonférence de*
*cercle, lorsque la distance de leurs centres est moindre que la*
*somme de leurs rayons et plus grande que la différence des*
*mêmes rayons.*

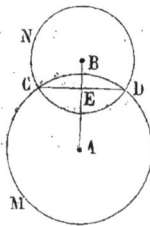

Soient A et B les centres des deux sphères; menez par la
droite AB un plan quelconque qui rencon-
trera la sphère A suivant le grand cercle AM
et la sphère B suivant le grand cercle BN.
Ces deux cercles se coupent aux points C et
D, puisque la distance de leurs centres est
moindre que la somme de leurs rayons et
plus grande que la différence des mêmes
rayons; donc, si on considère les sphères comme étant engendrées par la révolution des cercles AM, BN autour de
l'axe AB, le point C d'intersection de ces cercles décrit un
parallèle commun aux deux surfaces sphériques et les
sphères se coupent suivant ce parallèle.

SCHOLIE.—Les centres des sphères et le centre de la circonférence CE, suivant laquelle elles se rencontrent, sont
situés sur une même droite perpendiculaire au plan de la
circonférence.

## THÉORÈME VI.

*Deux sphères sont tangentes intérieurement, lorsque la distance de leurs centres est moindre que la différence de leurs rayons.*

Démonstration analogue à celle du théorème VI, chap. III, livre II.

## THÉORÈME VII.

*Deux sphères sont intérieures l'une à l'autre, lorsque la distance de leurs centres est moindre que la différence de leurs rayons.*

Démonstration analogue à celle du théorème VII, chap. III, livre II.

## THÉORÈME VIII.

1° *Les tangentes à la sphère OB, tracées par le même point A, sont égales.*

2° *Le lieu de ces droites est une surface conique de révolution, tangente à la sphère.*

1° Soient AB, AC deux tangentes à la sphère OB ; joignez leurs points de contact B et C au centre O. Les deux triangles rectangles ABO, ACO sont égaux, parce qu'ils ont l'hypoténuse AO commune et les deux côtés BO, CO égaux ; donc la tangente AB est égale à AC.

2° De l'égalité des triangles ABO, ACO il résulte aussi que l'angle BAO est égal à CAO ; donc les tangentes, issues d'un même point, font des angles égaux avec le diamètre AO de la sphère, passant par le point donné A ; par conséquent le lieu de ces droites est une surface conique de révolution qui touche la surface de la sphère en chacun des points du parallèle BCD, commun à ces deux surfaces.

SCHOLIE.—On dit que la surface conique ABCD est *cir-*

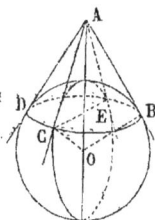

*conscrite* à la sphère, et réciproquement que la sphère est *inscrite* dans la surface conique.

*Le lieu des tangentes à la sphère, parallèles à une droite donnée* xy, *est une surface cylindrique de révolution, tangente à la sphère.*

En effet, si on mène par le centre O de la sphère le plan ABC perpendiculaire sur *xy* et qu'on trace par les points de la circonférence du grand cercle ABC des parallèles à *xy*, chacune de ces droites est perpendiculaire au rayon correspondant et, par suite, tangente à la sphère; donc le lieu de ces tangentes qui sont parallèles au diamètre *xy*, est une surface cylindrique de révolution, aussi tangente à la sphère.

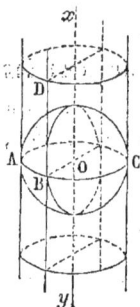

SCHOLIE.—La surface cylindrique est dite *circonscrite* à la sphère qui, réciproquement, est *inscrite* dans la surface cylindrique.

*Si l'intersection d'une sphère* ABCD *et d'un cône* SCD *est composée de deux courbes distinctes* AMB, CND *et que l'une de ces lignes soit une circonférence de cercle, l'autre est aussi une circonférence.*

En effet, si la base CND du cône est un cercle, je dis que la seconde courbe d'intersection AMB est aussi un cercle. Soient SN une génératrice du cône et M le point dans lequel cette droite rencontre la courbe AMB; je trace SE perpendiculaire sur le plan de la base CND, je joins le point E au point N et je mène MF perpendiculaire sur SN dans le plan SEN, jusqu'à la rencontre de

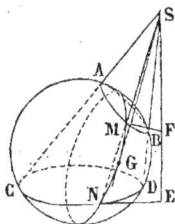

la droite SE; le quadrilatère SFMN dont les angles opposés M et N sont droits, est inscriptible et l'on a :

$$SF \times SE = SN \times SM.$$

En traçant par le sommet du cône la droite SG tangente à la sphère et menant un plan par les deux droites SG, SN, on a aussi, dans le cercle MGN,

$$SN \times SM = SG^2,$$

et, par conséquent,

$$SF \times SE = SG^2.$$

Donc la droite SF a une longueur constante pour tous les points de la courbe AMB; or, l'angle SMF étant droit, chacun des points de AMB appartient à la sphère décrite sur la droite SF comme diamètre; donc la courbe AMB est l'intersection de deux sphères, c'est-à-dire une circonférence de cercle.

COROLLAIRE.—Si le sommet S du cône s'éloigne indéfiniment de la base CND supposée fixe, en glissant le long d'une génératrice telle que BD, ce cône se transforme en un cylindre ayant CND pour base et BD pour génératrice. Donc *si l'intersection d'une sphère et d'un cylindre est composée de deux courbes distinctes et que l'une soit une circonférence de cercle, l'autre est aussi une circonférence.*

SCHOLIE.—L'une des deux courbes d'intersection est appelée *courbe d'entrée* du cône ou du cylindre, l'autre *courbe de sortie*

# CHAPITRE V.

## Problèmes sur les Cercles de la Sphère.

———

PROBLÈME I.—*Déterminer la longueur du rayon d'une sphère.*

Prenez deux points quelconques M et N sur la sphère; de chacun d'eux comme pôle, avec une distance polaire plus grande que la moitié de l'arc de grand cercle qui joint M à N, tracez deux arcs qui se rencontrent en un point A également éloigné de M et N. Déterminez de même deux autres points B et C également éloignés de M et N; le plan qui passe par les trois points A, B, C est perpendiculaire au milieu de la droite MN; donc la section qu'il fait dans la sphère est un grand cercle.

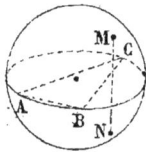

Mesurez les distances rectilignes AB, BC, AC et construisez un triangle avec ces trois droites; le rayon du cercle circonscrit à ce triangle est égal au rayon de la sphère.

PROBLÈME II.—*Tracer une circonférence de grand cercle par deux points A et B de la surface d'une sphère.*

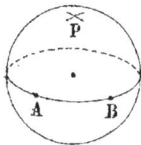

Des points A et B comme pôles, décrivez deux arcs de grands cercles; ils se rencontrent au point P, pôle de l'arc de grand cercle qui passe par A et B. Ce pôle étant déterminé, tracez la circonférence AB.

COROLLAIRE.—Si deux points A et B sont les extrémités

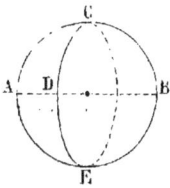

d'un diamètre de la sphère, les grands cercles, décrits des points A et B comme pôles, coïncident et alors le problème est indéterminé; car tout point du grand cercle CDE est le pôle d'un grand cercle passant par A et B.

SCHOLIE.—La construction précédente sert à trouver le pôle d'un grand cercle donné.

PROBLÈME III.—*Tracer, par un point A de la surface d'une sphère, un arc de grand cercle perpendiculaire à un grand cercle donné* CBD.

Du point A comme pôle, tracez un arc de grand cercle jusqu'à la rencontre de la circonférence donnée CBD, et décrivez du point d'intersection P comme pôle un autre arc de grand cercle qui sera perpendiculaire sur CBD.

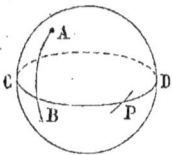

PROBLÈME IV.—*Tracer, par un point A de la surface d'une sphère, un grand cercle formant un angle donné avec un grand cercle donné* BCD.

Déterminez le pôle P du cercle BCD, qui se trouve sur l'hémisphère ABCD; décrivez la circonférence EFH, lieu des pôles des grands cercles qui font avec le cercle BCD un angle égal à l'angle donné, et tracez, du point A comme pôle, un arc de grand cercle jusqu'à la rencontre de la circonférence EFH. Les points d'intersection E et F sont les pôles des grands cercles qui forment avec BCD l'angle donné et passent par le point A.

Le problème a deux solutions lorsque l'arc PK est plus grand que CA, complément de l'arc PA; il n'a qu'une solution si PK est égal à CA. Enfin, il est impossible si PK est moindre que CA.

PROBLÈME V.—*Diviser un arc de grand cercle en deux parties égales.*

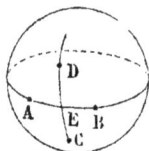

Déterminez sur la sphère deux points C et D également éloignés des extrémités de l'arc donné AB et tracez le grand cercle CD. Ce cercle est perpendiculaire sur l'arc AB et le divise en deux parties égales.

COROLLAIRE.—Le cercle CD divise aussi en deux parties égales chacun des arcs de petits cercles qui passent par les deux points A et B.

Car son plan est perpendiculaire au milieu de la corde AC, commune à tous les arcs dont les extrémités sont A et B.

PROBLÈME VI.—*Tracer le petit cercle qui passe par trois points A, B et C donnés sur la surface d'une sphère.*

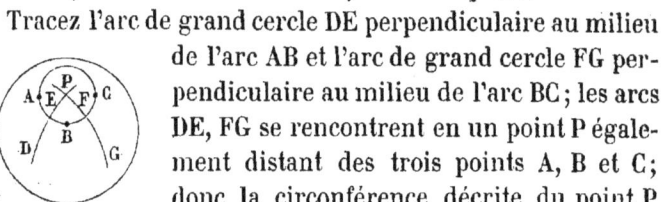

Tracez l'arc de grand cercle DE perpendiculaire au milieu de l'arc AB et l'arc de grand cercle FG perpendiculaire au milieu de l'arc BC; les arcs DE, FG se rencontrent en un point P également distant des trois points A, B et C; donc la circonférence décrite du point P comme pôle, avec la distance polaire PA, passe par les points donnés.

COROLLAIRE.—Ce problème sert à décrire le cercle circonscrit à un triangle sphérique.

PROBLÈME VII.—*Tracer, par un point donné A, un grand cercle tangent au petit cercle PB.*

1° Si le point A est donné sur la circonférence PB, tracez

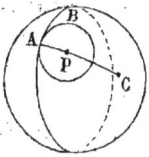

par ce point et par le pôle P du petit cercle PB un arc de grand cercle; prenez sur cet arc un point C tel que CA soit égal à un quadrant et décrivez, du point C comme pôle, un grand cercle qui sera tangent au petit cercle donné PB.

Car la distance de leurs pôles est égale à la différence des distances polaires CA, PA.

2° Supposez le point A extérieur au cercle PB et soit P le pôle du petit cercle PB ; de ce point comme pôle, avec une distance polaire égale au complément de l'arc PB, décrivez une circonférence CD et tracez, du point A comme pôle, un arc de grand cercle qui rencontre la circonférence CD aux points C, D.

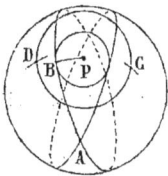

Ces points sont les pôles de deux grands cercles tangents au petit cercle PB, car la distance des pôles P et C est égale à la différence des distances polaires CA, AB.—De même la distance des pôles P et D est égale à la différence des distances polaires DA, PB.

### PROBLÈMES A RÉSOUDRE.

**1**—Si le plus grand des angles d'un triangle sphérique est égal à la somme des deux autres, le pôle du cercle circonscrit à ce triangle est sur le plus grand côté.

**2**—Si le plus grand des angles d'un triangle sphérique est plus grand que la somme des deux autres, le pôle du cercle circonscrit est situé à l'extérieur du triangle, entre les prolongements des côtés du plus grand angle.

**3**—Si le plus grand des angles d'un triangle sphérique est moindre que la somme des deux autres, le pôle du cercle circonscrit est situé à l'intérieur du triangle.

**4**—Tout point de l'arc bissecteur de l'angle de deux arcs de grands cercles est également éloigné des deux côtés de cet angle.—Tout point extérieur à l'arc bissecteur est inégalement distant des deux côtés de l'angle.

**5**—Les arcs bissecteurs des trois angles d'un triangle sphérique passent par le même point qui est le centre du cercle inscrit.—Les arcs bissecteurs des suppléments de deux angles d'un triangle sphérique et l'arc bissecteur du troisième angle se rencontrent en un même point, centre d'un cercle ex-inscrit.

**6**—Un cône à base circulaire étant inscrit dans une sphère, toute section faite dans le cône par un plan perpendiculaire au diamètre de la sphère, passant par le sommet du cône, est une circonférence de cercle.

**7**—Si par un point A situé à l'intérieur d'une sphère on trace trois plans deux à deux perpendiculaires, la somme des aires des trois cercles qu'ils déterminent dans la sphère est constante.

**8**—Décrire sur une sphère une circonférence tangente à une circonférence donnée et passant par deux points donnés.

**9**—Tracer sur une sphère, avec une distance polaire donnée, une circonférence de cercle

1° Passant par deux points donnés;

2° Passant par un point et tangente à une circonférence donnée;

3° Tangente à deux circonférences données.

**10**—Deux sphères sont homothétiques directes et inverses.

**11**—Quatre sphères ont six centres d'homothétie directe, six centres d'homothétie inverse et, par suite, quatre axes d'homothétie directe et douze axes d'homothétie inverse.

**12**—Quatre sphères ont un plan d'homothétie directe, quatre plans d'homothétie directe et inverse dont chacun contient trois centres externes situés sur le même axe et les trois centres internes correspondant aux trois autres centres externes. Elles ont aussi trois plans d'homothétie in-

verses dont chacun contient deux centres externes non situés sur le même axe et les quatre centres internes correspondant aux quatre autres centres externes.

**13**—Mener par une droite donnée un plan tangent à une
sphère.

**14**—Mener par un point un plan tangent à deux sphères.

**15**—Tracer un plan tangent à trois sphères.

### LIEUX GÉOMÉTRIQUES.

**1**—Lieu géométrique des sommets des triangles sphériques qui ont une base commune et dont l'angle au sommet
est égal à la somme des deux autres.

**2**—Lieu géométrique des points de l'espace, également
éclairés par deux lumières d'intensité différente.

**3**—Lieu géométrique des sommets des cônes égaux et
circonscrits à deux sphères différentes.

**4**—Si par un point A on trace une sécante quelconque à
une sphère, le lieu du conjugué harmonique de A, par rapport aux deux points d'intersection de la sécante et de la
sphère, est un plan.

Le point A est appelé *pôle* de ce plan, qui est réciproquement le *polaire* du point A par rapport à la sphère.

**5**—Les plans polaires des différents points d'un plan,
par rapport à une sphère, passent par le pôle de ce point.—
Réciproquement, les pôles des plans qui passent par un
même point sont situés sur le plan polaire de ce point.

**6**—Démontrer que les plans polaires des points d'un
plan, situés sur une même circonférence de cercle, sont tangents à une surface conique de révolution.—Quel doit être
le rayon de la circonférence donnée pour que l'angle d'une
génératrice et de l'axe du cercle soit égal à la moitié d'un
angle droit?

**7**—Lieu des centres des sections faites dans une sphère
par des plans passant par un point donné.

**8**—Lieu des projections d'un point, extérieur à un plan, sur des droites tracées par le même point de ce plan.

**9**—Lieu des centres des sphères qui coupent deux sphères données suivant des grands cercles.

**10**—Lieu des centres des sphères qui coupent trois sphères données suivant des grands cercles.

**11**—Si, par un point A, intérieur ou extérieur à une sphère, on trace une sécante quelconque qui rencontre la surface sphérique aux points B et C, le produit AB×AC est constant.—C'est la *puissance* du point A par rapport à la sphère.

**12**—Le lieu des points d'égale puissance par rapport à deux sphères est un plan perpendiculaire à la ligne qui joint leurs centres.

**13**—Lieu des points d'égale puissance par rapport à trois sphères dont les centres ne sont pas en ligne droite.—Ce lieu est l'*axe radical* des trois sphères.

**14**—Les axes radicaux de quatre sphères, considérées trois à trois, passent par le même point qui est leur *centre radical*.

**15**—Lieu des centres des sphères qui coupent orthogonalement trois sphères données, c'est-à-dire de sorte que les plans tangents en chacun des points d'intersection de deux sphères sécantes soient perpendiculaires entre eux.

# LIVRE VIII.

## MESURE DU CYLINDRE, DU CONE ET DE LA SPHÈRE. POLYÈDRES RÉGULIERS.

## CHAPITRE I.

### Du Cylindre.

**1**—La projection du périmètre d'une figure plane sur un plan détermine une autre figure qu'on appelle la *projection* de la première sur ce plan.

Les projections d'une figure plane sur deux plans parallèles sont égales, car on peut les regarder comme les bases d'un prisme ou d'un cylindre droit. De là il résulte qu'une figure plane est égale à sa projection, lorsque leurs plans sont parallèles.

**2**—Un prisme est *inscrit* dans un cylindre, lorsque ses bases sont inscrites dans celles du cylindre. Au contraire, un prisme est circonscrit à un cylindre, s'il a pour bases des polygones circonscrits aux bases du cylindre.

Les faces latérales du prisme circonscrit sont tangentes au cylindre.

**3**—Deux cylindres droits ou deux cônes droits sont *semblables*, lorsque leurs hauteurs sont proportionnelles aux rayons de leurs bases.

Deux cylindres semblables peuvent être considérés comme étant engendrés par deux rectangles semblables, et deux cônes semblables par deux triangles rectangles semblables.

19

**LEMME I.**—*La projection d'un triangle* ABC *sur un plan* MN, *non parallèle à* ABC, *est moindre que ce triangle.*

Supposez d'abord le côté AB du triangle ABC parallèle au plan de projection et menez par cette droite un plan M'N' parallèle à MN; la projection de ABC sur le plan MN est égale à ABC', projection du même triangle sur le plan M'N'. Tracez C'D perpendiculaire sur AB et joignez le point D au sommet C; la droite CD est aussi perpendiculaire sur AB. Or les triangles ABC, ABC' ont la même base AB et sont entre eux comme leurs hauteurs CD, C'D; donc le triangle ABC' est moindre que ABC.

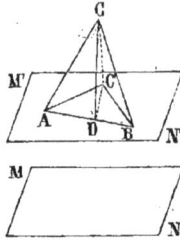

Soit, en second lieu, A'B'C' la projection d'un triangle quelconque ABC sur le plan MN; tracez par le sommet C et dans le plan ABC la droite CD parallèle au plan de projection. Cette ligne décompose le triangle ABC en deux parties BDC, ADC dont les projections sont B'D'C' et A'D'C'.

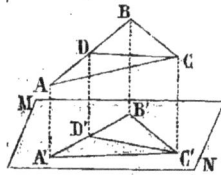

Or on a　　　　　　　B'D'C' < BDC

et　　　　　　　　　A'D'C' < ADC;

donc le triangle A'B'C' est moindre que ABC.

**COROLLAIRE I.**—*La projection d'un polygone* ABCD *sur un plan, non parallèle à* ABC, *est moindre que ce polygone.*

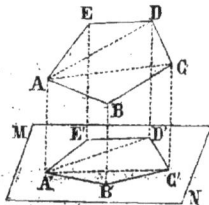

Soit A'B'C'D'E' la projection du polygone ABCDE sur le plan MN; tracez les diagonales AC, AD et leurs projections A'C', A'D'; les triangles A'B'C', A'C'D', A'D'E' sont respectivement moindres que les triangles ABC, ACD, ADE; donc le polygone A'B'C'D'E' est moindre que ABCDE.

COROLLAIRE II.—*Une face quelconque d'un polyèdre est moindre que la somme des autres faces ;*

Car elle est au plus égale à la somme des projections des autres faces du polyèdre sur son plan.

LEMME II.—*Toute surface polyédrale convexe* ABCDEFGH *est moindre qu'une surface polyédrale quelconque* ABCDKLMN *qui l'enveloppe et est terminée au même contour* ABCD.

Si on prolonge les plans qui forment la surface intérieure

jusqu'à la rencontre de la surface extérieure, le plan EFGH y détermine la section OPQR ; le plan ADGH rencontre les faces ABKN, CDLM suivant les droites AS, DT et les plans ABEH, CDGF coupent la face BCLK selon les droites BX, CY.

La face BEFC du polyèdre BEFBXY étant moindre que la somme des autres faces, la surface polyédrale ABCDEFGH est moindre que ABCDGHXY ; pareillement celle-ci est plus petite que la surface ABCDPQTS, qui est elle-même moindre que ABCDOPQR. Or cette dernière surface est aussi plus petite que ABCDKLMN ; donc la surface convexe ABCDEFGH est moindre que ABCDKLMN.

COROLLAIRE.—On démontrerait de même qu'une surface polyédrale convexe et fermée est moindre que toute autre surface polyédrale qui l'enveloppe de toutes parts.

SCHOLIE.—Le théorème précédent étant vrai, quels que soient le nombre et la grandeur des faces des deux surfaces polyédrales, je l'appliquerai aux surfaces courbes convexes:

## THÉORÈME I.

*La surface latérale d'un prisme droit est égale au produit du périmètre de sa base par sa hauteur.*

En effet, le prisme ABC'D' étant droit, sa surface latérale est la somme des rectangles AB', BC', CD',... qui ont pour hauteur la hauteur du prisme et pour bases les côtés AB, BC, CD,... de la base ABCD de ce polyèdre; donc elle a pour mesure

$$(AB + BC + CD + ....)\,AA',$$

c'est-à-dire le produit du périmètre de la base du prisme par sa hauteur.

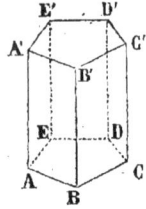

COROLLAIRE.—Les surfaces latérales de deux prismes droits qui ont la même hauteur sont entre elles comme les périmètres de leurs bases.—Si les bases de deux prismes droits sont égales, leurs surfaces latérales sont entre elles comme les hauteurs.

## THÉORÈME II.

1° *La surface totale d'un cylindre droit est la limite des surfaces totales des prismes réguliers inscrits et circonscrits.*

2° *Le volume du cylindre est la limite des volumes de ces prismes.*

Inscrivez dans la base inférieure du cylindre droit ABCD A'B'C'D' un polygone régulier ABCD et menez par les côtés de ce polygone des plans perpendiculaires à sa surface jusqu'à la rencontre de la base supérieure du cylindre; le prisme ABCD A'B'C'D' est droit et inscrit dans le cylindre qui l'enveloppe de toutes parts; donc la surface totale et le volume du cylindre sont plus grands que la surface totale et le volume du prisme.

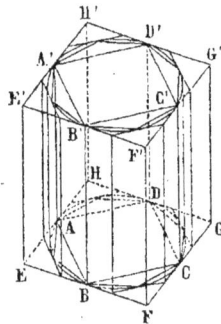

Circonscrivez au cercle ABC un polygone semblable au polygone inscrit, et tracez par ses côtés des plans tangents au cylindre, jusqu'à la rencontre du plan A'B'C'. Le prisme

EFGHE'F'G'H' est droit et circonscrit au cylindre qu'il enveloppe de toutes parts; donc sa surface latérale et son volume
sont plus grands que la surface totale et le volume du cylindre.

Soient $s$ et S les surfaces totales des prismes inscrit et circonscrit; $v$ et V leurs volumes; $p$ et P les périmètres de leurs
bases $b$, B et $h$ leur hauteur commune. Si on double le nombre des côtés des bases $b$, B, la surface $s$ et le volume $v$ croissent, en restant toutefois moindres que la surface totale et
le volume du cylindre, tandis que la surface S et le volume V
décroissent, mais en restant plus grands que la surface et le
volume du cylindre. Or on a : 1°

$$S = 2B + P \times h,$$
$$s = 2b + p \times h;$$

donc
$$S - s = 2(B - b) + (P - p)h.$$

Mais, si le nombre des côtés des bases $b$, B croît indéfiniment, les variables $B - b$, $P - p$ ont pour limites zéro (Livre
IV, chap. V, théorème II.), tandis que les facteurs 2 et $h$
sont constants; donc la différence $S - s$ décroît indéfiniment
et la surface totale du cylindre est la limite des surfaces
totales des prismes inscrits et circonscrits.

2° On a
$$V = B \times h,$$
$$v = b \times h,$$

et, par conséquent, $V - v = (B - b)h.$

Or, si le nombre des côtés des bases B, $b$ augmente indéfiniment, la variable $B - b$ a pour limite zéro et le facteur $h$
est constant; donc $V - v$ décroît indéfiniment, et le volume
du cylindre est la limite des volumes des prismes inscrits et
circonscrits.

COROLLAIRE.—Les bases du cylindre étant les limites des
bases des prismes inscrits ou circonscrits, *la surface latérale du cylindre est la limite des surfaces latérales des prismes
inscrits et circonscrits.*

*La surface latérale d'un cylindre droit a pour mesure le pro-
duit de la circonférence de sa base par sa hauteur.*

Soient S la surface latérale et P le périmètre de la base
d'un prisme régulier, circonscrit au cylindre
dont le rayon est R et la hauteur H; si on
suppose que le nombre des côtés de la base
du prisme croisse indéfiniment, les variables
S et P×H ont respectivement pour limites la
surface latérale du cylindre et *cir.* R×H. Or,
la surface latérale d'un prisme droit étant
égale au produit du périmètre de sa base par
sa hauteur, les deux variables S et P×H sont constamment
égales ; donc elles ont les mêmes limites et l'on a :

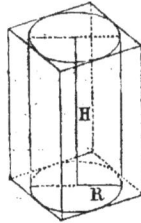

$$surf.\ lat.\ du\ cyl. = circ.\ R \times H.$$

COROLLAIRE.—La surface totale du cylindre a pour mesure
le produit de la circonférence de sa base par la somme de la
hauteur et du rayon du cylindre.

Car la somme des deux bases est égale au produit de la
circonférence de sa base par son rayon.

*Le volume d'un cylindre est égal au produit de sa base par sa
hauteur.*

Soient V le volume et B la base d'un prisme régulier circonscrit au cylindre dont la hauteur est H et
le rayon R ; si le nombre des côtés de la base
croît indéfiniment, les variables V et B×H
ont respectivement pour limites le volume
du cylindre et *cercle* R×H. Mais le prisme
droit a pour mesure le produit de sa base
par sa hauteur ; donc les variables V et B×H

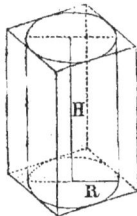

sont toujours égales et leurs limites le sont aussi, c'est-à-dire que l'on a :

$$cylindre\,R = cercle\,R \times H.$$

Corollaire I.—On a :

$$cercle\,R = \pi R^2 ;$$

donc
$$cylindre\,R = \pi R^2 \times H.$$

Corollaire II.—Deux cylindres dont les hauteurs sont égales sont entre eux comme leurs bases.—Si deux cylindres ont des bases égales, ils sont entre eux comme leurs hauteurs.

### THÉORÈME V.

*Si on coupe un cylindre droit par un plan EGF non parallèle à sa base, le volume du tronc de cylindre droit ABFE est égal au produit de la base AC du cylindre par la portion CD de l'axe, comprise entre les bases du tronc.*

Menez par le point D un plan parallèle à la base AC; la section KGLH qu'il détermine dans le cylindre donné est un cercle, et je dis que le cylindre ABLK est équivalent au cylindre tronqué ABFE. En effet, ces deux corps ont une partie commune ABLGHE et les deux autres parties GHLF, GHKE sont égales; pour le démontrer, je fais tourner le volume GHLF autour de l'intersection GH des deux plans KGL, EGF jusqu'à ce que le demi-cercle GHL coïncide avec le demi-cercle GHK. Alors, la surface cylindrique GLFH s'applique sur la surface cylindrique GKEH, parce qu'elles sont l'une et l'autre perpendiculaires au plan KGL; de plus, les deux angles dièdres FGHL, EGHK étant égaux, le plan FGH prend la direction du plan EGK; donc les deux volumes GHLF, GHKE sont égaux et le cylindre droit ABLK est équivalent au cylindre tronqué ABFE.

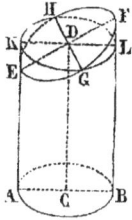

Corollaire.—*La surface latérale du tronc de cylindre droit* ABEF *a pour mesure le produit de la circonférence* CA *de la base du cylindre par la portion* CD *de l'axe comprise entre les bases du tronc.*

Car elle est équivalente à la surface latérale du cylindre droit ABLK.

### THÉORÈME VI.

1° *Les surfaces latérales de deux cylindres semblables sont entre elles comme les carrés des rayons de leurs bases.*

2° *Les volumes de ces cylindres sont entre eux comme les cubes des mêmes rayons.*

Soient S et $s$ les surfaces latérales de deux cylindres semblables; V et $v$ leurs volumes; H et $h$ leurs hauteurs et R, $r$ les rayons de leurs bases.

1° On a :
$$S = 2\pi R \times H,$$
$$s = 2\pi r \times h,$$

et, par conséquent,
$$S : s :: S \times H : r \times h.$$

Les cylindres étant semblables, il en résulte que
$$H : h :: R : r;$$
donc
$$S : s :: R^2 : r^2.$$

2° On a :
$$V = \pi R^2 \times H,$$
$$v = \pi r^2 \times h,$$

et, par suite,
$$V : v :: R^2 \times H : r^2 \times h;$$

mais l'hypothèse donne :
$$H : h :: R : r;$$
donc
$$V : v :: R^3 : r^3.$$

Corollaire.—Les surfaces totales de deux cylindres semblables sont entre elles comme les carrés des rayons de leurs bases.

# CHAPITRE II.

## Du Cône.

_____

Une pyramide est *inscrite* dans un cône lorsqu'elle a pour base un polygone inscrit dans la base du cône et que leurs sommets coïncident.—Les arêtes de la pyramide qui passent par le sommet sont des génératrices de la surface conique.

Au contraire, une pyramide est circonscrite à un cône, lorsque sa base est un polygone circonscrit à la base du cône et que leurs sommets coïncident; chacune des bases latérales de la pyramide est tangente au cône, puisqu'elle passe par le sommet du cône et par une tangente à sa base.

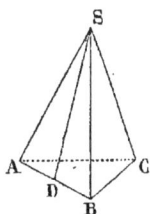

On appelle *apothème* d'une pyramide régulière SABC la perpendiculaire SD qui mesure la distance de son sommet S à un côté quelconque AB de sa base ABC; *apothème* ou *côté* d'un cône la partie de la génératrice de la surface du cône comprise entre le sommet et la base.

### THÉORÈME I.

*La surface latérale d'une pyramide régulière SABCDE a pour mesure la moitié du produit du périmètre de sa base ABCDE par son apothème SG.*

Soit F le centre du polygone régulier ABCDE; la droite SF est la hauteur de la pyramide régulière SABC et les

arêtes SA, SB, SC, SD, SE qui s'écartent également de la
droite SF perpendiculaire au plan ABC sont
égales; donc les triangles SAB, SBC,... sont
isocèles et égaux entre eux. Or, la droite SG
étant l'apothème de la pyramide, on a

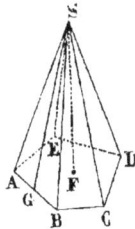

$$SAB = AB \times \frac{SG}{2},$$

$$SBC = BC \times \frac{SG}{2},$$

$$SCD = CD \times \frac{SG}{2};$$

donc $SAB + SBC + SCD + ... = (AB + BC + CD...) \times \frac{SG}{2}.$

COROLLAIRE.—Les surfaces latérales de deux pyramides
régulières qui ont la même base sont entre elles comme
leurs apothèmes et réciproquement.

### THÉORÈME II.

1° *La surface totale d'un cône droit est la limite des surfaces
totales des pyramides régulières inscrites et circonscrites.*

2° *Le volume du cône est la limite des volumes de ces pyramides.*

Inscrivez dans la base ABCD du cône SABCD un polygone
régulier ABCD et menez par chacun
de ses côtés un plan passant par le
sommet S du cône; la pyramide SABCD
est régulière et inscrite dans le cône
qui l'enveloppe de toutes parts; donc
la surface totale et le volume du cône
sont plus grands que la surface totale
et le volume de la pyramide.

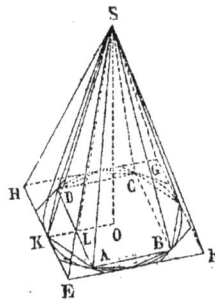

Circonscrivez au cercle ABC un po-
lygone EFGH semblable au polygone inscrit et menez par
chacun de ses côtés un plan tangent au cône; la pyramide
SEFGH est régulière et circonscrite au cône qu'elle enve-

loppe de toutes parts; donc sa surface totale et son volume
sont plus grands que ceux du cône.

Soient $s$ et S les surfaces totales des pyramides inscrite et
circonscrite, $v$ et V leurs volumes, $p$ et P les périmètres de
leurs bases $b$, B; $a$ et A leurs apothèmes SL, SK et $h$ leur hauteur commune. Si on double le nombre des côtés des bases
$b$, B, la surface $s$ et le volume $v$ croissent, en restant toujours
moindres que la surface totale et le volume du cône, tandis
que la surface S et le volume V décroissent, en restant
plus grands que la surface totale et le volume du même
cône. Or, on a : 1°

$$S = B + \tfrac{1}{2}P \times A,$$
$$s = b + \tfrac{1}{2}p \times a;$$

donc
$$S - s = B - b + \tfrac{1}{2}(P \times A - p \times a).$$

En diminuant et augmentant simultanément le second
membre de cette égalité du produit $\tfrac{1}{2}p \times A$, on trouve :

$$S - s = B - b + \tfrac{1}{2}(P - p)A + \tfrac{1}{2}(A - a)p.$$

Or, si le nombre des côtés des bases $b$, B croît indéfiniment, les variables $B - b$, $P - p$ ont pour limites zéro; il en
est de même de la différence $A - a$, parce que la variable
SL a pour limite SK. Donc la différence $S - s$ décroît indéfiniment, et la surface totale du cône est la limite des surfaces totales des pyramides inscrites et circonscrites.

2° On a
$$V = \tfrac{1}{3}B \times h,$$
$$v = \tfrac{1}{3}b \times h,$$
$$V - v = \tfrac{1}{3}(B - b)h.$$

Si on suppose que le nombre des côtés des bases augmenté
indéfiniment, la variable $B - b$ a pour limite zéro ; le facteur
$h$ étant constant, on voit que la diférence $V - v$ diminue indéfiniment; donc le volume du cône est la limite des volumes des pyramides inscrites et circonscrites.

COROLLAIRE.—La base du cône étant la limite des bases
des pyramides, *la surface latérale du cône est la limite des sur-*
*faces latérales des pyramides régulières inscrites et circonscrites.*

## THÉORÈME III.

*La surface latérale d'un cône droit a pour mesure la moitié du produit du périmètre de sa base par son apothème.*

Soient S la surface latérale et P le périmètre de la base d'une pyramide régulière circonscrite au cône dont l'apothème est A et le rayon de la base R; si le nombre des côtés de la base de la pyramide croît indéfiniment, les variables S et $\frac{1}{2}$P$\times$A ont respectivement pour limites la surface latérale du cône et $\frac{1}{2}$*cir*.R$\times$A. Or, la surface latérale d'une pyramide régulière étant égale à la moitié du produit du périmètre de sa base par son apothème, les deux variables S et $\frac{1}{2}$P$\times$A sont constamment égales; donc elles ont la même limite et l'on a :

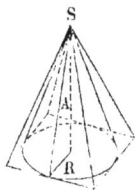

$$surf.\ lat.\ du\ cône = \tfrac{1}{2}\,cir\ \text{R}\times\text{A}.$$

COROLLAIRE I.—*La surface latérale du cône droit a pour mesure le produit de l'apothème par la circonférence du parallèle également distant du sommet et de la base.*

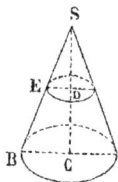

Car le rayon DE de ce parallèle est égal à la moitié du rayon BC de la base.

COROLLAIRE II.—La surface totale du cône droit a pour mesure la moitié du produit de la circonférence de sa base par la somme de l'apothème et du rayon de la base.

## THÉORÈME IV.

*Le volume d'un cône droit est égal au tiers du produit de sa base par sa hauteur.*

Soient V le volume et B la base d'une pyramide régulière circonscrite au cône dont la hauteur est H et le rayon R;

si le nombre des côtés de la base B croît indéfiniment, les variables V et $\frac{1}{3}$B×H ont respectivement pour limites le volume du cône et $\frac{1}{3}$ *cercle* R×H. Or, la pyramide a pour mesure le tiers du produit de sa base par sa hauteur; donc les variables V et $\frac{1}{3}$B×A sont constamment égales et leurs limites le sont aussi, c'est-à-dire que l'on a :

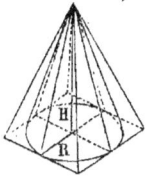

$$\textit{cône}\,R = \tfrac{1}{3}\,\textit{cercle}\,R \times H.$$

COROLLAIRE 1.—Le cercle R étant égal à $\pi R^2$, on a :

$$\textit{cône}\,R = \tfrac{1}{3}\,\pi R^2 \times H.$$

COROLLAIRE II.—Deux cônes droits qui ont les hauteurs égales, sont entre eux comme leurs bases.—Si deux cônes droits ont des bases égales, ils sont entre eux comme leurs hauteurs.

SCHOLIE.—Un cône droit est égal au tiers du cylindre droit de même base et de même hauteur.

### THÉORÈME V.

*La surface latérale d'un tronc de cône droit à bases parallèles a pour mesure le produit de la demi-somme des circonférences de ses bases par son apothème.*

Soit ABED un tronc de cône, égal à la différence des deux cônes droits SAC, SDF dont les bases AB, DE sont parallèles. Par l'extrémité A de la génératrice SA, tracez sur cette droite une perpendiculaire quelconque AG, égale à la circonférence AC de la base inférieure du cône tronqué; joignez le point G au sommet S et, par le point D où la génératrice SA rencontre la base supérieure du

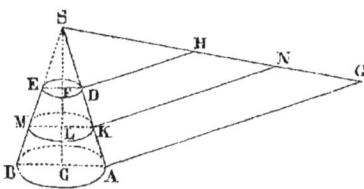

cône tronqué, menez DH parallèle à AG; je dis que la droite DH est égale à la circonférence DF.

En effet, la droite SC étant l'axe du cône SAC, les triangles rectangles SAC, SDF sont équiangles et l'on a :

$$SD : SA :: DF : AC :: cir. DF : cir. AC.$$

Les triangles rectangles SDH, SAG sont aussi équiangles et donnent :

$$SD : SA :: DH : AG;$$

donc $$cir. DF : cir. AC :: DH : AG.$$

Or la droite AG est égale à $cir. AC$; donc la droite DH est aussi égale à $cir. DF$.

La surface latérale du cône SAC qui a pour mesure $\frac{1}{2} cir. AC \times SA$, est équivalente au triangle rectangle SAG qui a pour mesure $\frac{1}{2} AG \times SA$. De même la surface latérale du cône SDF est équivalente au triangle rectangle SDH; donc la surface latérale du cône tronqué ABDE est équivalente au trapèze AGDH. Or le trapèze a pour mesure $AD \times \left(\dfrac{AG+DH}{2}\right)$;

donc la surface latérale du cône tronqué ABED est égale au produit de son apothème AD par la demi-somme des circonférences AC, DF de ses bases.

COROLLAIRE.—Si par le milieu K de l'apothème AD on trace la droite KN parallèle à AG et le plan KL parallèle aux bases du cône tronqué, la ligne KN est égale à la circonférence KL. Or le trapèze AGHD a pour mesure $AD \times KN$; donc *la surface latérale d'un tronc de cône droit, à bases parallèles, est égale au produit de son apothème par la circonférence du parallèle également éloigné des bases.*

### THÉORÈME VI.

*Un tronc de cône droit, à bases parallèles, est équivalent à trois cônes droits qui ont pour hauteur commune la hauteur du tronc et dont les bases sont la base inférieure du tronc, sa base supérieure et une moyenne proportionnelle entre ces deux bases.*

Soit ABFD un tronc de cône égal à la différence des deux cônes droits SAB, SDF dont les bases sont parallèles; construisez sur le plan de la base inférieure du cône tronqué une pyramide triangulaire GHKL dont la base HKL soit équivalente au cercle AC et la hauteur GR égale à la hauteur SC du cône SAB. Le plan de la base supérieure du tronc de cône détermine dans la pyramide une section MNO équivalente au cercle DE. En effet,

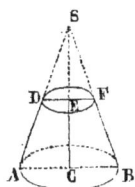

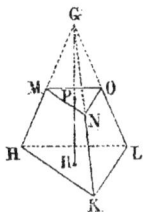

$$cercle\ AC : cercle\ DE :: AC^2 : DE^2 :: SC^2 : SE^2$$

et $$HKL : MNO :: GR^2 : GP^2$$

Or on a : $$GR = SC, \quad GP = SE;$$

donc $$cercle\ AC : cercle\ DE :: HKL : MNO.$$

Mais, par hypothèse, le triangle HKL est équivalent au cercle AC; donc le triangle MNO est aussi équivalent au cercle DE.

Le cône SAC qui a pour mesure $\frac{1}{3}$ cercle AC×SC est équivalent à la pyramide mesurée par $\frac{1}{3}$ HKL×GR. De même, le cône SDE et la pyramide GMNO sont équivalents; donc le tronc de cône est équivalent au tronc de pyramide. Or, la pyramide tronquée a pour mesure

$$\tfrac{1}{3} PR \left( HKL + MNO + \sqrt{HKL \times MNO} \right),$$

donc le volume du cône tronqué est égal à

$$\tfrac{1}{3} CE \left( cercle\ AC + cercle\ DE + \sqrt{cercle\ AC \times cercle\ DE} \right),$$

c'est-à-dire qu'il est égal à la somme des volumes de trois cônes qui ont la même hauteur CE que le tronc et dont les bases sont la base inférieure du tronc, sa base supérieure et une moyenne proportionnelle entre ces deux bases.

CoroLLAIRE.—Soient R et $r$ les rayons des bases du tronc du cône, $h$ sa hauteur et V son volume; on a :

$$V = \tfrac{1}{3} \pi h \left( R^2 + r^2 + Rr \right)$$

## THÉORÈME VII.

1° *Les surfaces latérales de deux cônes semblables sont entre elles comme les carrés des rayons de leurs bases.*

2° *Les volumes de ces cônes sont entre eux comme les cubes des mêmes rayons.*

Démonstration analogue à celle du théorème VI du chapitre précédent.

COROLLAIRE.—Les surfaces totales de deux cônes semblables sont aussi entre elles comme les carrés des rayons des bases.

# CHAPITRE III.

## Surface et Volume engendrés par un Polygone régulier tournant autour d'un Diamètre.

On appelle *ligne polygonale régulière* une ligne brisée, plane et convexe, dont les côtés sont égaux et les angles égaux.

Toute ligne polygonale régulière est inscriptible ou circonscriptible comme le périmètre d'un polygone régulier; mais elle en diffère en ce que son angle au centre n'est pas généralement une partie aliquote de quatre angles droits.

Une ligne polygonale régulière a un *centre*, un *rayon* et un *apothème* qui sont le centre et les rayons des circonférences circonscrite et inscrite.

La portion de plan comprise entre une ligne polygonale régulière et les deux rayons extrêmes de cette ligne est un *secteur polygonal régulier*.

### THÉORÈME I.

*Si deux droites, dont l'une* AB *est limitée et l'autre* xy *indéfinie, sont situées dans un même plan, et que* AB *soit tout entière d'un même côté de* xy, *la surface de révolution, engendrée par la droite* AB *tournant autour de l'axe* xy, *a pour mesure la moitié du produit de* AB *par la circonférence du parallèle que décrit le milieu* M *de cette droite.*

La droite AB peut avoir trois positions différentes par rapport à l'axe *xy*.

20

1° Supposons AB parallèle à $xy$; dans cette position, elle engendre la surface latérale d'un cylindre de révolution et l'on a :

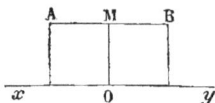

$$surf.\ AB = AB \times cir.\ MO.$$

2° Si la droite AB n'est pas parallèle à l'axe et n'a aucun point commun avec lui, elle engendre la surface latérale d'un tronc de cône droit, à bases parallèles, et l'on a encore :

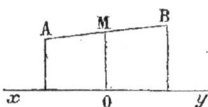

$$surf.\ AB = AB \times cir.\ MO.$$

3° Lorsque la ligne AB a l'une de ses extrémités sur l'axe $xy$, elle engendre la surface latérale d'un cône droit; donc

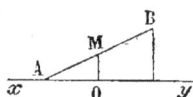

$$surf.\ AB = AB \times cir.\ MO.$$

### THÉORÈME II.

*La surface de révolution, engendrée par une ligne polygonale régulière BCDE tournant autour d'un diamètre* $x\overline{y}$ *qui ne la coupe pas, a pour mesure le produit de la circonférence inscrite par la projection KP de la ligne polygonale sur l'axe* $x\overline{y}$.

Soient O le centre et OG le rayon de la circonférence inscrite dans la ligne polygonale BCDE; la surface engendrée par BCDE tournant autour du diamètre $xy$ est égale à la somme des surfaces de révolution engendrées par les droites BC, CD, DE.

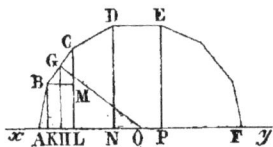

Le point G étant le milieu de BC et la droite GH étant perpendiculaire sur l'axe $xy$, on a :

$$surf.\ BC = BC \times cir.\ GH.$$

Or, si on trace les droites BK, CL perpendiculaires et la droite BM parallèle à l'axe, les triangles rectangles BCM,

GOH sont équiangles, parce que leurs côtés sont perpendiculaires chacun à chacun et

$$BC : BM :: GO : GH :: cir. GO : cir. GH;$$

donc $$BC \times cir. GH = BM \times cir. GO = KL \times cir. GO.$$

Ainsi l'on a : $$surf. BC = KL \times cir. GO.$$

En traçant, des points D et E, les perpendiculaires DN, EP sur $xy$, on démontrerait de même que

$$surf. CD = LN \times cir. GO,$$
$$surf. DE = NP \times cir. GO;$$

donc, si l'on ajoute ces égalités membre à membre, on a :

$$surf. BCDE = (KL + LN + NP) \times cir. GO = KP \times cir. GO.$$

CorollAire.—Lorsque la ligne polygonale régulière donnée est le demi-périmètre ABCF d'un polygone régulier d'un nombre pair de côtés, et que l'axe $xy$ passe par deux sommets opposés A et F, la projection de cette ligne sur l'axe est égale au diamètre AF du cercle circonscrit. Donc la surface de révolution engendrée par le demi-périmètre du polygone régulier ABCF a pour mesure le produit de la circonférence inscrite par le diamètre de la circonférence circonscrite à ce polygone.

Scholie.—*La surface de révolution, décrite par une droite* BC *tournant autour d'un axe* xy *qui ne la coupe pas, a pour mesure le produit de la projection* KL *de* BC *sur l'axe par la circonférence qui a pour rayon la perpendiculaire* GO, *tracée sur la droite* BC *et par son milieu jusqu'à la rencontre de l'axe.*

### THÉORÈME III.

*Le volume engendré par la révolution d'un triangle* ABC *tournant autour de l'axe* xy, *tracé dans son plan par un de ses sommets* A, *a pour mesure le produit de la surface de révolution décrite par le côté* BC *opposé au sommet* A, *par le tiers de la hauteur* AD *correspondante à ce côté.*

Le triangle ABC peut avoir trois positions différentes par rapport à l'axe $xy$ qui lui est extérieur.

1° Supposons le côté AB situé sur l'axe et traçons la droite CE perpendiculaire sur $xy$; le volume, engendré par la révolution du triangle ABC est égal à la somme ou à la différence des volumes des cônes droits engendrés par les triangles rectangles ACE, BCE; or, on a :

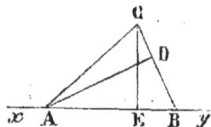

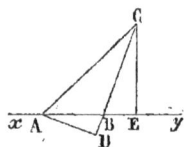

$$vol.\ ACE = \tfrac{1}{3}\pi\, CE^2 \times AE,$$
$$vol.\ BCE = \tfrac{1}{3}\pi\, CE^2 \times BE,$$
$$\text{donc} \quad vol.\ ABC = \tfrac{1}{3}\pi\, CE^2 \times AB.$$

Le rectangle $CE \times AB$ étant égal au rectangle $BC \times AD$, puisque chacun d'eux est égal au double de l'aire du triangle ABC, on a aussi :

$$vol.\ ABC = \tfrac{1}{3}\pi\, CE \times BC \times AD;$$

mais la surface de révolution engendrée par la droite BC a pour mesure $\pi\, CE \times BC$; donc

$$vol.\ ABC = surf.\ BC \times \tfrac{1}{3}AD.$$

2° Si le côté AB ne coïncide pas avec l'axe $xy$ et que la base BC prolongée rencontre l'axe au point F, le triangle ABC est égal à la différence des triangles ACF, ABF; or on a :

$$vol.\ ACF = surf.\ CF \times \tfrac{1}{3}AD,$$
$$vol.\ ABF = surf.\ BF \times \tfrac{1}{3}AD;$$

donc

$$vol.\ ABC = surf.\ BC \times \tfrac{1}{3}AD.$$

3° Lorsque le côté BC est parallèle à l'axe, on trace les droites BH, CG perpendiculaires sur $xy$; le cône droit engendré par le triangle rectangle ABH est égal au tiers du cylindre droit engendré par le rectangle ADBH; donc le triangle ABD engendre un volume égal aux deux tiers du cylindre droit ADBH. De même le volume engendré par ACD est égal aux deux tiers

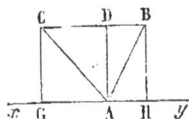

du cylindre droit ADCG; par conséquent le volume engendré par la révolution du triangle ABC est égal aux deux tiers du cylindre engendré par le rectangle BCGH, c'est-à-dire que l'on a :

$$vol. ABC = \tfrac{2}{3}\pi AD^2 \times BC;$$

mais la surface de révolution décrite par BC est égale à $cir. AD \times BC$ ou à $2\pi AD \times BC$; donc

$$vol. ABC = surf. BC \times \tfrac{1}{3} AD.$$

COROLLAIRE.—Lorsque le triangle ABC est isocèle, si on trace les droites CM, BN perpendiculaires sur l'axe $xy$ et la hauteur AD du triangle, on a :

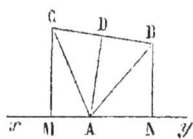

$$surf. BC = MN \times cir. AD;$$

donc   $vol. ABC = \tfrac{2}{3}\pi AD^2 \times MN.$

Ainsi, *le volume engendré par la révolution d'un triangle isocèle tournant autour d'un axe passant par son sommet est égal aux deux tiers du produit de la projection de sa base sur l'axe par le cercle qui a pour rayon la hauteur du triangle.*

### THÉORÈME IV.

*Le volume engendré par la révolution d'un secteur polygonal régulier OBCDE, tournant autour d'un diamètre* xy *qui lui est extérieur, a pour mesure le produit de la surface de révolution décrite par le périmètre du secteur polygonal, multiplié par le tiers du rayon du cercle inscrit.*

Soient O le centre et OG le rayon du cercle inscrit dans la ligne polygonale régulière BCDE; le volume engendré par le secteur polygonal OBCDE est égal à la somme des volumes engendrés par les triangles OBC, OCD, ODE. Or, on sait que

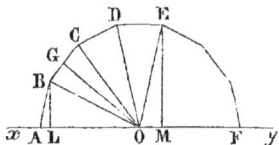

$$vol. OBC = surf. BC \times \tfrac{1}{3} OG,$$
$$vol. OCD = surf. CD \times \tfrac{1}{3} OG,$$
$$vol. ODE = surf. DE \times \tfrac{1}{3} OG;$$

donc, en ajoutant ces égalités membre à membre, on a :

$$vol.\,\text{OBCDE} = (surf.\,\text{BC} + surf.\,\text{CD} + surf.\,\text{DE}) \times \tfrac{1}{3}\text{OG},$$

ou    $$vol.\,\text{OBCDE} = surf.\,\text{BCDE} \times \tfrac{1}{3}\text{OG}.$$

COROLLAIRE I.—Si on trace par les points B et E les droites BL, EM perpendiculaires sur l'axe $xy$, on a :

$$surf.\,\text{BCDE} = \text{LM} \times cir.\,\text{OG} ;$$

donc    $$vol.\,\text{OBCDE} = \tfrac{2}{3}\pi\,\text{OG}^2 \times \text{LM},$$

c'est-à-dire que *le volume engendré par un secteur polygonal régulier tournant autour d'un diamètre est égal aux deux tiers du produit de la projection de la ligne polygonale régulière par l'aire du cercle inscrit dans cette ligne.*

COROLLAIRE II.—Lorsque le secteur polygonal donné est un demi-polygone régulier ABCF d'un nombre pair de côtés et que l'axe $xy$ passe par deux sommets opposés, le volume qu'il engendre est égal à la surface de révolution décrite par le demi-périmètre ABCF, multipliée par le tiers du rayon OG du cercle inscrit.

Ce volume est égal aussi aux deux tiers du produit du cercle inscrit par le diamètre du cercle circonscrit.

# CHAPITRE IV.

## De la Sphère.

---

**1**—On appelle *fuseau* la portion de la surface d'une sphère comprise entre deux demi-circonférences de grands cercles terminées au même diamètre.

L'angle de ces deux circonférences a reçu le nom d'*angle* du fuseau.

Dans la même sphère ou dans des sphères égales, deux fuseaux sont égaux s'ils ont des angles égaux.

**2**—Un *onglet sphérique* est la partie d'une sphère comprise entre deux demi-grands cercles terminés au même diamètre.

L'angle des plans de ces deux cercles est l'*angle* de l'onglet sphérique et le fuseau qui le termine lui sert de *base*.

Dans la même sphère ou dans des sphères égales, deux onglets sont égaux lorsqu'ils ont des angles égaux.

**3**—Un *segment sphérique* est la portion d'une sphère comprise entre deux plans parallèles; il a pour *bases* les deux cercles qui le terminent et pour *hauteur* la plus courte distance de ses bases.

Si l'un des deux plans parallèles est tangent à la sphère, le segment sphérique correspondant n'a qu'une base.

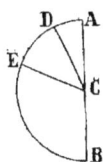

**4**—Le volume engendré par le secteur circulaire DCE tournant autour du diamètre AB qui lui est extérieur a reçu le nom de *secteur sphérique*.—Il a pour *base* la zone décrite par l'arc DE du secteur circulaire.

**5**—Un polyèdre est circonscrit à une sphère, lorsque cha-cune de ses faces est tangente à la sphère.—Réciproquement la sphère est *inscrite* dans le polyèdre.

Au contraire, un polyèdre est inscrit dans une sphère, lorsque tous ses sommets sont situés sur la surface de la sphère qui est alors *circonscrite* au polyèdre.

**6**—Un cylindre ou un cône est circonscrit à une sphère lorsque sa surface latérale et ses bases sont tangentes à la sphère.

Si l'apothème d'un cône droit est égal au diamètre de sa base, toute section faite dans le cône par un plan qui con-tient l'axe est un triangle équilatéral; on dit alors que le cône est *équilatéral*.

Un cône équilatéral circonscrit à une sphère a pour apo-thème le côté du triangle équilatéral circonscrit à un grand cercle de la sphère.

## THÉORÈME I.

*Une zone a pour mesure le produit de sa hauteur par la cir-conférence d'un grand cercle de la sphère.*

1° Considérons la zone, à une base, engendrée par l'arc de cercle AD tournant autour du diamètre AM.

Inscrivons dans l'arc AD la ligne polygonale régulière ABCD et circonscrivons au même arc une ligne

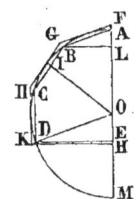

polygonale FGHK semblable à ABCD. La surface engendrée par la ligne FGHKD, tournant autour de AM, est plus grande que la zone AD, parce qu'elle est terminée au même contour et qu'elle l'enveloppe; mais la surface engendrée par la ligne ABCD est moindre que la zone. Si on double le nombre des côtés des polygones inscrit et circon-scrit, la surface FGHKD diminue tandis que la surface ABCD augmente, et je dis que la zone est la limite de ces surfaces.

En effet, désignons-les par S et s; nous avons :

$$s = \text{AE} \times cir. \text{OI}$$

et
$$S = surf. \text{FGHK} + surf. \text{KD}.$$

Or la surface engendrée par la ligne polygonale régulière FGHK a pour mesure $\text{FH} \times cir. \text{OA}$; donc

$$S = \text{FH} \times cir. \text{OA} + surf. \text{KD}$$

et
$$S - s = \text{FH} \times cir. \text{OA} - \text{AE} \times cir. \text{OI} + surf. \text{KD}.$$

Diminuons et augmentons simultanément du produit $\text{AE} \times cir. \text{OA}$ le second membre de la dernière égalité, nous aurons :

$$S - s = (\text{FH} - \text{AE}) cir. \text{OA} + (cir. \text{OA} - cir. \text{OI}) \text{AE} + surf. \text{KD}.$$

Supposons maintenant qu'on double indéfiniment le nombre des côtés des lignes polygonales inscrite et circonscrite; les variables $\text{FH} - \text{AE}$ et $cir. \text{OA} - cir. \text{OI}$ ont pour limites zéro. Il en est de même de la surface latérale du tronc de cône engendré par KDEH, parce que le point K s'approche indéfiniment du point D. Donc la variable $S - s$ tend vers zéro et la zone AD est la limite des surfaces S et $s$.

Remarquons enfin que les deux variables $s$ et $\text{AE} \times cir. \text{OI}$, qui ont pour limites la zone AD et le produit $\text{AE} \times cir. \text{OA}$, sont constamment égales; donc leurs limites le sont aussi, c'est-à-dire que l'on a :

$$zone \, \text{AD} = \text{AE} \times cir. \text{OA}.$$

2° Soit la zone, à deux bases, engendrée par l'arc BD tournant autour du diamètre AM; nous aurons :

$$zone \, \text{AD} = \text{AE} \times cir. \text{OA}$$

et
$$zone \, \text{AB} = \text{AL} \times cir. \text{OA};$$

donc
$$zone \, \text{BD} = (\text{AE} - \text{AL}) cir. \text{OA} = \text{LE} \times cir. \text{OA}.$$

SCHOLIE.—Les surfaces engendrées par les lignes FGHKD, FGHK, tournant autour du diamètre AM, tendent vers la même limite lorsqu'on double indéfiniment le nombre des côtés de la ligne FGHK.

Car la différence de ces surfaces est égale à $surf. \text{DK}$ qui a pour limite zéro.

## THÉORÈME II.

*La surface d'une sphère* CA *a pour mesure le produit de son diamètre* AG *par la circonférence d'un grand cercle.*

En effet, si on coupe la sphère par un plan BE perpendiculaire sur le diamètre AG, on a :

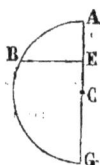

$$\text{surf. sph. } CA = zone\,AB + zone\,BG ;$$

donc $\text{surf. sph. } CA = AE \times cir.\,CA + EG \times cir.\,CA,$

ou $\text{surf. sph. } CA = AG \times cir.\,CA.$

COROLLAIRE.—*La surface de la sphère est égale à quatre fois l'aire d'un grand cercle.*

Car un grand cercle a pour mesure le produit de sa circonférence par la moitié du rayon ou par le quart du diamètre.

SCHOLIE.—Soient R le rayon, D le diamètre et S la surface d'une sphère ; on a :

$$S = 4\pi R^2, \quad \text{ou} \quad S = \pi D^2.$$

Le triangle sphérique trirectangle, qui est égal au huitième de la surface de la sphère, a pour mesure $\frac{1}{2}\pi R^2$ ou $\frac{1}{8}\pi D^2$.

## THÉORÈME III.

*Le rapport d'un faisceau à la sphère est égal au rapport de l'arc de grand cercle qui mesure l'angle du faisceau, à la circonférence d'un grand cercle.*

Soit le fuseau ABDE déterminé sur la sphère CA par les deux demi-grands cercles BAD, BED; tracez le grand cercle CA perpendiculaire sur le diamètre BD, et supposez d'abord que la circonférence CA et l'arc AE qui mesure l'angle du fuseau soient commensurables. Si leur commune mesure est contenue 16 fois dans la circonférence CA et 3 fois dans l'arc AE, on a :

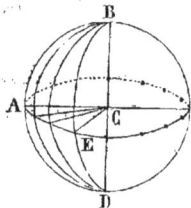

$$arc\,\text{AE} : cir.\,\text{CA} :: 3 : 16.$$

Par le diamètre BD et par chacun des points de division de la circonférence CA, menez des plans qui diviseront la surface de la sphère en 16 fuseaux égaux entre eux, parce qu'ils ont des angles égaux; or, le fuseau ABDE en contient 3 exactement; donc

$$fus.\,\text{ABDE} : surf.\,sph.\,\text{CA} :: 3 : 16.$$

d'où il résulte que

$$fus.\,\text{ABDE} : surf.\,sph.\,\text{CA} :: arc\,\text{AE} : cir.\,\text{CA}.$$

Si l'arc AE et la circonférence CA n'ont pas de commune mesure, on démontre le théorème par le raisonnement ordinaire.

Corollaire I.—*L'aire d'un faisceau ABDE est égale au produit du diamètre de la sphère par l'arc de grand cercle AE qui mesure l'angle du fuseau.*

Multiplions par le diamètre BD les deux termes du second rapport de la proportion

$$fus.\,\text{ABDE} : surf.\,sph.\,\text{CA} :: arc\,\text{AE} : cir.\,\text{CA}.$$

La surface de la sphère étant égale au produit BD$\times cir.$CA, nous aurons :

$$fus.\,\text{ABDE} = \text{BD} \times arc\,\text{AE}.$$

Corollaire II.—*Le rapport d'un faisceau au triangle sphérique trirectangle est égal au rapport du double de son angle à l'angle droit.*

Soient R le rayon de la sphère, A le rapport de l'angle du fuseau à l'angle droit et T, l'aire du triangle sphérique trirectangle. L'arc de grand cercle qui mesure l'angle du fuseau étant égal à $\frac{\pi \text{R}}{2} \times A$, nous avons :

$$fus.\,\text{A} = \pi \text{R}^2 \times \text{A}.$$

Or le triangle trirectangle T est égal à $\frac{\pi \text{R}^2}{2}$; donc

$$\frac{fus.\,\text{A}}{\text{T}} = 2\text{A}.$$

*Deux triangles sphériques symétriques* ABC, A'B'C', *sont équivalents.*

Déterminez le pôle P du petit cercle circonscrit au triangle ABC; joignez-le aux sommets A, B et C par les arcs de grands cercles PA, PB, PC; le triangle ABC est décomposé en trois triangles PAB, PAC, PBC, qui sont isocèles, puisque le pôle P est également distant des trois points A, B et C.

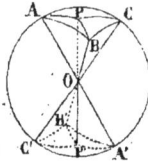

Tracez le diamètre POP' et joignez son extrémité P' aux sommets du triangle A'B'C' par les arcs de grands cercles P'A', P'B', P'C'. Ce triangle est décomposé en trois triangles P'A'B', P'A'C', P'B'C' qui sont respectivement égaux aux triangles PAB, PAC, PBC; en effet, PAB est égal à son symétrique P'A'B' parce qu'il est isocèle; pareillement, PAC est égal à P'A'C' et PBC égal à P'B'C'. Donc les triangles ABC, A'B'C' sont équivalents.

SCHOLIE.—On ferait une démonstration analogue à la précédente, si le pôle P était situé sur le plus grand côté du triangle ABC ou à l'extérieur du triangle.

COROLLAIRE.—*Deux triangles sphériques* ACB, ECF *qui ont un angle opposé au sommet et dont les côtés* AB, EF, *opposés à cet angle, sont situés sur la même circonférence de grand cercle, forment ensemble le faisceau dont l'angle est* ACB.

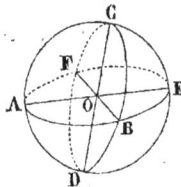

En effet, le triangle sphérique ECF est équivalent au triangle ABD parce qu'ils sont symétriques; donc on a :

$$ABC + ECF = fus. \; ABCD.$$

### THÉORÈME V.

*L'aire d'un triangle sphérique est égale au produit du rayon de la sphère par l'arc de grand cercle qui mesure la somme de ses angles, diminuée de deux angles droits.*

Soit le triangle sphérique ABC; prolongeons les côtés BC, AC jusqu'à la rencontre de la circonférence AB, nous aurons :

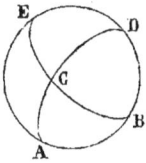

$$ABC + BCD = fuseau\,A,$$
$$ABC + ACE = fuseau\,B,$$
$$ABC + CDE = fuseau\,C.$$

Ajoutons ces égalités membre à membre; la somme des triangles ABC, BCD, ACE, CDE étant égale à la surface d'une demi-sphère, nous trouverons :

$$2\,ABC + \tfrac{1}{2}\,surf.\,sph. = fus.\,A + fus.\,B + fus.\,C,$$
ou
$$ABC = \tfrac{1}{2}(fus.\,A + fus.\,B + fus.\,C) - \tfrac{1}{4}\,surf.\,sph.$$

Désignons par R le rayon de la sphère et par $a$, $b$, $c$ les arcs de grands cercles qui mesurent les angles du triangle sphérique ABC; nous avons :

$$fus.\,A = 2R \times a,$$
$$fus.\,B = 2R \times b,$$
$$fus.\,C = 2R \times c,$$
et
$$surf.\,sph.\,R = 2R \times cir.\,R;$$
donc
$$ABC = R\left(a + b + c - \frac{cir.\,R}{2}\right).$$

COROLLAIRE.—*L'aire d'un triangle sphérique quelconque ABC est à celle du triangle trirectangle comme la somme des angles du triangle ABC, diminuée de deux angles droits, est à l'angle droit.*

Soient A, B, C les rapports des angles du triangle ABC à l'angle droit; nous avons :

$$a+b+c=\frac{\pi R}{2}(A+B+C),$$

et $$\frac{cir.\,R}{2}=\pi R.$$

Substituons ces valeurs de $a+b+c$ et de $\frac{cir.\,R}{2}$ dans l'expression de l'aire du triangle ABC; nous trouverons :

$$ABC=\frac{\pi R^2}{2}(A+B+C-2).$$

Or l'aire T du triangle trirectangle est égale à $\frac{\pi R^2}{2}$; donc

$$\frac{ABC}{T}=A+B+C-2.$$

Scholie.—Le nombre $A+B+C-2$ est appelé l'*excès sphé-rique* du triangle ABC. Il exprime l'aire de ce triangle, lorsqu'on prend pour unité de surface le triangle sphérique trirectangle.

### THÉORÈME VI.

*L'aire d'un polygone sphérique ABCDE est égale au produit du rayon de la sphère par l'arc de grand cercle qui mesure la somme de ses angles, diminuée d'autant de fois deux angles droits qu'il y a de côtés moins deux dans le polygone.*

Tracez les arcs de grands cercles AC, AD qui décomposent le polygone sphérique en autant de triangles qu'il a de côtés moins deux. Or l'aire de chaque triangle est égale au produit du rayon de la sphère par l'arc de grand cercle qui mesure la somme de ses angles diminuée de deux angles droits; de plus, la somme des angles de tous les triangles ABC, ACD, ADE est égale à celle des angles du polygone; donc l'aire du polygone est égale au produit du rayon de la sphère par l'arc de grand cercle

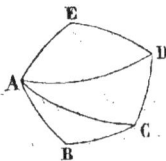

qui mesure la somme de ses angles, diminuée d'autant de fois deux angles droits qu'il y a de côtés moins deux dans le polygone.

COROLLAIRE. — *L'aire d'un polygone sphérique est à celle du triangle trirectangle comme la somme des angles de ce polygone, diminuée d'autant de fois deux angles droits qu'il a de côtés moins deux, est à l'angle droit.*

Soient R le rayon de la sphère, S l'aire du polygone sphérique, $n$ le nombre de ses côtés et A le rapport de la somme de ses angles à l'angle droit; l'arc de grand cercle qui mesure la somme des angles du polygone étant égal à $\dfrac{\pi R}{2} \times A$,

on a :
$$S = R \left( \frac{\pi R}{2} \times A - \pi R (n-2) \right),$$

ou
$$S = \frac{\pi R^2}{2} \left( A - 2(n-2) \right).$$

Or l'aire T du triangle trirectangle est égale à $\dfrac{\pi R^2}{2}$; donc on a :
$$\frac{S}{T} = A - 2(n-2).$$

SCHOLIE. — Le nombre $A - 2(n-2)$, c'est-à-dire l'*excès sphérique* du polygone S, exprime l'aire de ce polygone lorsqu'on prend le triangle sphérique trirectangle pour unité de surface.

### THÉORÈME VII.

*Le volume d'un secteur sphérique est égal au produit de la zone qui lui sert de base, par le tiers du rayon de la sphère.*

1° Considérons le secteur sphérique engendré par le secteur circulaire OAD tournant autour du diamètre AE.

Inscrivons dans l'arc AD la ligne polygonale régulière ABCD et circonscrivons au même arc une ligne polygonale FGHK semblable à ABCD. Le volume engendré par le secteur polygonal OFGHK est plus grand que le secteur sphérique puisqu'il l'enveloppe de toutes parts; mais le volune engendré par le secteur polygonal OABCD est moindre que le secteur sphérique. Si on double le nombre des côtés des polygones inscrit et circonscrit, le volume OFGHK diminue tandis que le volume OABCD augmente, et je dis que le secteur sphérique est la limite de ces volumes.

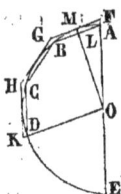

En effet, désignons-les par V et $v$; nous aurons :

$$V = surf. \text{ FGHK} \times \tfrac{1}{3} \text{OA},$$
$$v = surf. \text{ ABCD} \times \tfrac{1}{3} \text{OL},$$

et, par suite,

$$V - v = surf. \text{ FGHK} \times \tfrac{1}{3} \text{OA} - surf. \text{ ABCD} \times \tfrac{1}{3} \text{OL}.$$

En diminuant et augmentant simultanément le second membre de cette égalité du produit $surf. \text{ ABCD} \times \tfrac{1}{3} \text{OA}$, nous aurons :

$$V - v = (surf. \text{FGK} - surf. \text{ABD}) \tfrac{1}{3} \text{OA} + \tfrac{1}{3} (\text{OA} - \text{OL}) \, surf. \text{ABD}.$$

Supposons maintenant que l'on double indéfiniment le nombre des côtés des lignes polygonales inscrite et circonscrite, les variables $surf. \text{FGK} - surf. \text{ABD}$ et OA—OL ont pour limites zéro; donc la différence V—$v$ tend indéfiniment vers zéro et le secteur sphérique OAD est la limite des variables V et $v$.

Remarquons enfin que les deux variables V et $surf. \text{ FGHK}$ $\times \tfrac{1}{3} \text{OA}$, qui ont pour limites le secteur sphérique OAD et le produit $zone \text{ AD} \times \tfrac{1}{3} \text{OA}$, sont constamment égales; donc leurs limites le sont aussi, c'est-à-dire que l'on a :

$$sect. \, sph. \text{ OAD} = zone \text{ AD} \times \tfrac{1}{3} \text{OA}.$$

2° Soit le secteur sphérique engendré par le secteur circulaire OMD tournant autour du diamètre AE ; nous avons :

$$sect. \, sph. \text{ OAD} = zone \text{ AD} \times \tfrac{1}{3} \text{OA},$$
$$sect. \, sph. \text{ OAM} = zone \text{ AM} \times \tfrac{1}{3} \text{OA},$$

donc

$$sect. \, sph. \text{ OMD} = (zone \text{ AD} - zone \text{ AM}) \times \tfrac{1}{3} \text{OA} = zone \text{ MD} \times \tfrac{1}{3} \text{OA}.$$

COROLLAIRE.—Soient R le rayon de la sphère et H la hauteur de la zone qui sert de base au secteur sphérique ; on a

$$zone\,H = 2\pi R \times H$$

et $$sect.\,sph.\,H = \tfrac{2}{3}\pi R^2 \times H.$$

### THÉORÈME VIII.

*Le volume de la sphère est égal au produit de sa surface par le tiers du rayon.*

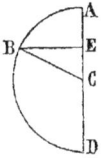

En effet, si on coupe la sphère par un plan BE perpendiculaire au diamètre AD, on a :

$$sphère\,CA = sect.\,sph.\,CAB + sect.\,sph.\,CBD\,;$$

donc

$$sphère\,CA = zone\,AB \times \tfrac{1}{3}CA + zone\,BD \times \tfrac{1}{3}CA,$$

ou $$sphère\,CA = surf.\,sph.\,CA \times \tfrac{1}{3}CA.$$

COROLLAIRE.—En désignant par R le rayon d'une sphère, par D son diamètre et par V son volume, on a :

$$V = 4\pi R^2 \times \frac{R}{3} = \tfrac{4}{3}\pi R^3,$$

ou $$V = \pi D^2 \times \frac{D}{6} = \tfrac{1}{6}\pi D^3.$$

SCHOLIE.—La pyramide sphérique trirectangle qui est égale au huitième de la sphère a pour mesure $\tfrac{1}{6}\pi R^3$ ou $\tfrac{1}{48}\pi D^3$.

### THÉORÈME IX.

*Le rapport d'un onglet sphérique à la sphère est égal au rapport de l'arc de grand cercle qui mesure son angle, à la circonférence d'un grand cercle.*

Démonstration analogue à celle du théorème II, même chapitre.

COROLLAIRE.—*Le volume d'un onglet sphérique DABE est*

*égal au produit du fuseau qui lui sert de base par le tiers du rayon.*

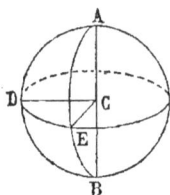

En effet, on a :

$$onglet\,DAE : sphère\,CA :: arc\,DE : cir.\,CD;$$

mais

$$fus.\,DAE : surf.\,sph.\,CA :: arc\,DE : cir.\,CD,$$

et, par conséquent,

$$onglet\,DAE : sphère\,CA :: fus.\,DAE : surf.\,sph.\,CA.$$

En multipliant les deux termes du dernier rapport de cette proportion par $\frac{1}{3}$CA et remarquant que l'on a :

$$sphère\,CA = surf.\,sph.\,CA \times \tfrac{1}{3}CA,$$

on trouve : $onglet\,DAE = fus.\,DAE \times \tfrac{1}{3}CA.$

SCHOLIE.—*Le rapport d'un onglet à la pyramide sphérique trirectangle est égal au rapport du double de son angle à l'angle droit.*

Soient R le rayon de la sphère, A le rapport de l'angle de l'onglet à l'angle droit et P le volume de la pyramide trirectangle; on a :

$$fus.\,A = \pi R^2.A;$$

et

$$onglet\,A = \tfrac{1}{3}\pi R^3.A.$$

Or la pyramide sphérique trirectangle P est égale à $\frac{1}{3}\pi R^3$;

donc on a :
$$\frac{onglet\,A}{P} = 2A.$$

### THÉORÈME X.

*Deux pyramides sphériques triangulaires et symétriques sont équivalentes.*

Démonstration analogue à celle du théorème III, même chapitre. On y remplacera chaque triangle sphérique par la pyramide sphérique correspondante.

COROLLAIRE.—Deux pyramides sphériques triangulaires

OABC, OBEF qui ont un angle dièdre opposé et dont les deux faces AOC, EOF font partie du même plan, forment ensemble l'onglet ABDC dont l'angle est ABC.

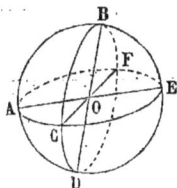

Car la pyramide OBEF est équivalente à la pyramide OACD parce qu'elles sont symétriques.

THÉORÈME XI.

*Le volume d'une pyramide sphérique triangulaire OABC est égal au produit de sa base ABC par le tiers du rayon OA de la sphère.*

Les plans des faces AOC, BOC divisent l'hémisphère ABCD en quatre pyramides sphériques triangulaires OABC, OACD, OCDE, OBCE et l'on a :

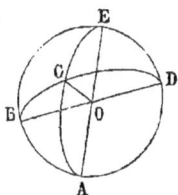

$$\text{OABC} + \text{OBCE} = onglet \text{ A,}$$
$$\text{OABC} + \text{OACD} = onglet \text{ B,}$$
$$\text{OABC} + \text{OCDE} = onglet \text{ C.}$$

En ajoutant ces égalités membre à membre et réduisant, on trouve :

$$2\,\text{OABC} + \tfrac{1}{2}\,sph\grave{e}re = onglet\,\text{A} + onglet\,\text{B} + onglet\,\text{C}$$

et, par conséquent,

$$\text{OABC} = \tfrac{1}{2}\,(onglet\,\text{A} + onglet\,\text{B} + onglet\,\text{C}) - \tfrac{1}{4}\,sph\grave{e}re.$$

Or on a :

$$onglet\,\text{A} = fus.\,\text{A} \times \tfrac{1}{3}\text{OA,}$$
$$onglet\,\text{B} = fus.\,\text{B} \times \tfrac{1}{3}\text{OA,}$$
$$onglet\,\text{C} = fus.\,\text{C} \times \tfrac{1}{3}\text{OA}$$

et $\qquad sph\grave{e}re\,\text{OA} = surf.\,sph. \times \tfrac{4}{3}\text{OA;}$

donc $\quad \text{OABC} = \left(\dfrac{fus.\,\text{A} + fus.\,\text{B} + fus.\,\text{C}}{2} - \tfrac{1}{4}\,surf.\,sph.\right) \times \tfrac{1}{3}\text{OA,}$

ou $\qquad \text{OABC} = tri.\,\text{ABC} \times \tfrac{1}{3}\text{OA.}$

Corollaire.—*Le volume d'une pyramide sphérique OABC*

*est à celui de la pyramide trirectangle comme la somme des angles de la pyramide* OABC, *diminuée de deux angles dièdres droits, est à l'angle dièdre droit.*

Soient A, B, C les rapports des angles de la pyramide OABC à l'angle droit et R le rayon de la sphère ; on a :

$$tri. \, ABC = \frac{\pi R^2}{2} (A+B+C-2),$$

et, par suite,

$$pyr. \, OABC = \frac{\pi R^3}{6} (A+B+C-2);$$

mais le volume V de la pyramide sphérique trirectangle est égal à $\frac{\pi R^3}{6}$ ; donc on a :

$$\frac{pyr. \, OABC}{V} = A+B+C-2.$$

SCHOLIE. — Lorsqu'on prend la pyramide trirectangle pour unité de volume, le nombre A+B+C—2 exprime la mesure de la pyramide OABC.

### THÉORÈME XII.

*Le volume d'une pyramide polygonale sphérique* OABCDE *est égal au produit de sa base* ABCDE *par le tiers du rayon de la sphère.*

Tracez les grands cercles OEB, OEC; ils décomposent la pyramide polygonale OABCDE en pyramides triangulaires qui ont pour bases les différents triangles dans lesquels le polygone ABCDE est partagé par les arcs EB, EC. Chaque pyramide triangulaire a pour mesure le produit de sa base par le tiers du rayon de la sphère; donc le volume de la pyramide polygonale OABCDE est égal au produit de la somme des bases des pyramides triangulaires par le tiers du rayon, c'est-à-dire égal au produit de sa base par le tiers du rayon.

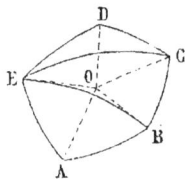

COROLLAIRE.—*Le volume d'une pyramide polygonale* OABCDE *est à celui de la pyramide trirectangle comme la somme des angles dièdres de la pyramide polygonale, diminuée d'autant de fois deux angles dièdres droits que sa base a de côtés moins deux, est à l'angle dièdre droit.*

Soient R le rayon de la sphère, $n$ le nombre des faces latérales de la pyramide et A le rapport de la somme de ses angles dièdres à l'angle dièdre droit; on a ·

$$polyg.\ \text{ABCDE} = \frac{\pi R^2}{2}(A - 2(n-2))$$

et, par suite, $\qquad \text{OABCDE} = \dfrac{\pi R^3}{6}(A - 2(n-2)).$

Or le volume V de la pyramide trirectangle est égal à $\dfrac{\pi R^3}{6}$;

donc on a :

$$\frac{\text{OABCDE}}{V} = A - 2(n-2).$$

SCHOLIE.—Si on prend la pyramide sphérique trirectangle pour unité de volume, le nombre $A - 2(n-2)$ exprime la mesure de la pyramide OABCDE.

COROLLAIRE.—Dans la même sphère ou dans des sphères égales, deux pyramides sphériques sont entre elles comme leurs bases.

## THÉORÈME XIII.

*Le volume engendré par un segment circulaire* BMD, *tournant autour d'un diamètre* AH *qui lui est extérieur, est égal à la moitié du cône dont la base a pour rayon la corde* BD *du segment et qui a pour hauteur la projection* EF *de cette corde sur l'axe* AH.

Le segment circulaire BMD étant égal à la différence du secteur circulaire CBMD et du triangle isocèle CBD, le volume qu'il engendre en tournant autour de AH est égal à la différence des volumes engendrés par le secteur circulaire et le

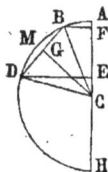

triangle; on a :

$$vol.\ CBMD = \tfrac{2}{3}\pi CD^2 \times EF.$$

Soit CG la hauteur du triangle isocèle CBD, on a aussi :

$$vol.\ CBD = \tfrac{2}{3}\pi CG^2 \times EF ;$$

donc        $$vol.\ BMD = \tfrac{2}{3}\pi (CD^2 - CG^2) \times EF ;$$

mais le triangle rectangle CDG donne :

$$CD^2 - CG^2 = DG^2 = \frac{BD^2}{4},$$

par conséquent,   $$vol.\ BMD = \tfrac{1}{6}\pi BD^2 \times EF.$$

SCHOLIE.—Si le segment circulaire est égal à un demi-cercle, le volume qu'il engendre est celui de la sphère et l'on a, en remplaçant BD et EF par AH dans la formule précédente,

$$sphère\ CA = \tfrac{1}{6}\pi AH^3,$$

expression déjà trouvée pour le volume de la sphère en fonction de son diamètre.

### THÉORÈME XIV.

*Le volume d'un segment sphérique, compris entre deux plans parallèles, est égal à une sphère qui a pour diamètre la hauteur du segment, augmentée de la demi-somme de deux cylindres ayant pour hauteur et pour bases la hauteur et les bases du segment.*

Soient BE, DF les rayons des sections circulaires faites dans la sphère CA par deux plans perpendiculaires sur le diamètre AG; la droite EF est la hauteur du segment sphérique qui a pour bases les cercles BE et DF.

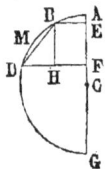

Le volume du segment sphérique EF est égal à la somme des volumes engendrés par le segment circulaire BMD et par le trapèze EBDF. Or on a :

$$vol. \, \text{BMD} = \tfrac{1}{6}\pi \text{BD}^2 \times \text{EF},$$

$$vol. \, \text{EBDF} = \tfrac{1}{3}\pi (\text{BE}^2 + \text{DF}^2 + \text{BE} \times \text{DF}) \, \text{EF} \,;$$

donc $\quad$ $seg. \, sph. \, \text{EF} = \tfrac{1}{6}\pi (\text{BD}^2 + 2\,\text{BE}^2 + 2\,\text{DF}^2 + 2\,\text{BE} \times \text{DF}) \, \text{EF}.$

En traçant la droite BH perpendiculaire sur DF, on trouve

$$\text{BD}^2 = \text{BH}^2 + \text{DH}^2 = \text{EF}^2 + (\text{DF} - \text{BE})^2$$

et, par conséquent,

$$\text{BD}^2 = \text{EF}^2 + \text{DF}^2 + \text{BE}^2 - 2\,\text{BE} \times \text{DF}.$$

Si on substitue cette valeur de BD² dans l'expression du volume du segment sphérique EF, il vient :

$$seg. \, sph. \, \text{EF} = \tfrac{1}{6}\pi (\text{EF}^2 + 3\,\text{BE}^2 + 3\,\text{DF}^2) \, \text{EF}$$

ou $\quad$ $seg. \, sph. \, \text{EF} = \tfrac{1}{6}\pi \, \text{EF}^3 + \tfrac{1}{2}(\pi \text{BE}^2 \times \text{EF} + \pi \text{DF}^2 \times \text{EF}).$

Or le terme $\tfrac{1}{6}\pi \text{EF}^3$ exprime le volume de la sphère dont le diamètre est égal à la hauteur EF du segment sphérique et les produits $\pi \text{BE}^2 \times \text{EF}$, $\pi \text{DE}^2 \times \text{EF}$ sont les mesures de deux cylindres ayant pour hauteur la droite EF et pour bases les cercles BE, DF. Donc, etc.

COROLLAIRE.—Si la base BE du segment sphérique est nulle, c'est-à-dire si le plan BE perpendiculaire à l'axe AG devient tangent à la sphère, *le segment sphérique ADF, à une seule base, est égal à la sphère qui a pour diamètre la hauteur du segment, plus la moitié d'un cylindre de même base et de même hauteur que ce segment.*

Car on a :

$$seg. \, sph. \, \text{ADF} = \tfrac{1}{6}\pi \text{AF}^3 + \tfrac{1}{2}\pi \text{DF}^2 \times \text{AF}.$$

## THÉORÈME XV.

1° *La surface d'une sphère et les surfaces totales du cylindre droit et du cône équilatéral circonscrits à cette sphère, sont entre elles comme les nombres 4, 6 et 9.*

2° *Les volumes de ces trois corps sont entre eux comme les mêmes nombres 4, 6 et 9.*

Désignons par R le rayon CA de la sphère donnée ; nous avons : $\quad$ $surf. \, sph. \, \text{R} = 4\pi \text{R}^2.$

En remarquant que la hauteur du cylindre droit ABDE, circonscrit à la sphère, est égale au diamètre AE et la base égale à un grand cercle, nous trouverons que

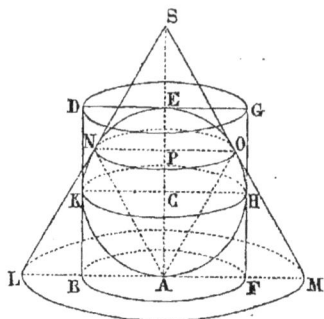

$$surf.\,cyl. = 2\pi R\,(2R+R) = 6\pi R^2.$$

Menons par l'axe SA du cône équilatéral SAL, circonscrit à la sphère CA, un plan quelconque SAL qui rencontre la sphère suivant le grand cercle ANO et le cône suivant le triangle équilatéral SLM circonscrit au cercle ANO; le triangle ANO qu'on inscrit dans le même cercle en joignant les points de contact du triangle circonscrit, est aussi équilatéral; donc la droite LM est le double de NO et la droitè SA le double de AP. Il en résulte que

$$AL = R\sqrt{3}, \quad SA = 3R$$

et $\quad surf.\,conique = \pi R\sqrt{3}\,(2R\sqrt{3}+R\sqrt{3}) = 9\pi R^2;$

donc nous avons :

$$surf.\,sph \;:\; surf.\,cyl. \;:\; surf.\,conique :: 4 : 6 : 9$$

2° Le volume de la sphère est égal à $\frac{4}{3}\pi R^3$; celui du cylindre circonscrit est égal à $2\pi R^3$ et celui du cône équilatéral égal à $3\pi R^3$; donc nous avons aussi :

$$sphère : cylindre : cône :: \frac{4}{3} : 2 : 3$$

ou $\qquad sphère : cylindre : cône :: 4 : 6 : 9$

Scholie.—Si l'on observe que le nombre 6 est la moyenne proportionnelle géométrique entre les nombres 4 et 9, on a ces théorèmes :

1° *La surface du cylindre droit circonscrit à une sphère est égale à la moyenne proportionnelle entre les surfaces de la sphère et du cône équilatéral circonscrit.*

2° *Le volume du cylindre droit circonscrit à une sphère est*

*égal à la moyenne proportionnelle entre les volumes de la
sphère et du cône équilatéral circonscrit.*

Corollaire I.—*Le volume d'un polyèdre circonscrit à une
sphère est égal au produit de sa surface par le tiers du rayon de
cette sphère.*

Car si on joint le centre de la sphère à tous les sommets
du polyèdre, on le décompose en autant de pyramides qu'il
a de faces; or ces pyramides peuvent être considérées comme
ayant pour hauteur commune le rayon de la sphère et pour
bases les différentes bases du polyèdre. Donc, etc.

Corollaire II.—*Les volumes de deux polyèdres, circonscrits
à la même sphère ou à des sphères égales, sont entre eux comme
leurs surfaces.*

En effet, soient V et $v$ les volumes de deux polyèdres circonscrits à une sphère dont le rayon est R, S et $s$ leurs surfaces; nous avons :

$$V = \tfrac{1}{3} S \times R$$

et
$$v = \tfrac{1}{3} s \times R ;$$

donc
$$V : v :: S : s.$$

Le théorème précédent, relatif au cylindre droit et au cône
équilatéral circonscrits à la même sphère, n'est qu'un cas
particulier de ce dernier.

# CHAPITRE V.

## Des Polyèdres réguliers.

---

### THÉORÈME I.

*La somme du nombre des faces d'un polyèdre convexe et du nombre de ses sommets est égale au nombre de ses arêtes, augmenté de deux unités.*

Soient A le nombre des arêtes d'un polyèdre convexe, F le nombre de ses faces et S le nombre de ses sommets.

Décomposons ce polyèdre en autant de pyramides qu'il a de faces, en joignant tous ses sommets à un point quelconque pris à l'intérieur de ce polyèdre, et décrivons de ce point comme centre, avec un rayon quelconque R, une sphère dont la surface sera divisée par les faces latérales des pyramides en autant de polygones sphériques qu'il y a de pyramides.

Considérons le polygone sphérique de $n$ côtés et désignons par $a$ le rapport de la somme de ses angles à l'angle droit ; sa surface a pour mesure

$$\frac{\pi R^2}{2}\left(a - 2\left(n' - 2\right)\right).$$

Nous aurons de même pour les surfaces des autres polygones sphériques qui ont $n'$, $n''$,... côtés :

$$\frac{\pi R^2}{2}\left(a' - 2(n' - 2)\right),$$

$$\frac{\pi R^2}{2}\left(a'' - 2(n'' - 2)\right),$$

$$\cdots\cdots\cdots\cdots\cdots$$

les nombres $a'$, $a''$,... représentant les rapports des sommes des angles de chaque polygone, à l'angle droit. Or la somme de ces polygones est égale à la surface de la sphère; donc

$$\frac{\pi R^2}{2}\Big(a+a'+a''\ldots 2\,(n+n'+n''\ldots 2F)\Big)=4\pi R^2.$$

Remarquons 1° que dans le nombre $n+n'+n''\ldots$ chaque arête est comptée deux fois, parce qu'elle est commune à deux polygones, de sorte que l'on a

$$n+n'+n''\ldots=2A.$$

2° que la somme des angles des polygones sphériques, réunis autour de chaque sommet, est égale à quatre angles dièdres droits et, par conséquent, qu'on a aussi :

$$a+a'+a''\ldots=4S.$$

En substituant les valeurs des sommes $n+n'+n''\ldots$, $a+a'+a''\ldots$ dans l'égalité précédente, nous trouverons

$$4S-2\,(2A-2F)=8,$$
ou $$S+F=A+2.$$

SCHOLIE.—Ce théorème est dû à EULER.

### THÉORÈME II.

1° *Toutes les faces d'un polyèdre convexe ne peuvent avoir plus de cinq côtés.*

2° *Tous les angles d'un polyèdre convexe ne peuvent avoir plus de cinq faces.*

1° En effet, supposons que toutes les faces d'un polyèdre convexe aient au moins six arêtes; chaque arête appartenant à deux faces adjacentes, le nombre 6F sera moindre que 2A ou au plus égal à 2A, ce qu'on exprime par la notation suivante :

$$6F \leqslant 2A.$$

Or le théorème d'EULER donne

$$6F+6S=6A+12;$$
donc il faudrait qu'on eût :

$$6S \gg 4A,$$

ou
$$3S \gg 2A,$$

ce qui est impossible, puisque chaque angle polyèdre a au moins trois arêtes et que chacune de ces arêtes est commune à deux angles polyèdres.

Donc toutes les faces d'un polyèdre convexe ne peuvent avoir plus de cinq côtés.

2° Supposons, en second lieu, que tous les angles d'un polyèdre convexe aient au moins six arêtes, nous aurons :

$$6S \ll 2A,$$

mais nous avons aussi

$$6S + 6F = 6A + 12 ;$$

donc il faudrait qu'on eût

$$6F \gg 4A,$$

ou
$$3F \gg 2A,$$

résultat absurde, puisque chaque face du polyèdre a au moins trois côtés et que chacun de ces côtés est commun à deux faces.

Donc tous les angles d'un polyèdre convexe ne peuvent avoir plus de cinq faces.

Scholie.—1° Un polyèdre régulier ne peut avoir pour faces que des triangles équilatéraux, des carrés ou des pentagones réguliers.

2° Chacun des angles d'un polyèdre régulier n'a que trois ou quatre ou cinq faces.

## THÉORÈME III.

*La somme des angles des faces d'un angle polyèdre convexe est égale à autant de fois quatre angles droits que le polyèdre a de sommets moins deux.*

Soient $n$, $n'$, $n''$,... les nombres de côtés de différentes faces du polyèdre donné; la somme des angles du polygone de $n$ côtés est égale à $2n-4$. On a de même

$$2n'-4,$$
$$2n''-4,$$
. . . . .

pour la somme des angles des autres faces du polyèdre; donc le nombre

$$2(n+n'+n''...)-4F$$

exprime la somme des angles de toutes les faces. Or on a

$$2(n+n'+n''...)-4F = 4A-4F,$$

et, par le théorème d'Euler,

$$4A-4F = 4(S-2),$$

par conséquent la somme des angles des faces d'un polyèdre convexe est égale à autant de fois quatre angles droits qu'il y a de sommets moins deux.

Scholie.—Ce théorème est dû à Euler.

### THÉORÈME IV.

*Il n'y a que cinq polyèdres réguliers,*

Soient A le nombre des arêtes d'un polyèdre régulier, F le nombre de ses faces, ayant chacune $c$ côtés, et S le nombre des sommets de ses angles polyèdres dont chacun a $f$ faces égales. Le double du nombre des arêtes de ce polyèdre est égal à $F \times c$ et aussi à $S \times f$; donc on a :

$$F = \frac{2A}{c} \quad \text{et} \quad S = \frac{2A}{f};$$

mais le théorème d'Euler donne :

$$F+S = A+2.$$

En remplaçant dans cette dernière égalité les quantités et S par leurs valeurs, on trouve :

$$\frac{2A}{c} + \frac{2A}{f} = A + 2,$$

d'où l'on déduit :

$$A = \frac{2cf}{2c+2f-cf}.$$

Le nombre $c$ des côtés de chaque face du polyèdre étant compris entre 3 et 5, si l'on suppose d'abord $c=3$, on a :

$$A = \frac{6f}{6-f};$$

mais le nombre des faces qui forment chaque angle polyèdre est aussi compris entre 3 et 5 ; donc, si l'on fait successivement :

|  | $p=3$, | $p=4$, | $p=5$, |
|---|---|---|---|
| on aura : | $A=6$, | $A=12$, | $A=30$, |
| et | $F=4$, | $F=8$, | $F=20$, |
|  | $S=4$, | $S=6$, | $S=12$, |

par conséquent le triangle équilatéral peut servir à former trois polyèdres réguliers qui sont le *tétraèdre*, l'*octaèdre* et l'*icosaèdre*.

En supposant $c=4$, on trouve :

$$A = \frac{4f}{4-f};$$

dans ce cas particulier, la valeur de $f$ doit être moindre que 4 ; or, si on fait $f=3$, on a :

$$A=12, \quad F=6, \quad S=8 ;$$

donc on ne peut former avec le carré qu'un polyèdre régulier qui est l'*hexaèdre*.

Enfin, si on suppose $c=5$, on a :

$$A = \frac{10f}{10-3f}.$$

Comme dans le cas précédent, la valeur de $f$ doit être moindre que 4 ; si l'on prend $f$ égal à 3, on trouve :

$$A=30, \quad F=12, \quad S=20,$$

par conséquent on ne peut former avec le pentagone régulier que le *dodécaèdre régulier*.

SCHOLIE.—Cette démonstration a été donnée par LAPLACE, dans ses leçons à l'École Normale.

### THÉORÈME V.

*Tout polyèdre régulier peut être inscrit dans la sphère et lui être circonscrit.*

Soient C et C′ les centres de deux faces d'un polyèdre régulier, adjacentes suivant l'arête AB; le plan CMC′, qui passe par les deux centres C, C′ et le milieu M de l'arête AB, est perpendiculaire sur les deux faces adjacentes CAB, C′AB; donc les perpendiculaires tracées par les points C, C′ sur ces faces se rencontrent en un point O, et je dis que ce point est également éloigné 1° des faces du polyèdre, 2° de ses sommets.

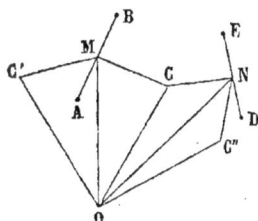

1° Les deux triangles rectangles CMO, C′MO sont égaux, parce qu'ils ont l'hypoténuse commune et les côtés CM, C′M égaux; donc la droite CO est égale à C′O et la droite OM est la bissectrice de l'angle rectiligne CMC′ de l'angle dièdre AB. Je joins le point O au centre C″ d'une autre face, adjacente à la face CAB par l'arête DE, et je dis que OC″ est perpendiculaire sur la face C′DE et égale à OC.

En effet, le plan OCN, perpendiculaire au milieu de l'arête DE, passe par le point C″, et les triangles rectangles OCM, OCN sont égaux, parce qu'ils ont un angle droit compris entre deux côtés égaux; donc l'angle CNO est égal à CMO et, par suite, égal à la moitié de l'angle rectiligne CNC″ du dièdre DE. De même les triangles OCN, OC″N ont les angles ONC, ONC″ égaux et compris entre deux côtés égaux chacun à chacun; donc le côté OC″ est égal à OC et l'angle OC″N égal à OCN, c'est-à-dire que la droite OC″ est perpendiculaire sur la face C″DE.

On démontrerait par un raisonnement analogue que le

point O est également distant des autres faces du polyèdre; donc la sphère décrite du point O comme centre, avec le rayon OC, est inscrite dans le polyèdre.

2° Si on joint le point O à tous les sommets du polyèdre, les droites OA, OB,... correspondant aux sommets d'une même face sont égales, parce qu'elles s'écartent également de la perpendiculaire OC à cette face; donc le point O est également éloigné de tous les sommets du polyèdre, c'est-à-dire que la sphère décrite de ce point comme centre, avec le rayon OA, passe par tous les sommets du polygone régulier.

SCHOLIE.—Le point O est le *centre* du polyèdre régulier; la droite OA en est le *rayon*, et la droite OC l'*apothème*

COROLLAIRE.—Les plans bissecteurs des angles dièdres d'un polyèdre régulier passent par le centre de ce polyèdre.

### PROBLÈMES A RÉSOUDRE.

**1**—Calculer à un millimètre près les dimensions du litre, sachant qu'il a la forme cylindrique et que sa hauteur est égale au double du diamètre de sa base.

**2**—Calculer à un millimètre près les dimensions du décalitre et de l'hectolitre, sachant qu'ils ont la forme cylindrique et que leur hauteur est égale au diamètre de leurs bases.

**3**—Diviser la surface d'une sphère en moyenne et extrême raison par un plan perpendiculaire à un diamètre donné.

**4**—Toute zone à une base est équivalente à un cercle ayant pour rayon la corde de l'arc qui engendre la zone.— Ce théorème est-il applicable à la zone à deux bases?

**5**—La terre étant supposée une sphère exacte, calculer son rayon, sa surface, son volume et son poids, la densité de la terre étant $4\frac{1}{2}$ d'après CAVENDISH.

**6**—Les diamètres de la terre, de la lune, et du soleil sont entre eux comme les nombres 100, 27 et 10993. Calculer les surfaces et les volumes de la lune et du soleil.

**7**—Quelle est la portion de la surface ou du volume de la terre comprise entre l'équateur et l'écliptique, sachant que ces deux cercles forment un angle de 23° 28′ ?

**8**—Déterminer l'angle des méridiens de Paris et de Londres, sachant que le fuseau terrestre qu'ils forment est égal à 3367 myriamètres carrés.

**9**—Calculer l'aire d'un triangle sphérique ABC, sachant que le rayon de la sphère est égal à $1^m,2$ et que les angles A, B, C sont respectivement égaux à 78° 15′, à 62° 45′ et à 72° 40′. —Calculer le volume de la pyramide sphérique correspondante.

**10**—Calculer les angles d'un triangle sphérique, sachant qu'ils sont entre eux comme les nombres 4, 6 et 7 et que ce triangle est égal au quart du triangle trirectangle de la même sphère.

**11**—Si on inscrit dans un demi-cercle un demi-polygone régulier d'un nombre pair de côtés et qu'on lui circonscrive un demi-polygone semblable, la surface de la sphère engendrée par le demi-cercle tournant autour de son diamètre est moyenne proportionnelle entre les surfaces engendrées par les polygones.

**12**—Inscrire dans un cône droit un cylindre droit dont la surface latérale ou totale est donnée.—Maximum de cette surface.

**13**—Inscrire dans une sphère un cylindre dont la surface latérale ou totale est donnée.—Maximum de cette surface.

**14**—Inscrire dans une sphère un cône droit tel que les sections faites dans le cône et dans la sphère par un plan donné parallèlement à la base du cône aient entre elles un rapport donné.

**15**—Circonscrire à une sphère un cône droit dont la surface totale ou latérale est donnée.—Maximum de cette surface.

**16**—Calculer le rayon du segment sphérique maximum parmi les segments sphériques qui sont terminés par des zones de surface constante et à une seule base.

**17**—Tracer une parallèle à la base d'un triangle, de telle sorte que les volumes, engendrés par les deux parties du triangle tournant autour de sa base, soient équivalents.

**18**—Calculer les rayons des bases d'un tronc de cône droit inscrit dans une sphère donnée, connaissant le volume et la hauteur du cône tronqué.

**19**—Connaissant l'arête d'un polyèdre régulier d'espèce donnée, calculer les rayons des sphères inscrite et circonscrite à ce polyèdre

FIN DE LA GÉOMÉTRIE.

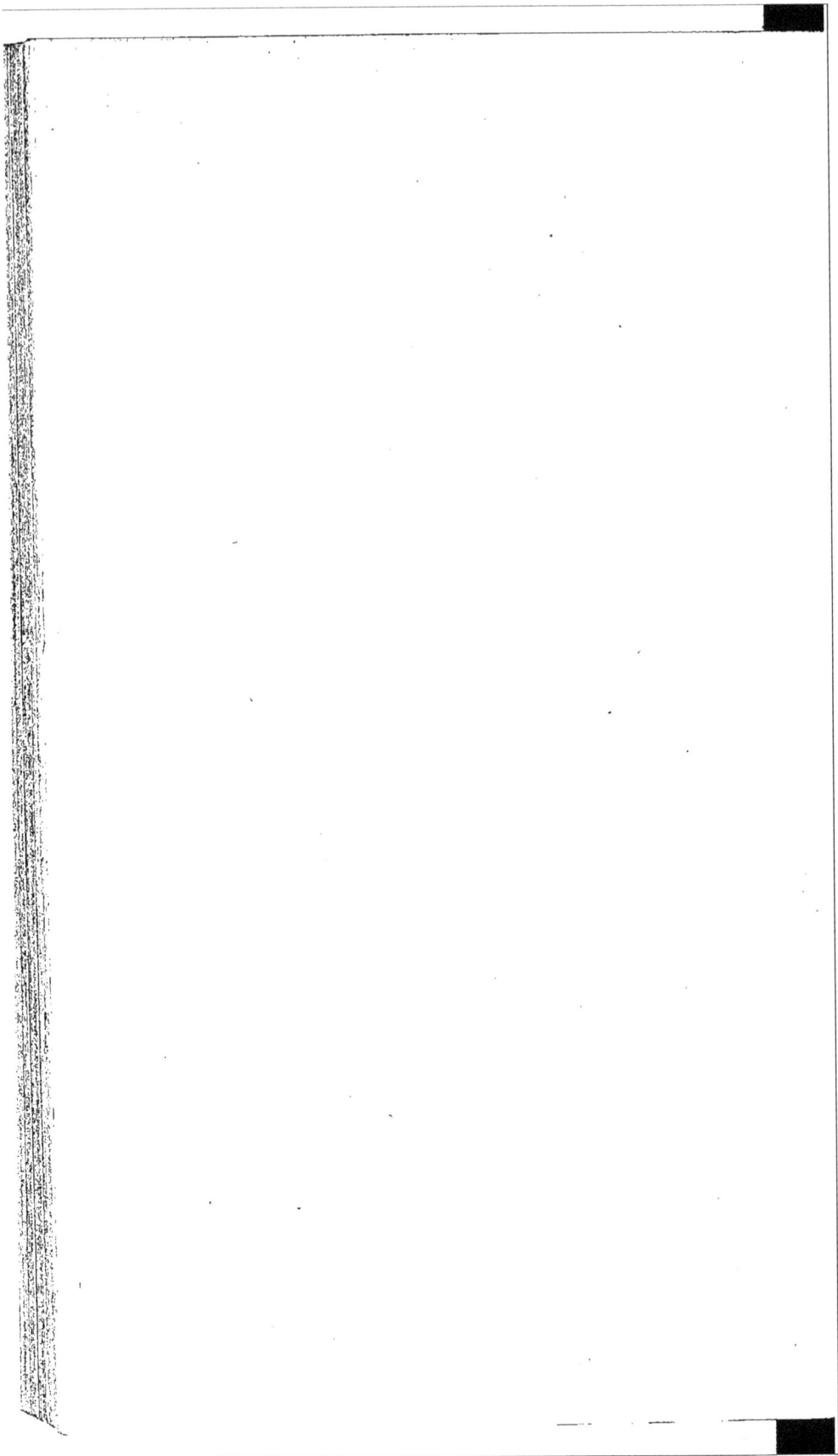